都市の水資源と地下水の未来

益田晴恵 編

京都大学学術出版会

扉イラスト：大野 雅子

本書は　公益財団法人　日本生命財団
の出版助成を得て刊行された

はじめに：地下水は誰のものか？　その適切な管理のために

　私たちは，水や地盤などの自然環境と人間に関わる課題を対象として，異なった分野や職場で研究・教育をするかたわら，環境汚染や水管理行政などに関わって社会活動を行ってきた．日常的に，世界と日本の水資源事情の差異，水循環や汚染，地盤災害などの問題を考えているうちに，「地下水は誰のものか？」ということを考え始めた．

　日本の表層を流れる水は，原則として私有が禁じられている．しかし，地下水には私有権がある．水循環を研究する立場からは，表層水が勝手に使えないのなら，地下水だって勝手に使ってはいけないだろうと思う．地下水は土地の所有者のものだと言うが，もとはと言えば，他人の敷地から流れ込んでくるものだ．また，地下水には，何千年もかかって溜められたものもある．それを，たまたま上に住んでいるだけで，周りの人の許可を得ないで使っていいものなのか？　それにもかかわらず，後で使いたい人が，先に（勝手に）開発した人の既得権を奪っていけないのは，おかしくないか？　既得権者はその人の権利を奪っているかもしれないのに．住宅やビルの基礎部分を設置する深さくらいまでが私有できるというのなら理解もできる．しかし，土地の所有権が1000 m以上の深さまでいたるというのは納得できない．

　現在のところ，地下水は「取ったもの勝ち」である．一方で，使っていない地下水のために，問題が発生してもいる．地表環境はずいぶんきれいになったが，地下水には高度成長期の汚染物質が残存している．汚染物質を動かしたくないために地下水を放置していたら，地下水の水圧が高くなりすぎて，地下や地表の建築物に悪影響が出てきた．

　このような問題は，地下水がきちんと管理されていないために起ることである．地下水は目に見えないため，どこをどれだけ流れていて，どの程度まで利用できるのかがよくわからない．そのために，法整備が追いついていない状況がある．特に，集水域が広い平野部の地下は，無法状態と言えなくもない．表層水と

同じように，できるだけ多くの人が地下水の恵みを享受するためには，新しいルールを作った方がいいのではないか．ルール作りを始めるために，地下水を「みんなのもの」にするための根拠を構築しよう．こんなことから，異分野の研究者が集まって，大阪の地下水のことを考えることにした．大阪平野は，地下の地質と構造がよくわかっており，地下水盆としての入れ物のイメージを描きやすい．また，地下水の集水域が大阪府域にほぼ一致しており，地下水管理のイメージも描きやすい．大阪平野全体の地下水の腑存状態を可視化できれば，地下水利用のルール作りに役立てられるであろう．

　本書の主要な部分は，大阪平野をフィールドとして，表層を流れる河川水から地下水盆の最下部に胚胎する地下水まで，水資源全体の存在状態を理解することと，地下水に関わる問題を解決するためのケーススタディに割かれている．損得を考える事業者を除けば，目に見えない地下水のことを考える市民は多くはいそうにない．でも，社会のルール作りには，市民感覚は大切である．それなので，地下水を含む水域環境に関心を持つ市民を育てよう．このような意図で，河川や地下水を利用した環境教育の実践活動を行い，本文中で紹介した．これらの結果に基づいて，水資源管理の理念についても論じることとした．本書の成果が，同様な地盤に立地する日本各地の大都市の水資源問題を考える上での示唆を与えることができれば，著者らの喜びとするところである．

＊　　　＊　　　＊

　本書は日本生命財団総合研究助成によって行われた研究「環境保全と地盤防災のための大阪平野の地下水資源の活用法の構築」の成果を中心としてまとめたものである．この研究計画の中心的メンバーである大阪市立大学の教員のうち5名は，大阪市立大学複合先端研究機構の研究員として，おのおのの所属する研究科の枠組みを超えて共同研究を行ってきた．また，他の機関に所属する研究者らとも，この研究課題のさまざまな場面で共同作業を推進してきた．そうした方々の何人かは，本書で執筆を分担したり，コラムを担当している．

　私たちの研究は，本書の執筆にはたずさわっていない多くの方々の協力に支えられてきた．地下水研究では，大阪市立大学理学研究科・地球学教室，工学研究科・都市基盤工学教室・環境都市工学教室，生活科学研究科・食品栄養学教室の学生たちが研究に関わってきた．大阪府環境農林水産総合研究所，大阪府健康福祉部環境衛生課，大阪市環境局環境保全部，交野市水道局をはじめとして，地域の地下水管理を担う多くの行政機関の担当の方々には，現地調査の調整や案内を

していただいた．環境教育プログラムとして行った大和川・淀川の調査にはのべ400人を超える市民の方々に参加していただいた．大阪市立自然史博物館の石田惣学芸員，和田 岳学芸員，外来研究員の岡出朋子氏，松本史樹郎学芸員，内貴章世学芸員（現岡山大学），志賀隆学芸員らには，2河川とビオトープを用いた調査・研究指導などでたいへんお世話になった．近畿大学理工学部分析化学研究室の学生たち，滋賀県立琵琶湖博物館の里口保文学芸員と博物館と連携している団体「水はしかけ」には調査協力をしていただいた．なお，淀川調査での活動には，科学研究費補助金基盤研究（C）「市民参加による淀川水系生物環境総合調査とその博物館学的意義」（課題番号：20605021，研究代表者：中条武司）の一部も使用している．大阪市立自然史博物館友の会の会員，守口市立下島小学校，大阪市立桜宮小学校の教員と子供たちには，ビオトープと井戸を用いた環境教育実践に協力していただいた．安定同位体分析では，京都大学生態学研究センターの陀安一郎教授，北海道大学理学研究科の角皆潤博士の協力を得た．研究を推進するにあたり，日本生命財団の吉川良夫理事には，暖かい励ましを受けつづけた．また，京都大学学術出版会の鈴木哲也氏には，本書をまとめるさいにたいへんお世話になった．この場を借りて，お礼を申し上げます．

2011 年 6 月
益田晴恵

目　次

はじめに　i
図表一覧　ix

第1章　資源としての地下水　1

1　水循環の基礎　1
　(1) 地球表層における水循環　1
　(2) 水循環と安定同位体比　5
　(3) 地下水の年齢　7
　(4) 地下水の水質形成　8
　(5) 環境汚染指標としての安定同位体　12
　(6) 平野の地下水　15

2　資源としての水　17
　(1) 水需要と水資源の問題　17
　(2) 我が国の水利用量の推移　23

3　我が国の地下水盆　28
　(1) 日本における水収支　28
　(2) 世界主要都市の地盤状況　29
　(3) 第四紀堆積盆地の地層　31
　(4) 日本の地下水盆　34
　(5) 日本における主要な地下水活用地域の特徴　38

4　地下水位変動に関わる障害　47
　(1) 地下水障害　47
　(2) 水位低下と枯渇　49
　(3) 地盤沈下　50
　(4) 地下水位上昇　52

5 地下水・土壌汚染　57
　　（1）海外における土壌地下水汚染の事例　57
　　（2）我が国の地下水汚染と行政対策の経緯　60
　　（3）我が国における地下水汚染の実態と監視　62
　　（4）我が国の地下水土壌汚染の原因　65

6 水系感染症の歴史と現状　66
　　（1）水系感染症　66
　　（2）水を介した健康被害の現状　68
　　（3）水系感染する病原体とその対策　69

第2章　大阪平野の水　75

1 大阪平野の帯水層と流動性　75
　　（1）大阪平野の地下調査の歴史　77
　　（2）大阪平野の第四紀層の構成と地質構造の概要　82
　　（3）帯水層としての地質構造　84
　　（4）帯水層の区分と特性　86

2 淀川・大和川の水質　92
　　（1）淀川，大和川の水質の経年変化　92
　　（2）淀川と大和川の下水処理水　95
　　（3）淀川河川水の水質と土地利用　96
　　（4）重金属類の分布および農薬の影響　103

3 大阪平野の地下水の水質　105
　　（1）涵養域の地下水　106
　　（2）大阪平野中央部の 300 m より浅い地下水　112
　　（3）VOC から見た地下水の流れ　116
　　（4）温泉として用いられている地下水　120
　　（5）大阪堆積盆の水循環　126

　　❖コラム1　水温上昇と水循環　133
　　　　　　　［大阪府環境農林水産総合研究所　服部幸和］

目 次

第3章　地下水の有効利用のための対策　137

1. 地下水揚水可能量の予測　137
   - (1) 地下水位低下による地盤沈下のメカニズム　138
   - (2) 地下水位再低下による沈下予測と揚水可能量　140
2. 液状化危険度の予測と地下水位低下による対策効果　146
   - (1) 液状化のメカニズム　146
   - (2) 沖積砂層の土質特性　149
   - (3) 液状化危険度の予測　149
   - (4) 地下水位低下による液状化対策効果　152
3. 大阪平野深部帯水層における揚水評価　154
4. 人為汚染物質の浄化　157
   - (1) VOC汚染地下水の浄化技術　158
   - (2) 重金属等の汚染地下水の浄化技術　164
   - (3) 硝酸性窒素及び亜硝酸性窒素汚染地下水の浄化技術　168
   - (4) 地下水浄化実験による汚染物質の除去　168
   - (5) 地下水浄化槽中の微生物　172
5. 土壌地下水中の生物汚染の検出法　174
   - (1) 地下の病原微生物の分析方法　175

第4章　水循環を題材とした環境教育への取組み　181

1. 流域住民による河川環境調査：大都市を流れる河川の環境調査　181
   - (1) 淀川・大和川の自然環境調査「プロジェクトY」　182
   - (2) 市民と水質を調べる　184
   - (3) プラナリアは良好な水質環境を示すのか　187
   - (4) 冬のカエルと集水域の水環境　190
   - (5) 市民との自然環境調査から得られるもの　194
2. 地下水を見る　195
   - (1) 観察会「交野の湧水と淀川の支流」の企画　196

（2）"地下水を見る"意義　199

3　ビオトープ水源としての浅層地下水利用　200
　　　（1）ビオトープと地下水　200
　　　（2）自然史博物館におけるビオトープ　201
　　　（3）自然史博物館ビオトープの井戸とその活用　204
　　　（4）守口市下島小学校での井戸構築とその活用　207
　　　（5）下島小学校における井戸設置に関する意識調査　210
　　　（6）ビオトープ水源としての地下水とその意義　213

❖コラム2　「地球化学地図」を描く　215
　　　　　　［益田晴恵］
❖コラム3　プロジェクトY淀川の水質調査に参加して　217
　　　　　　［大阪市立城陽中学校3年　松﨑優仁］
❖コラム4　下島小学校における「井戸」の教育利用　219
　　　　　　［守口市立下島小学校　指導教諭　向井豊］

第5章　地下水資源管理の理念　223

1　水資源の管理と環境政策　224
　　　（1）水関連法の歴史　224
　　　（2）地下水水質保全政策の問題点　225
　　　（3）地下水の水利権の歴史と現状　227
　　　（4）地下水保全政策の将来　233

2　大阪平野の地下水資源と地下水汚染　234
　　　（1）堆積盆地の地下水と管理の規模　235
　　　（2）大阪府下の地下水利用に関する問題　236
　　　（3）大阪平野の水資源の総合的管理　238

索引　243

▶図表一覧

【第1章】

図1-1　地球表層部の水のリザーバと貯留量
図1-2　山地で降った雨水の流れ
図1-3　天水の酸素と水素の安定同位体比の関係
図1-4　地下水の水質形成機構と水質を可視化する方法の例．
図1-5　箕面市止々呂美渓流に沿った湧水の主成分組成の変化
図1-6　四川盆地の地下水と推定される原因物質のチッ素とイオウの安定同位体比
図1-7　平野の地下水―二つの帯水層
図1-8　大阪市内の寺社で利用されている地下水
図1-9　世界人口と水需要の経年変化
図1-10　再生可能な世界の水資源（降水に起源を持つ流出水）の分布
図1-11　世界における1961-90の年平均地下水涵養量
図1-12　世界の地下水資源賦存量
図1-13　オガララ帯水層の水位低下量
図1-14　世界の水不足地域
図1-15　我が国の水需要量の推移
図1-16　我が国の水資源量と使用量
表1-1　我が国の地下水依存率
図1-17　我が国の地下水取水量
図1-18　バーチャルウォーターとしての我が国の貿易
図1-19　日本の水収支
図1-20　世界の主要都市の断面と都市直下の第四紀層の分布
図1-21　堆積盆の形成過程
図1-22　日本の深井戸の分布
図1-23　日本の第四紀層と第四紀火山岩の分布
図1-24　日本の深井戸の比湧出量
図1-25　日本国内の温泉の分布
図1-26　北海道の地下水帯水層となる地層区分
図1-27　東北・関東・甲信越地方の地下水帯水層となる地層区分
図1-28　中部・北陸・近畿地方の地下水帯水層となる地層区分
図1-29　中国・四国・九州地方の地下水帯水層となる地層区分
図1-30　地下水障害の原因
図1-31　全国の地盤沈下地域

図1-32　全国の主要な平野における地盤沈下量の経年変化
図1-33　日本国内の地下水取水が制限されている地域
図1-34　日本の地盤沈下面積の推移
図1-35　東北新幹線上野駅の断面図
図1-36　明治生命館における建物断面図
表1-2　地下水質概況調査結果
図1-37　地下水の概況調査における新規調査地点の環境基準超過率の推移
図1-38　地下水の定期モニタリング調査における環境基準超過井戸本数の推移
図1-39　日本における水感染症の患者数変遷

【第2章】
図2-1　大阪湾と大阪平野
図2-2　大阪府の地形（国土地理院200000の1の地形，ディジタルマップに加筆）
図2-3　大阪平野の表層地質
図2-4　大阪層群の地層区分
図2-5　大阪平野の第四紀層序
図2-6　大阪平野の断面図
図2-7　大阪平野地下の海成粘土層はぎとり図
図2-8　大阪平野地下の地表下深度100 m，200 m，500 mの地層
図2-9　大阪平野地下の地下水の帯水層区分
図2-10　大阪市域の温泉井戸の分布
図2-11　大阪市内の温泉井戸からの推定揚湯量
図2-12　大阪層群都島累層の帯水層区分
図2-13　大阪平野の地下水帯水層の透水係数
図2-14　大阪平野の地下水帯水層の比湧出量
図2-15　大阪市内域の地下水流動の障壁によって区切られたブロック
図2-16　淀川と大和川水系全体図
図2-17　三川合流点より下流の淀川・猪名川・大和川の水系図
図2-18　淀川水系，大和川水系の河川水のBOD，全チッ素，全リンの年平均値の変化
図2-19　トリリニアダイアグラム
図2-20　琵琶湖流入河川水，淀川，大和川およびその周辺河川水のトリリニアダイアグラム
図2-21　トリリニアダイアグラムによる琵琶湖・淀川水系河川水の分類結果
図2-22　トリリニアダイアグラムによる大和川水系の河川水の分類結果
図2-23　淀川水系の河川水中の全チッ素・全リン・溶存ケイ酸の濃度分布

図2-24　淀川水系の河川水中の全窒素，全リン濃度と塩化物イオン濃度の関係
図2-25　淀川・猪名川水系の河川水中の (a) ヒ素，(b) カドミウム，(c) 鉛，(d) クロムの濃度の地理的分布
図2-26　交野市内の掘り抜き井戸
図2-27　北河内地域3市の地下水の酸素と水素の安定同位体比の関係
図2-28　交野市内地下水中の硝酸イオンのチッ素と酸素の安定同位体比の関係
図2-29　枚方市・交野市・四條畷市の井戸水と土壌ガス中の水銀分布
図2-30　北河内地区地下水中の水銀の地下深部からの上昇モデル
図2-31　大阪市内の300 mより浅い地下水の主成分化学組成をローズダイヤグラムで示す
図2-32　大阪市内地下水の酸素と水素の安定同位体比の関係
図2-33　テトラクロロエチレンの分解過程
図2-34　大阪府下地下水中のVOCの分布経年変化
図2-35　高槻市と枚方市周辺のVOCの分布断面図
表 2-1　温泉の定義
図2-36　近畿の温泉分布図
図2-37　大阪府下の温泉の主成分化学組成
図2-38　大阪府下の温泉水の水温と深度との関係
図2-39　水質と深度による大阪平野地下水帯水層の大まかな分類と循環セルの大きさ
図2-40　大阪平野地下の地下水の流れ

【第3章】
図3-1　地下水位低下による地中応力の分布
図3-2　大阪市とその周辺地域の地盤の累計沈下量
図3-3　地下水位低下による圧密沈下の計算例
図3-4　沖積粘土層の物理・圧密特性（大阪市福島区吉野の掘削コアの例）
図3-5　大阪平野の大阪市とその周辺地域の沖積粘土層の250 mメッシュ範囲の区切った層厚分布
図3-6　大阪平野の大阪市とその周辺地域の沖積粘土層の物理・力学特性
図3-7　大阪平野の大阪市とその周辺地域の5，10 cmの地盤沈下量を許容した場合の揚水可能量
図3-8　液状化による地中構造物の浮き上がりの例（2011年東日本大震災）
図3-9　液状化の側方流動による護岸破壊の例（1995年阪神淡路大震災）
図3-10　250 mメッシュに区切った大阪平野の大阪市とその周辺地域の沖積砂層の性質
表 3-1　地盤のP_L値と液状化程度の関係

図3-11	大阪平野の大阪市とその周辺地域の P_L 値の分布
図3-12	地下水の水位を低下させた場合の海溝型地震発生時の P_L 値の分布
表3-2	大阪平野の西大阪地域の温泉井戸の諸元（大阪府資料）
表3-3	VOC汚染地下水の浄化法
図3-13	VOCの揚水処理法の概略図
図3-14	VOCの棚段式ばっ気処理装置の概略
図3-15	活性炭に対する水中VOCの吸着等温線の例
図3-16	VOCの土壌ガス吸引法による処理の概略
図3-17	VOCのエアスパージング法による処理の概略
図3-18	地下水汚染処理のための透過反応壁（PRB）法の概略図
表3-4	重金属汚染地下水の浄化方法
図3-19	N-メチレングルカミン基を持つキレート樹脂によるホウ素の除去
表3-5	硝酸性窒素及び亜硝酸性窒素汚染地下水の浄化法
図3-20	守口市立下島小学校に設置した簡易ろ過槽とその構造
図3-21	守口市立下島小学校のろ過槽を通過する前後の地下水の鉄とマンガン濃度の季節変化．
図3-22	守口市立下島小学校のろ過槽を通過する前後の地下水のpHと酸化還元電位と鉄・マンガンの安定性．
図3-23	走査型電子顕微鏡と付設のEDS（元素分析装置）を用いて観察した簡易ろ過槽中のプラスチックペレット状のバクテリアとその化学組成．
図3-24	土壌のPCR結果解析におけるスコアリング例．
図3-25	大阪市内のボーリング土壌から抽出したDNA試料に対するPCR反応

【第4章】

図4-1	プロジェクトY水質班の記録カード記入の一例（調査者の名前は消している）．
図4-2	プロジェクトY水質班の分析風景．中学生・高校生も分析作業の中心を担う．
図4-3	淀川水系にすんでいるプラナリア（撮影：石田 惣・志子田夏美）．
図4-4	淀川水系におけるプラナリアの分布．
図4-5	水質班の各地点における水温・水質と，ナミウズムシ，アメリカナミウズムシの生息の有無の関係．
図4-6	冬の水田に産まれたヤマアカガエルの卵塊．
図4-7	淀川水系および大和川水系におけるニホンアカガエル（○）とヤマアカガエル（●）の分布．
図4-8	アカガエルが暮らす里山環境が良く残った水田．
図4-9	圃場整備が行われた水田．

図4-10　2010年に自然史博物館において開催された「みんなでつくる淀川大図鑑　山と海をつなぐ生物多様性」の風景．
図4-11　交野市の地下水観察会における観察ポイント．
図4-12　自然史博物館のビオトープの概要．
図4-13　ビオトープでの作業．
図4-14　(a) 井戸設置前 (A) と設置後 (B) のビオトープでの水供給の変化．(b)，(c) ビオトープの水田とその周囲に集まるトンボ．
図4-15　手押しポンプを使った井戸水で手を洗う子供たち．
図4-16　下島小学校のビオトープ．
図4-17　下島小学校の地層と井戸設置状況．
図4-18　守口市立下島小学校における井戸に関する意識調査．

【第5章】
表5-1　地下水に関連する法律と制定年
表5-2　水源保全に関する内容別の取組状況
図5-1　地下水に関する条例と制定年
図5-2　熊本県白川水源の清流
図5-3　堆積盆における水循環と水収支区
図5-4　地表水と地下水及び再生水の一体的管理のイメージ

【コラム1】
図1　大阪府域における河川水温分布と下水処理場（2006年度）
図2　河川水温の長期変動（大阪府公共用水域水質データベースより作成）
図3　淀川左岸のワンド群

【コラム2】
図1　地球化学地図を作成する

【コラム3】
図1　特別展「みんなでつくる淀川大図鑑」での子ども向けイベントで，調査の様子を説明する松﨑優仁君．
図2　水質調査の研修会　枚方市の天野川にて

【コラム4】
図1　下島小学校井戸の気温と地下水温の季節変化（上）と調査にとりくむ生徒たち（下）

第1章
資源としての地下水

　我が国の水資源利用量全体に占める地下水依存率は12.5％に過ぎない．水資源として河川水や湖沼水に頼る地域が多いために，水資源としての地下水の重要性に気付かないことも多い．しかし，世界的には，表層水を資源として十分な水の供給量を確保できる国は少数である．多くの国で，地下水は優良な淡水資源である．我が国でも，おいしいと評判の高い上水道を持つ都市では，地下水を水源としていることが多い．また，ミネラルウォーターや酒造などの産業面から良質な水を必要とする地域では，地域ぐるみで地下水保全に取り組む例もある．一方で，大都市では，地盤沈下やそれに伴う洪水・高潮被害，塩水化などの地下水障害を起こした歴史的経緯から，地下水が有効・適切に利用されてきたとは言いがたい．ここでは，水循環システムと水資源のおかれている世界的また国内における社会的状況を整理し，地下水問題を考えることの重要性を明確にしよう．

1 水循環の基礎

(1) 地球表層における水循環

　地球表層部の水の分布（リザーバと貯留量）と流量を図1-1に示す．地球表層の水の97.8％は海洋に存在している．その他の2.5％以下の水の大部分は淡水であ

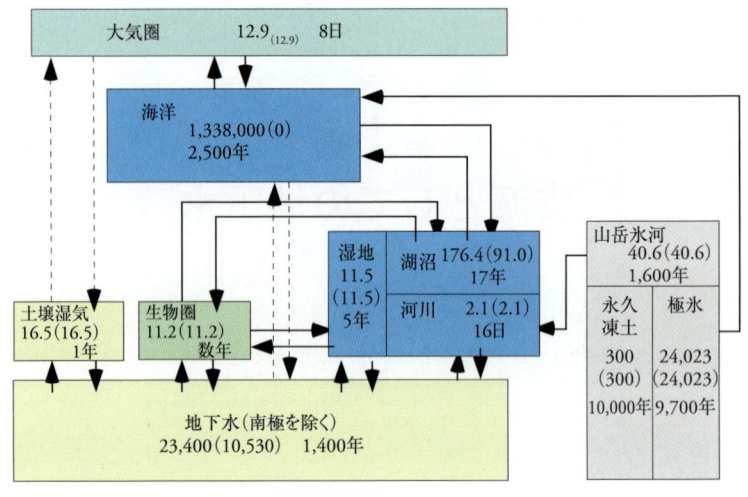

水貯留量 単位 1,000m³
カッコ内は貯留量のうち淡水の占める量．年と日は平均滞留時間を表わす．
文献 Shiklomanov and Rodda 2003.

図 1-1 地球表層部の水のリザーバと貯留量[68]

る．しかし淡水の80％近くは氷床や凍土，山岳の万年雪などの氷であり，南極大陸やグリーンランド等の人がほとんど住んでいない場所にある．山岳氷河や万年雪などは夏期の融解により，下流の地下水や河川水の涵養源になるが，これを考慮したとしても，私たちが利用可能な淡水はそれほど多いとは思えない．しかし，なくなりもせず水を使い続けることができるのは，水が循環する資源だからである．水の使用量が循環量を超えれば，枯渇する．後述するが，世界的に見れば，水使用量がすでにこの限界を超えている地域も多い．淡水は全て大気中の水蒸気からできた雪粒や雨粒などの降水を起源としている．地球表層からの水の蒸発量は海洋では降水量より多いが，陸域では逆である．その結果，大気中の水の移動を単純化すると，海洋で蒸発した水蒸気は陸域に運ばれることになる．水蒸気はちりや海塩粒子などを擬結核として氷や液滴となる．これがある程度大きく重くなると下降し始める．こうして雪や雨として地表に降り注いだ降水の大部分はいったん地面から浸透する．その後，地表に湧出して河川となって，あるいは地下水として下流に向かう．それらは最終的には再び海に流入する．

　海や大気など，水をためている仮想的な入れ物のことをリザーバ（貯留層），ある物質がそのリザーバへ流入あるいは流出する量をフラックス，リザーバにある

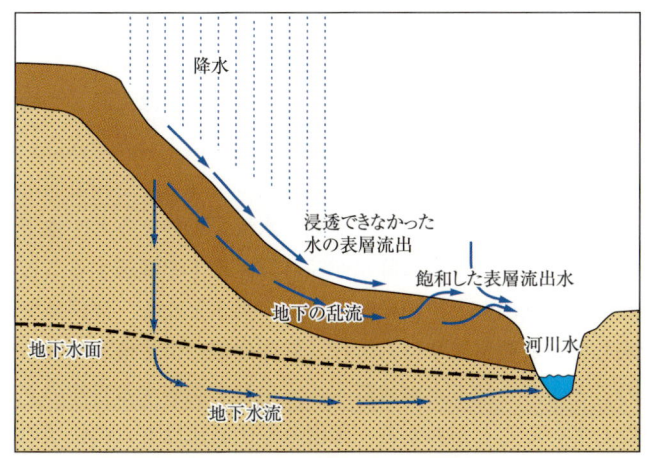

図 1-2　山地で降った雨水の流れ

物質量（貯留量）をフラックスで割ったものを平均滞留時間という．例えば，大気中の水蒸気は地表付近に存在する水の 0.001％程度である．大気中水蒸気は最終的には降水となり，海洋・河川や氷床など別のリザーバに移動する．平均滞留時間は，大気中にある水蒸気の量を世界中の 1 日あたりの降水量（大気から他のリザーバへの移動量，すなわち流量）で割ったもので，約 8 日である．すなわち，世界中の大気中の水蒸気は，平均すると 8 日で入れ替わっているということを意味する．全ての淡水の起源は降水である．気候が変化すれば水資源の状況は短時間で劇的に変化することが，この数字の小ささから容易に想像できる．また，水はエネルギーを運ぶ媒体であると同時に，様々な化学物質を運ぶ媒体でもある．したがって，大気汚染や水質汚濁の問題を考える上でも，平均滞留時間は重要である．例えば，地下水は水量が豊富で水質も表層水より良好であることが多い．しかし，平均滞留時間が河川水よりも長いために，いったん汚染されると，その回復には河川水よりも長い時間が必要になる．

　降水の 90％はいったん地下に浸透する．図 1-2 に丘陵や山間部で降った雨が地下浸透する様子を示した．地下に浸透した水は，粒間を十分に満たせば，重力に従って帯水層中を下方に流動する．帯水層が地表に現れたところで湧水する．山の斜面が削剥されてできた谷には，湧水がたくさん見つかる．山歩きした時に渓流に注意してみよう．渓流に沿って山を登っていくと，川がなくなるところがある．そこが湧水点で，"川の生まれるところ"である．河川水の水質を分析す

ると，雨が降った直後の河川水中の溶存ケイ酸濃度は晴天時のものより高いことがしばしば観察される．溶存ケイ酸は降水にはほとんど含まれておらず，岩石から溶け出す成分である．したがって降水時の河川の増水は，降った雨が直接河川に流入するよりも，地下水の湧出量が増加することによる方が大きいことがわかる．地下水の流れは遅いため，多量に降水があって地下の空隙が満たされた後も雨が降り止まず，地下浸透する水の量が地下水流量を超えると，地下水が氾濫流となり地表にあふれ出す．さらに降水が続けば，地下を浸透することなく地表を流下する．この表面流出が大規模に起これば，洪水となる．傾斜地では，地下水氾濫流は帯水している被覆層を持ち上げ，斜面崩壊による地すべりや土石流が発生する．このことから，地下水層は降水の流出量を調整する自然のダム湖のような役割を果たしていることがわかる．地滑りや土石流はダムの決壊のような現象である．地滑りや土石流などの災害は不安定な斜面では地震が直接的引き金となることもあるが，過剰な地下水圧があると規模が大きくなる．一方，人口密集地で地面がアスファルトやビルなどに覆われて降水が地下浸透しない場合や，河床がコンクリートで覆われることで地下への浸透が妨げられる場合など，多量の降水が一気に河川を流下し鉄砲水となることもある．

　地下水の滞留時間は数ヶ月〜数千万年までの広い範囲にある．山間部で降った降水が表層近くに浸透した後に湧水する場合では，地下浸透後数ヶ月で地表に戻ることもある．しかし，地層内に閉じ込められた地下水は地質時代の長い時間にわたって動かないことがある．このような水を化石水という．例えば，カナダのアルバータ盆地では，古生代に閉じ込められた海水が，今も塩水として取り残されている[1]．また，原油とともに産出する油田塩水の多くは，数千万年以上の年代を持つ地下水である．数万年程度の年齢を持つ地下水はさらに多く知られている．世界の砂漠地帯の下に豊富にある地下水の多くは，最終氷期からその直後の温暖な時期に涵養された化石水である．このことについては後に詳しく述べる．

　湧出した地下水を集めながら，河川水は流量を増し，河口から海へと流出する．淡水は海水と比べると希薄な溶液であるが，海水に乏しい栄養塩類を多く含んでいる．岩石を溶解した結果である溶存ケイ酸やリン酸イオン，生物遺骸や人為活動によってもたらされたリン酸・硝酸イオンなどは，海洋生物にとっても重要な無機塩類である．このような陸源性物質の供給源として河川水の流入は重要である．一方で，近年，河川を経ずに直接海洋底に湧出する地下水の研究が進んできた．このような地下水は世界各地の大陸棚で発見されているが，陸源性栄養

塩類の供給源として，河川水と同程度には重要である可能性が指摘されている[2]．富山湾では，海底に地下水がわき出している場所に生物が集まっている様子が観察されている．大西洋のアメリカ大陸側陸棚では，複数の場所で海底湧水が発見されているが，これらの地下水は氷河期が終わり，地球が温暖化した時代に涵養されたと考えられている[3]．つまり，降水として地表にあった時点から海洋に戻るまで，数千〜数万年を要したことになる．

(2) 水循環と安定同位体比

自然界で移動する水の動きを追跡する手段には様々な方法があるが，水分子を構成する水素と酸素の安定同位体比を用いることは水の起源との関係を知る上で特に有効である．ここでは，本書に記述されている大阪平野の地下水をこれらの安定同位体比の性質から理解するために必要な最小限の説明をしたい．安定同位体に関する説明については，詳しくは，酒井・松久[4]などを参照されたい．

世界各地の海水の水素（^{2}H/^{1}H または D/H）と酸素（^{18}O/^{16}O）の安定同位体比はほぼ一定の値を示す[5]．水の水素・酸素安定同位体比は，この海水の平均値（Standard Mean Ocean Water, SMOW）を標準として，次式の千分偏差（‰，パーミル）で表す慣習がある．

$$\delta D (‰) = \{[(D/H)x / (D/H)_{STD}] - 1\} \times 1000 \qquad (1-1)$$
$$\delta^{18}O (‰) = \{[(^{18}O/^{16}O)x / (^{18}O/^{16}O)_{STD}] - 1\} \times 1000 \qquad (1-2)$$

現在は SMOW のかわりに IAEA（国際原子力機関）が調整した北海の海水（IAEA本部のあるウィーンにちなんで Vienna SMOW（VSMOW）と呼ぶ）を標準海水試料としている．世界各地で採取された陸水の水素・酸素安定同位体比の関係を見ると，それらの多くは $\delta D = 8 \delta^{18}O + 10$ の直線上にプロットされる[5]（図1-3）．これを天水線という．傾き8は，異なった地域の異なった起源を持つ降水が，水蒸気の凝縮時の同位体分別係数の温度による変化や近似の誤差とバランスして得られた見かけの傾きであるとされる．我が国の同一の盆地内で得られた降水と降水起源の陸水の同位体比は，太平洋側ではおよそ5であり，日本海側では3.5に近い値となることが知られている[6]．

水の水素・酸素同位体比の変化は主として動的同位体効果による分別作用による．例えば，その一つの例として，同一地域における高度効果がある．これによ

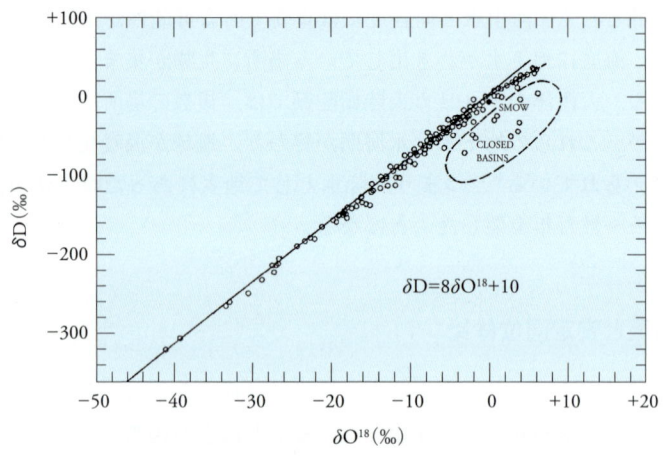

図1-3　天水の酸素と水素の安定同位体比の関係[5]

り，標高が高くなるにつれて同位体比が小さくなる現象が見られる．我が国では，長野県の地表水に関する研究で，酸素同位体比に関して，100 m 上昇するごとに 0.25‰ ずつ小さくなることが観察されている[6]．大阪府の地表水では，100 m で 0.2‰ 程度の減少が見られる[7]．また，水素・酸素同位体比は高緯度地域の方が低緯度地域より，内陸地帯の方が沿岸地帯より小さくなる．海水が蒸発する際に生成された水蒸気から擬縮する降水が重い同位体を選択的に取り除くことにより，蒸発の盛んな低緯度地帯から遠ざかるほど，あるいは海洋から離れるほど軽い同位体に富む降水が形成されるためであると言える．

　地下水の水素と酸素の同位体比は涵養源となった降水の組成を保存している．したがって，水素と酸素の同位体比を用いて，涵養地域と流動経路を推定することが可能である．一方，長時間滞留した地下水では，起源とする降水から同位体比が離れることが観察される．例えば，地層中に閉じ込められた遺留水 (connate water) あるいは地層水 (formation water) と言われるものは，酸素同位体比が大きくなることが認められる[8]．実験室で，加圧して粘土層を通過させたろ液の水素・酸素同位体比が小さくなり，残液は大きくなることが確認されており[9]，地層水はこの同位体交換により同位体比を変化させると考えられている．この実験では同時に，塩化物イオンもろ液では少なく，残液に濃縮されることが示された．地層中に取り残された地下水が，元々塩濃度の低いものであっても，高塩濃度で水素・酸素同位体比の大きい性質を持ち得ることを示している．平野の地下深部

には，高塩濃度で大きい同位体比を持つ地下水がしばしば見られるが，必ずしも海水を起源としているわけではないといえる．

地熱水は，高温で岩石と反応した履歴を持つ地下水である．多くは降水が地下深部にまで浸透したものであると推定されるが，マグマ水も含まれている．マグマ水は，文字通り，マグマ中に含まれていた水であり，日本列島のような島弧の酸性マグマに伴うものでは，酸素同位体比がおよそ+6‰，水素が-30～-60‰程度の同位体比を持つことが知られている[10]．降水などが岩石と反応した場合，水－岩石比の変化に伴って，同位体比は変化する．しかし，岩石中の水素イオンは低濃度であることが一般的であるため，反応が進むと，酸素同位体比は大きくなるが，水素同位体比はほぼ一定の値を保つ[11]．これは酸素同位体シフトとして知られている．水－岩石比が小さい場合には，水素同位体比も大きくなる．このような変化は火山地帯などの高温の地熱地帯で見られることはあるが，堆積盆中の深層地下水では一般的ではない．

(3) 地下水の年齢

「水の年齢」とは，地表，あるいは水面などで大気と接触している水を0歳とし，大気との接触を断たれてから現在までに経過した時間を言う．地下水の場合には，地表から地下に浸透した直後から現在までの経過時間のことである．上述の水の水素と酸素の安定同位体比は，水の起源やその移動経路を推定するのには有効であるが，その水がいつの時代からそこにあったのかを知ることはできない．地下水の年齢を知るための年代測定には放射性同位体を用いる方法と，ある時代に特異的な濃度で環境中に放出されて水圏に移動した物質を用いる方法，あるいはその両方を組み合わせた方法がある．ここでは比較的若い地下水の年代によく用いられる測定法について述べる．

トリチウム（^{3}H あるいはT）は中性子を二つ持つ水素の放射性同位体である．大気中で生成され，11.32年の半減期を持つ．トリチウムを含む降水（すなわち水素原子の一つがトリチウムである水分子）が地下に浸透すると，トリチウムは少しずつ壊変して濃度が減少する．トリチウムの大気中生成量を一定とすると，地下水中の濃度から年齢を求めることができる．トリチウムの生成量は，大気中核実験が最も盛んであった1963年に最大量を示した．この前後の降水中のトリチウム濃度は通常の時期に比べて著しく高い．したがって，この時代に涵養された地

下水（あるいは深層海水など）の年齢を推定するのに適している．この方法では，おおむね50年程度までの水の年齢を測定することが可能である．しかし，現在の大気中トリチウム濃度は低く，1963年前後に涵養された地下水中のトリチウムも減衰が大きいために，正確な年齢を求めることが困難になっている．トリチウムが壊変して生成される^{3}Heの濃度を分析すると，もとあったトリチウム濃度を推定できる．実際には，^{3}He/^{4}Heと周辺の降水の現在のトリチウム量を用いて推定する．大気中で生成する放射性炭素（^{14}C）を用いた年代測定法は，数千年程度まで古い水の年齢を推定できる．最近では^{36}Clや^{4}Heを用いた年代測定法も使われている[12]．^{36}Clは地下水中では^{35}Clに中性子が当たった時に生成する放射性同位体であるが，半減期が約32万年と長いため，比較的若い地下水では蓄積量は時間経過とともに増加する．また^{4}Heは，ウラン・トリウムなどの壊変によって生成する安定同位体である．^{36}Clと^{4}Heは帯水層周辺のウラン・トリウムの濃度が一定であり，中性子の放射量や元素の壊変が一定であるとすると，蓄積量から年齢の推定ができる．

　上述のように，近年，大気中のトリチウム濃度と大気中核実験により生成されたものの残存濃度との差が小さくなり，比較的短期間の滞留時間を持つ地下水の年齢を求めることが困難になりつつある．この問題を解決するために，20世紀後半以降に放出された大気汚染物質であるCFC-11やCFC-12をはじめとするクロロフルオカーボン類をトレーサーにした年代測定法が開発された[13]．これらの物質は，1930年に開発されたCFC-13をはじめとして冷媒や洗浄剤として使用されていたが，オゾン層破壊物質として，1988年のモントリオール議定書の発効により大気内放出が禁止されており，現在の大気中濃度は低下しつつある．しかし，自然の中での安定性の大きい物質であり，地下水中にも残存している．これらの大気中放出量は明らかにされており，それぞれの排出量は年ごとに異なった比率を持つ．地下水中ではそれぞれの成分の濃度比を用いて，年代値とする．おおむね50年程度までの年代測定に適用できる．ただし，これらの物質は地下水中の微生物により分解されるため，保存されやすい地下水環境であることが年代測定を適用する条件となる．

(4) 地下水の水質形成

　降水が地下に浸透すると同時に，水質は変化し始める．降水は凝結核となる海

塩粒子や大気汚染物質からなるエアロゾルなどの可溶性塩類，大気中二酸化炭素などを含んでいる．清浄な大気中で二酸化炭素とのみ平衡した雨水の pH は 5.6 である．これより pH の低い雨を酸性雨という．しかし，火山噴火による酸性ガス（二酸化イオウや塩化水素など）の影響で雨水の pH が下がることがある．強酸性物質である硫酸イオンが雨水の凝結核である土壌粒子と反応して雨水が中和されるケースもある．人為的な影響によって酸性化が起こっているとわかるのは，日本では pH が 5 より低い場合である．また，大気汚染による酸性物質が広汎に分布することにより，雨水の pH が定常的に低くなっている地域や国もある．このような曖昧さを回避するために，アメリカ合衆国海洋大気圏局は酸性雨の定義を pH が 5 より低い雨としている．

　土壌中二酸化炭素は大気中よりも 3 桁程度高い濃度であることが普通であるため，地下浸透した水の中の二酸化炭素が水和して，さらに多くの水素イオンが供給される．その化学反応式は次の通りである．

$$CO_2 + H_2O \rightleftarrows H_2CO_3 \tag{1-3}$$

$$H_2CO_3 \rightleftarrows H^+ + HCO_3^- \tag{1-4}$$

この時に発生した水素イオンは，反応した鉱物中に取り込まれ，粘土鉱物などを生成し，陽イオンを溶出する．例えば，斜長石（灰長石・曹長石）と溶存二酸化炭素との水和分解によりカオリナイトを形成する反応は次式で表される．

$$CaAl_2Si_2O_8 + 2CO_2 + 3H_2O \rightarrow Al_2Si_2O_5(OH)_4 + Ca^{2+} + 2HCO_3^- \tag{1-5}$$
（灰長石）　　　　　　　　　　（カオリナイト）

$$2NaAlSi_3O_8 + 2CO_2 + 11H_2O \rightarrow Al_2Si_2O_5(OH)_4 + 2Na^+ + 2HCO_3^- + 4H_4SiO_4 \tag{1-6}$$
（曹長石）

このような反応を岩石の観点から見れば，化学的風化作用という．化学的風化作用は土壌形成の重要な要素である．この反応の結果，地下水は炭酸水素イオンを陰イオンの，カルシウムやナトリウムは陽イオンの主成分として，また溶存ケイ酸は中性分子として溶解し，水質が変化する．その水質の変化の様子を図 1-4 に模式的に示した．反応する母岩の鉱物組成によって地下水の水質は異なるが，一般的には最も溶解しやすい斜長石や炭酸塩鉱物の化学組成を反映して，最初はカルシウム―炭酸水素型の水質になることが多い．図にはステッフィダイヤグラム

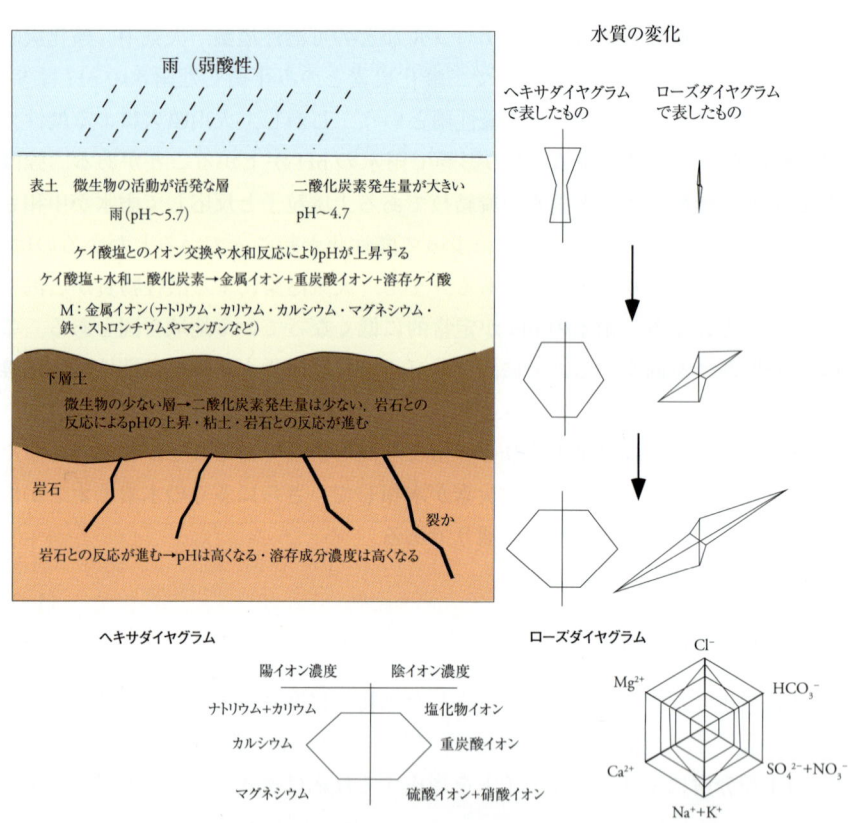

図 1-4　地下水の水質形成機構と水質を可視化する方法の例.
ステッフィダイヤグラム（ヘキサダイヤグラム）とローズダイヤグラム．前者は，右側に主要陰イオン，左側に主要陽イオンの成分を表示し，中央の軸からの距離で濃度を表す．後者は，放射状に主成分イオンを示し，中央の原点からの距離で濃度を表す．

（ヘキサダイヤグラムとも言う）とローズダイヤグラムを用いて，一般的な水質の変化を示した．ステッフィダイヤグラムを用いた場合，希薄な海水によく似た細い鼓型の水質が，岩石との反応が進むにつれ，炭酸水素イオンとカルシウムイオンの多いソロバン玉型に変化する．また，花崗岩質の岩石の風化に伴っては，pH が 7.5 程度までのほぼ中性に近い水質となるが，玄武岩やカンラン岩などの塩基性岩と反応すると，pH が 10 を超えるアルカリ性の水質を示すことがある．これは，化学的風化作用の進行を規制する大きな要因が溶存ケイ酸の溶解度にあり，ケイ酸塩濃度の低い塩基性岩ほど，金属イオンを多く含む鉱物が溶解する化学反応が進行する傾向が大きいからである．

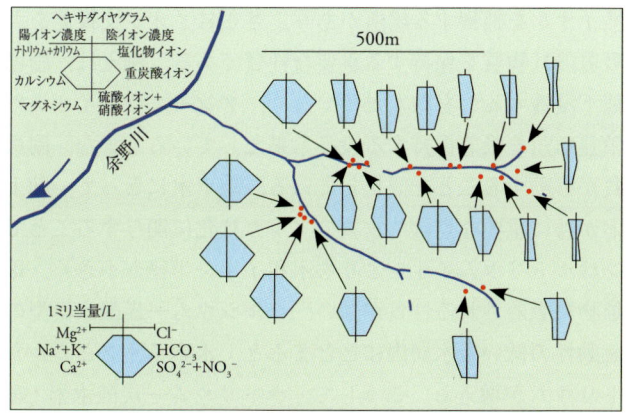

図 1-5 箕面市止々呂美渓流に沿った湧水の主成分組成の変化[14]

　水質形成の例として，図 1-5 に，箕面市の簡易水道水源として用いられている渓流に沿った湧水の水質を示した．この地域では，最上流の湧水は降水の水質組成を反映して海水の化学組成によく似た希薄な水質である．このことは，この山間に降った雨の凝結核が海塩粒子であったことを意味している．湧水の水質は下流に向かってカルシウム―炭酸水素型の水質に変化する．この地域の湧出母岩は中古生代の丹波層群の泥岩主体の堆積岩であり，泥岩中の炭酸塩鉱物（その多くはもともと炭酸塩骨格を持つ生物遺骸である）の溶解度が水質を決定する主要因となっている．この地域の湧水には，わずかに環境基準を超えるヒ素を含有することがある．化学的風化作用により，岩石中の黄鉄鉱が分解することにより，不純物として含まれているヒ素が溶出していた[14]．ただし，一般的には，ここで述べた水質形成作用は汚染ではない．市販のミネラルウォーターの多くは，このような水―岩石相互作用による水質形成の結果として得られた特徴のある水質を持っている．

　上述した反応は，降水が地下浸透した直後から起こる水質形成反応であるが，その後，流路や帯水層の中で，様々な反応により水質は変化する．そのうちで，平野部のような地下水流動が停滞しがちな環境で起こる粘土鉱物との陽イオン交換反応は，重要な地下水水質形成作用である．粘土鉱物は表面がマイナスに帯電しており，陽イオンを吸着しやすい．このような陽イオンは，主として水和イオン半径と電荷に依存する異なった吸着能を持ち，周囲に溶存するイオンとの間で交換することがある．中でも，スメクタイト類やバーミキュライトでは，結晶構

造中に吸着性イオンを捕獲する場所があり，さらにイオン交換能を大きくしている．粘土の吸着能は物質を保持する重要な性質である．例えば，圃場に敷いた粘土は，水が地下浸透するのを防ぐだけでなく，アンモニウムイオンやカリウムイオンなどの栄養塩類を吸着保持する役目も果たしている．また，副次効果であるが，汚染物質が移動することを阻止している．地下水にとって，粘土鉱物の陽イオン交換反応が特に重要な点は，水質のアルカリ化に関与することである．カルシウムイオンはナトリウムイオンよりも水和イオン半径が小さく，電荷も大きいために粘土鉱物に吸着される性質が強い．カルシウム―炭酸水素型の水質を持つ地下水は，流動性の低い帯水層内にとどまると，水素イオンとカルシウムイオンを失い，ナトリウムが増える．こうして，ナトリウム―炭酸水素（重曹）型でpHの高い水質へ移行する．一般的には，粘土質の堆積物中の間隙水，滞留時間の長い深層の地下水などにナトリウム―炭酸水素型の水質を持つ地下水が多い．

汚染も地下水水質形成機構の重要な要素である．特に，流動経路の下流で人為的影響の大きい場所で，汚染は無視できなくなる．汚染に関しては次節以降に述べる．

(5) 環境汚染指標としての安定同位体

水の水素と酸素の安定同位体比で説明したように，同位体分別を起こす軽元素の安定同位体比は物質の起源や反応過程を推定するのに有用なトレーサーである．チッ素，炭素，イオウなどは生体必須元素であり，水圏中のこれらの元素は人間の社会活動の影響を受けて挙動する．これらの同位体比は，汚染物質の起源や生物活動の関与などの推定に有用である．ここでは，代表的な人為的汚染物質であるチッ素とイオウに関して，簡単に説明する．

図1-6に，中国四川盆地の地下水と表層水中のアンモニア性と硝酸性のチッ素（$\delta^{15}N$，大気中チッ素を標準物質として$^{15}N/^{14}N$比を千分偏差で表す）および硫酸イオンのイオウ（$\delta^{34}S$，CDT：鉄隕石中のイオウを標準物質として$^{34}S/^{32}S$比を千分偏差で表す）同位体比の分析値を示す．四川盆地は長江の中間地点付近にある盆地底と周辺山地の直径がそれぞれ約200 km，400 kmで，標高はそれぞれ400〜600 mと1500〜4500 mのすり鉢状の地形をしている．この盆地は，広さでは国土の2％に過ぎないが，豊富な水資源と肥沃な土地に恵まれ，10％の人口を抱える．長江に流入する支流の一つである明江は，黄河との分水嶺となる四川盆地北

第1章 資源としての地下水

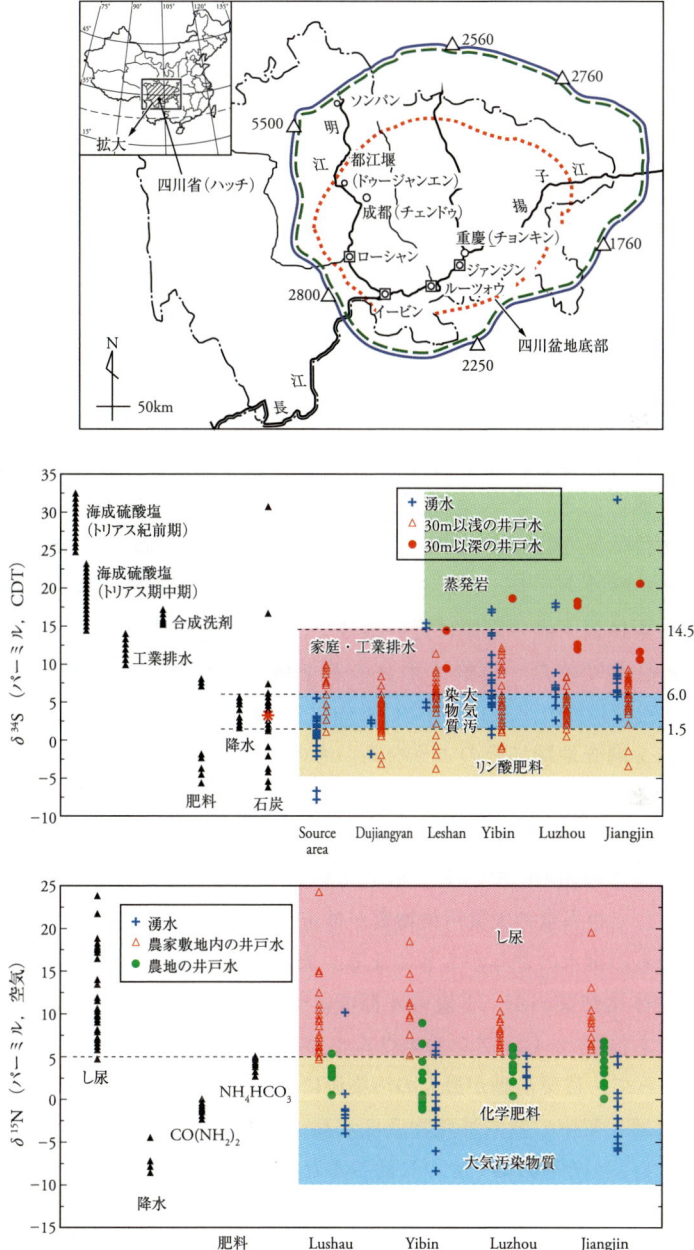

図1-6 四川盆地の地下水と推定される原因物質のチッ素とイオウの安定同位体比[15, 16]

端の山岳地帯に端を発し，長江が四川盆地に流入する地点に近い盆地底の西南部で合流する．この合流地点より下流を揚子江と呼ぶ．中国では，大気・土壌・水圏の汚染が急激に進行していることが知られているが，環境汚染源となるチッ素とイオウの原因物質は大きく次のように分類できる[15,16]．1) 工業排水：特に硫酸性イオウの原因として洗剤が最も大量に影響を与えている．2) 大気汚染物質：硝酸性チッ素は自動車の排気ガス，アンモニアは工場からの排気ガスと肥料からの気化が疑われる．硫酸性イオウに関しては，石炭が最も重要であろう．四川盆地で利用される石炭のイオウ同位体比 ($\delta^{34}S$) は大きくばらつくが，雨水の同位体比は 0〜5‰の比較的狭い範囲にある．3) 農業活動：主として肥料である．原料によって異なった同位体比を示す．イオウの場合，硫化鉱物を材料としたものでは，硫酸塩鉱物を材料にしたものより，同位体比が小さい．また，チッ素 ($\delta^{15}N$) では，空気を材料とした化学肥料は 0‰に近い値となるが，有機肥料では 10‰より大きな値となる．4) 家庭排水：硫酸イオンの主要因は洗剤であり，チッ素はし尿や食品などの生物源である．明江に沿った 6 都市で調査した地下水中の硫酸イオンと硝酸性チッ素，アンモニア性窒素の濃度は下流ほど高くなる．特に，硝酸性チッ素は最下流の重慶に近い地域では，平均値がWHOの基準値である 10 mg/L を超えていた．硫酸イオンの基準値はないが，味が悪くなるため，WHOの勧告では 250 mg/L より高いものは日常的に飲用するには不適であるとされている．調査地域にそのような高いものはないが，重慶近くでは平均値が 140 mg/L であった．これらの地下水のチッ素とイオウの同位体比は汚染物質が都市活動に対応して変化することを示している．イオウ同位体比は下限値が場所を問わず，雨水の値 (0〜5‰) に一致している．このことから，地下水中のイオウの起源として相当量の大気汚染物質が推定される．また，下流に向かって，工場や家庭からの排水の寄与が大きくなる．チッ素同位体比に関しては，上流の 2 都市の同位体比がないが，下流の 4 都市について，硝酸イオンはおおむねし尿 (有機肥料であろう) から，アンモニウムイオンは化学肥料からの寄与が最も大きい．したがって，農業活動が最大の汚染源になっていることを示している．中国の都市部では大気中の窒素酸化物濃度が高いことが人工衛星から観測されている[17]．それでも，チッ素はイオウに比べると局所的な汚染源からの影響を強く受け，広域には汚染が広がらない傾向がある．

(6) 平野の地下水

　河原や海岸で砂を掘って遊んでいると，少し掘ったところで水がしみ出してくる．この水がしみ出すより上の堆積物や土壌の部分を不飽和帯，空隙を地下水が充填している部分を飽和帯という．飽和帯となる間隙を充填している地下水の上面は同じ地層であれば同じ高さのところに現れる．これを地下水頭という（図1-7）．ちょうど池や湖の表面のような平面になるので，英語では water table という．地表から地下水頭までの深度を地下水位という．地下水は飽和帯より下の地層をあまねく充填している．しかし，比較的粒径の粗い砂〜礫質の堆積物層では間隙に連続性があるため水が流れやすい．一方，シルト・粘土質の堆積物では，間隙率は砂質堆積物より大きいにもかかわらず，間隙は粘土質物質に囲まれて閉じており，ほとんど動かない．くみ上げして利用できる地下水は水の流れやすい（透水性のよい）砂〜礫質堆積物からなる地層に存在しており，この地層のことを帯水層と呼ぶ．シルト・粘土質の堆積物からなる地層は，帯水層となる地層の間に挟在する二つの帯水層間での鉛直方向の地下水の流動を妨げる．自然状態であれば，シルト〜粘土質層は水を通さない不透水層として機能する．しかし，人為的に下位の帯水層から側方流動が可能な速度を超えて揚水すると（過剰揚水），シルト〜粘土質層の間隙水が絞り出されたり，上位の帯水層から少しずつシルト〜粘土質層を通過して（漏水），鉛直方向の流れが生じることがある．このような場合，シルト〜粘土質層は完全な不透水層としての機能を果たさないので，難透水層と呼ぶのが正確である．

　平野部の表面を覆っている堆積物中の一番浅い地下水は不圧地下水である．不圧地下水は，自由面地下水ということもあり，浅い場所にあることから浅層地下水ということもある．不圧地下水層は，最上位の不透水層である粘土質層を水底とする池のようなものである．この地下水は通常は地下 2〜3 m，深い場所でも 10 m も掘れば得られることから，古くから農業用や生活用水として用いられてきた．世界的には，発展途上国の農村地帯の家庭用水等の主要水源はこの地下水が用いられている地域が多い．大阪市域でも寺社で手水等に使われている（図1-8）．大阪府の周辺都市では今でも庭の散水などに用いている民家が多くある（2章参照）．しかし，不圧地下水は降った雨が地下浸透して溜まったものが大部分を占めるため，側方に向かって遠くへ流動しない．そのため，大量に水を得ることは困難で，使いすぎるとすぐに水位が低下する．また，地表の土地利用の影響

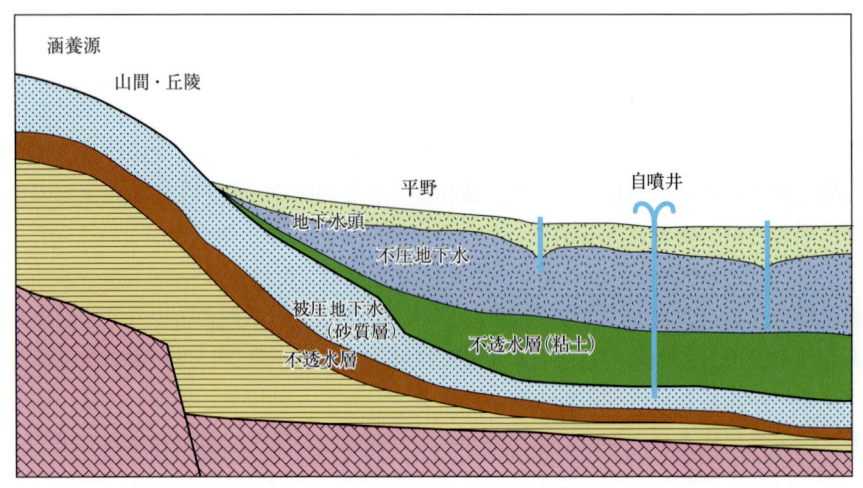

図 1-7　平野の地下水—二つの帯水層

を受けやすく，散布した肥料や土壌投棄した廃棄物などによる汚染の影響が短時間で現れる．

　不圧地下水より深い地層では，粘土質の透水性の悪い地層に挟まれて複数の帯水層が存在するのが普通である．また，岩石のような水を通しにくいものでも，断層や節理などの割れ目が発達する岩体は地下水の帯水層となる．このような地下水を裂か水という．割れ目の発達しやすい溶岩で形成された火山地帯は特に優良な帯水層となる．環境省が制定している「日本の名水 100 選」でも火山岩からの湧水が多く選ばれている．深い地層や断層のような岩石の割れ目を充填している地下水は，涵養源が帯水層より標高の高い場所にあり，土壌大気と接することがないため，一般的には被圧されている．このような地下水は，井戸を掘ると，自然に地下水位が上昇する．つまり，地下水位は帯水層の分布深度より浅い位置にある．時には，地表より高いところまで噴き上げることもある（自噴井）．そのため，被圧地下水という．あるいは深層地下水とも言う．平野の地下にある被圧地下水は涵養源が平野周辺の丘陵地や山間部にあり，集水域が広いことから大量の水を安定して得ることが可能である．また，涵養域が人口密集地から離れていることが多いこと，長距離運ばれてくる間に濾過作用などにより水質浄化が進むことなどから，良好な水質が得やすい．このようなことから，工業用水や農業用水として大量に利用されてきた．

第 1 章　資源としての地下水

図 1-8　大阪市内の寺社で利用されている地下水
a) 清水井戸（天王寺区）　b) 四天王寺・亀の井（天王寺区）　c) 安倍清明神社（安倍野区）
d) 清光院有栖山清水寺（天王寺区）

2　資源としての水

(1)　水需要と水資源の問題

　水は再生可能な資源であるが，水循環システムの中で循環量を超えて利用すると，水資源は枯渇する．図 1-9 に世界人口の増加と水の需要量を，将来予測も含めて示す．人が生きるためには，必ず水が必要である．飲み水として直接摂取する水は一人当たり 1 日に 2 L 程度あればよいが，食物や調理などの生活用水と

17

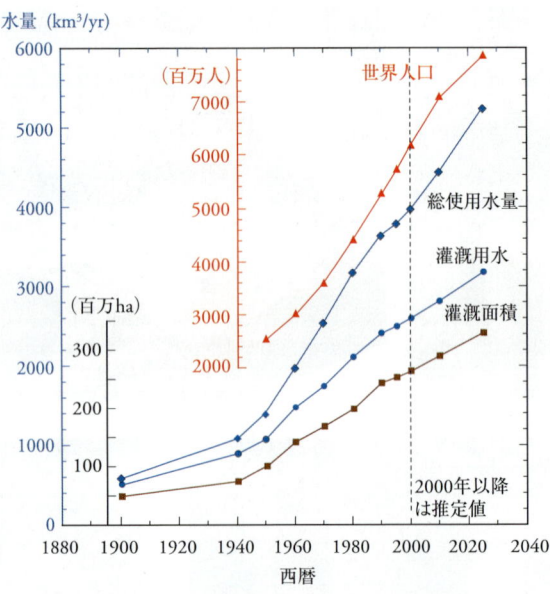

図 1-9　世界人口と水需要の経年変化[68]

して最低でも 20 L 程度を必要とする．社会全体では，工業生産や農業活動にも水が必要である．実際には，水需要の 7 割は灌漑などの農業に用いられる．灌漑用水量は食糧生産と関係するため，人口に比例して増加する．世界全体では，現在の水供給量はかろうじて需要量よりも大きい．そのため，水が必要な場所に必要なだけ配分されていれば，水不足はないはずである．水需要が供給量を上回ると，水資源の枯渇が深刻な問題となる．しかし，水資源の問題は，すでに世界各地で深刻であり，農業活動の停滞，耕作地の放棄，汚染の進行，水資源確保のための国際紛争など大きな社会問題となっている[18, 19]．

　水は，他の天然資源の多くと同様に「偏在する資源」である．大気中の水蒸気量は気温や気候による影響を受けやすいので，地域によって大きく変動する．そのため，降水は地球全体で見るとたいへん片寄っている（図 1-10）．熱帯雨林やモンスーン地域は地面や周囲の海面からの蒸発が盛んで，大気中の水蒸気量が高く，雨季と乾季がある．一方，砂漠のような乾燥地帯や氷床のある極域では空気が乾燥しており，水蒸気があまりない．淡水の起源は全て大気中の水蒸気なので，降水の多い場所と水供給量の多い場所はほぼ一致している．しかし，同一の場所であっても，季節風に伴う雨季・乾季などの年間を通じた降水量の変動，台

第1章 資源としての地下水

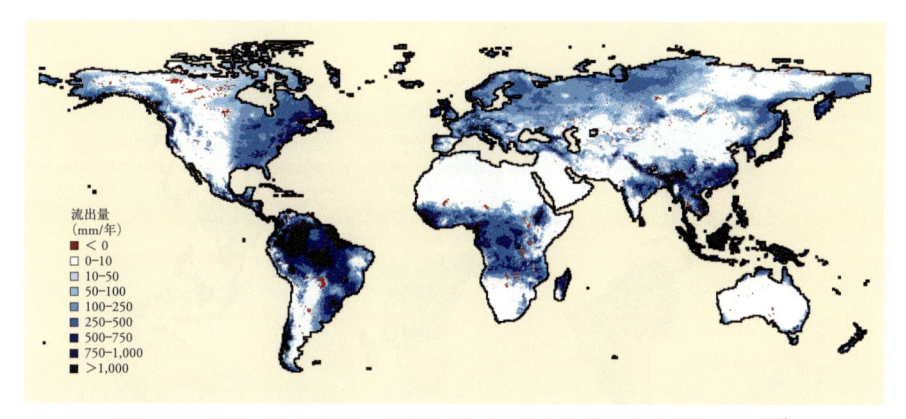

図1-10 再生可能な世界の水資源（降水に起源を持つ流出水）の分布[69]

　風のような局所的な気象により，降水量は経年的にも季節的にも変化する．そのため水供給量の多い地域であっても年間を通して安定して水需要を満たすことができない場合もある．水資源の必要量は農業や工業の盛んな地域，人口密集地で高い（図1-11）．したがってカナダのような広大な国土を持ち，人口密度の少ない国では，全体として降水量が多くはないが，一人当たりの水資源量は豊富である．一方，アジアモンスーン地域にあり降水も多い北インドでは，人口密度が高く，乾季には水が得られないために深刻な水不足となっている．日本のように潤沢にある表層水を主要な水源に用いている国は世界的に見れば例外的である．日本は，年間を通じて降水のある多雨地帯であるが，中緯度にあり，河川の距離が短いため，蒸発によって失われる水分が少ない．冬期の降水は春〜秋期に比べると少ないが全くなくなるわけではない．また，河川の傾斜がきつく，流動経路での物質流入が少ないために，比較的良好な水質が保たれる．このような条件に恵まれて，年間を通じて比較的安定して表層水からの水利用が可能なのである．
　表層水は利用しやすいので，利用可能なところではすでに十分に利用されている．人口密集地から離れた場所を流れる河川や氷河などを利用することは無理ではないが，利用地域まで水道を通じさせるためのパイプラインなどが必要になる．このような方法を用いた数少ない成功例はアメリカ合衆国カリフォルニア州に見られる[20]．カリフォルニア州の北半分は降水量が多いが，南半分は砂漠地帯である．そこで，北部の水をパイプラインによって南部へ運んでいる．水道の価格は酸素同位体比を用いて決定している．南北に長いこの州では，水の酸素・水素同

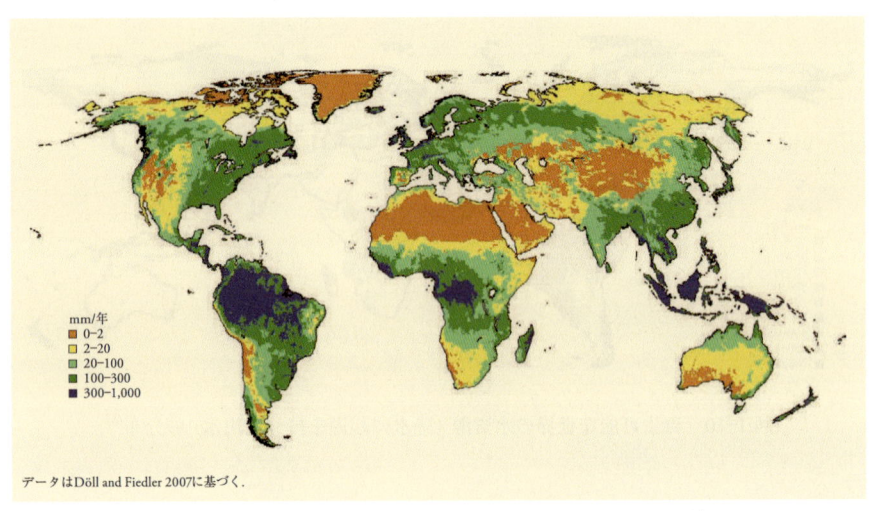

図 1-11　世界における 1961-90 の年平均地下水涵養量[69]

位体比が明確に異なるため，北から運んだ水と南部の水の混合割合が同位体比により求められる．そこで北からの水の混入率とパイプラインの運搬距離から水道の価格を決定している．海水を淡水化して利用する方法もあり，原油生産で経済的に潤っている中東諸国では普及している国も多い．我が国でも，沖縄の離島のように，年間を通じて安定した降水が得られず，また貯留しておけない地域や，海岸に立地することの多い原子力発電所では淡水化プラントが利用されている．しかし，これらの方法にかかる経済的コストは高く，貧しい発展途上国等では実用的でない．

　世界的に見れば，最も大量に使用される水資源は地下水である．地下水は氷圏を除く淡水の中では貯留量が多い．地下水資源は表層の水があまり得られない場所であっても十分な水量を持つ場合がある（図 1-12）．例えば，サハラ砂漠の地下には世界最大の地下水層があるほか，オーストラリア大陸・アラビア砂漠・北米大陸中央部などの乾燥地帯の地下に生産量の大きな帯水層がある．これらの地域では，地下水を利用した灌漑農業が盛んに行われている．しかし，これらの多くは最終氷期とその後の温暖期に涵養された化石水である．いったん使ってしまった地下水は，再び水量を取り戻すことはない．アメリカ合衆国の大穀倉地帯（グレートプレーンズ）の西側半分の地域は，優良な地下水層であるハイランド帯水層（地下水の 80% 以上がオガララ層という地層にあるため，オガララ帯水層とも呼

第 1 章　資源としての地下水

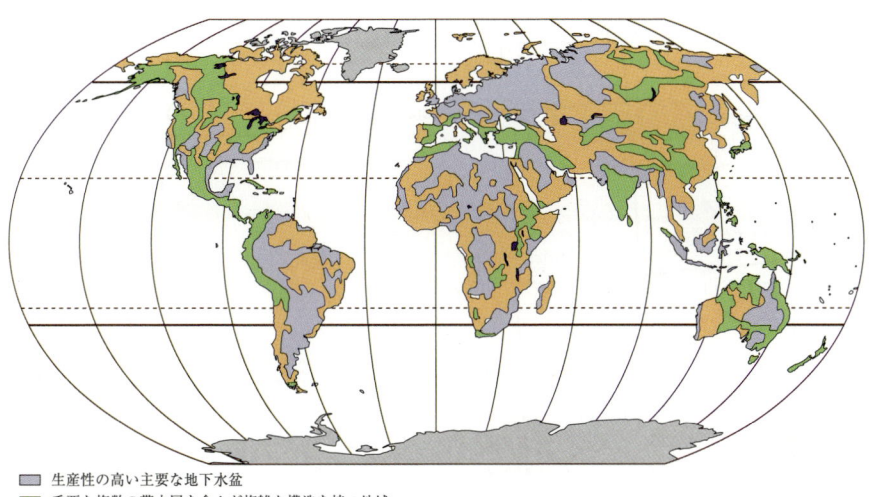

■ 生産性の高い主要な地下水盆
■ 重要な複数の帯水層を含んだ複雑な構造を持つ地域
■ 一般的には貧弱な帯水層でかつ局所的に河床帯水層と重複している地域
■ 氷床
■ 大規模な淡水湖

図 1-12　世界の地下水資源賦存量[70]

ばれる）を水源として利用している（図 1-13）．1995 年で，この帯水層からの 1 日あたりの揚水量は 199 億ガロンであり，このうちの 94％が灌漑に利用されている．この帯水層は，1940 年代から利用されているが，カンサス・ニューメキシコ・オクラホマ・テキサス州では，地下水位が 50 m 以上低下した地域もある[21]．その結果，放棄された耕作地もある．オガララ帯水層の地下水の多くは 12000〜16000 年前に涵養されたものであり，現在涵養されている水量はわずかである．あるいは，サウジアラビアでは，砂漠での農業のために，すでに地下水の 50％程度を消費してしまったと考えられている．また，中国はアジアモンスーン地域にあり，南半分は豊かな水資源に恵まれている．しかし，北方の内陸部や黄河流域では急速に砂漠化が進行している．これは，急速な工業化も一因であると言われている．元々，黄河の下流域には大都市が多い上に，大規模な工業化により，黄河流域の表層水も地下水も大量に使用されるようになった．農業に使われる水量は減り，中国は 2003 年に食糧輸入国に転じている．このような水資源の過剰な利用の結果として，世界各地に深刻な水不足に陥っている地域がある（図 1-14）．

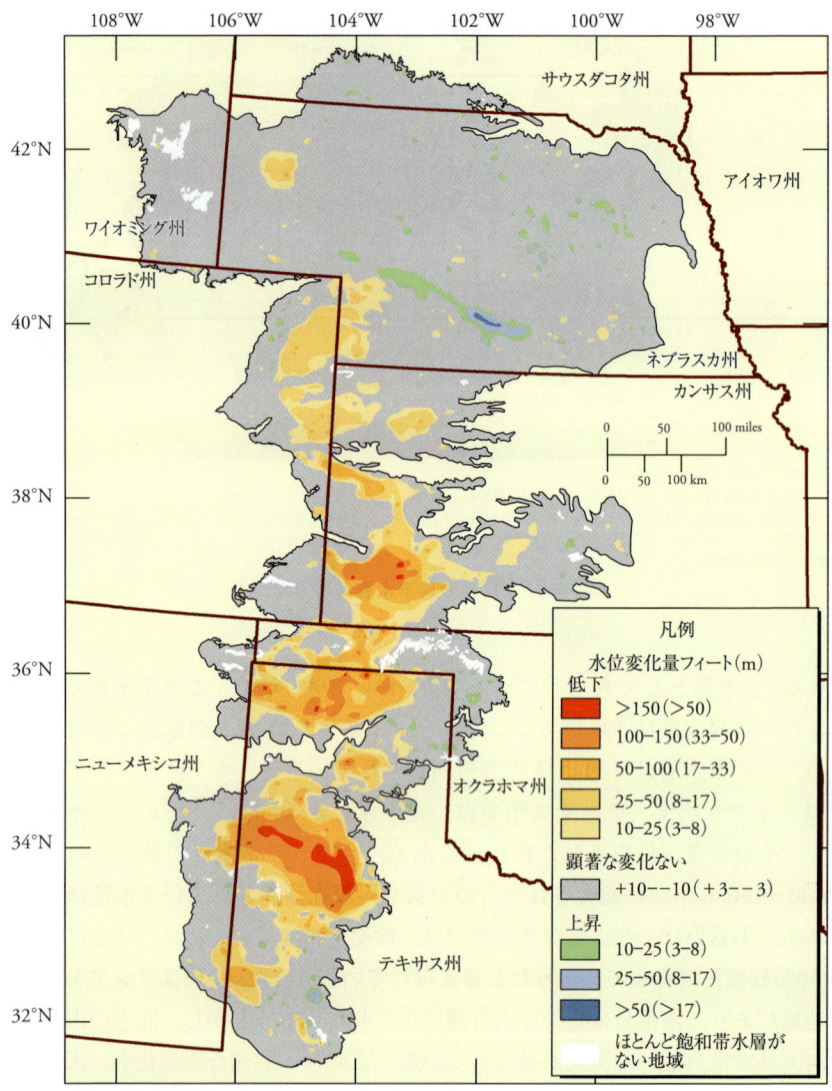

凡例
水位変化量フィート(m)
低下
- >150 (>50)
- 100-150 (33-50)
- 50-100 (17-33)
- 25-50 (8-17)
- 10-25 (3-8)

顕著な変化ない
- +10〜-10 (+3〜-3)

上昇
- 10-25 (3-8)
- 25-50 (8-17)
- >50 (>17)

ほとんど飽和帯水層がない地域

基礎情報は米国地質調査所のデジタルデータで取得した1:100,000
アルバース等積投影図
基準は29°30′と45°30′に平行，中央子午線は-96°とした．

図1-13　オガララ帯水層の水位低下量[71]

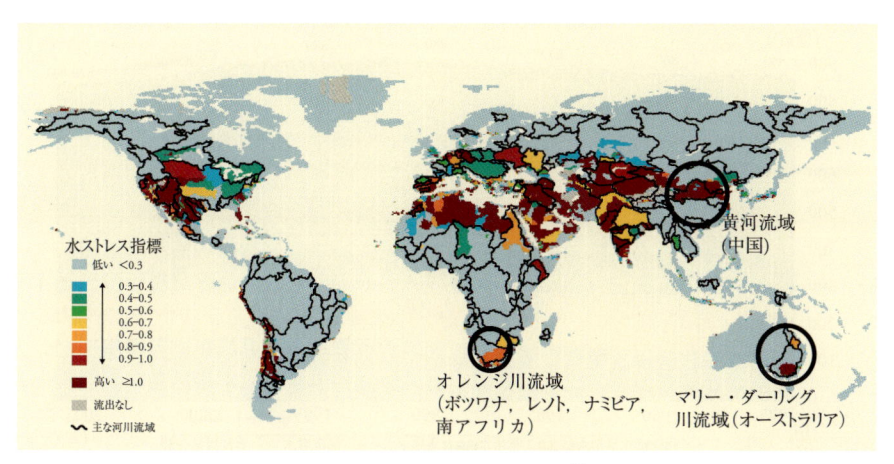

図 1-14　世界の水不足地域[69]
出典：Smkhtin, Revenga, and Döll (2004).

(2) 我が国の水利用量の推移

　日本人一人当たりの水使用量は，1日約 305 L である（2006 年の統計値[22]）．生存のための一人当たりの最低必要量は 20 L 程度であることを考えれば，たいへん多い．幸い，日本は降雨量が多く，比較的水が得やすいことから，あまり水には不自由していない．日本の水の需要はこの 20 年くらいは横ばいか，近年は漸減している（図 1-15）．国内では農業生産量が増えておらず，水を多く使う重工業が国外拠点に生産地を移している．また，上水道利用や排水の処理にかかる費用の節約のために工場内で水を循環して再利用が進んでいることなどから，産業分野での上水使用量は減少している．生活用水は横ばいである．したがって，国土全体で見れば，水資源は十分にあると言える（図 1-16）．しかし，現実には，降水量が少なく，大規模な河川や湖沼を持たない地域では，しばしば渇水に見舞われる．2008 年には北九州地区と高松市周辺地域などで，渇水による給水制限が上水道と簡易水道を合わせて延べ 26 件あり，1400 人以上の住民が影響を受けた[22]．
　水資源の中で地下水の占める割合は全国的に見れば 12％程度で高くはない．しかし，地域によっては，飲料水の 50％以上を地下水に依存しており，有効に使われている（表 1-1）．従来から地下水利用が多く，地下水利用量がよく把握されている濃尾平野や筑紫平野などでは届出揚水量は近年横ばいが漸減傾向にある

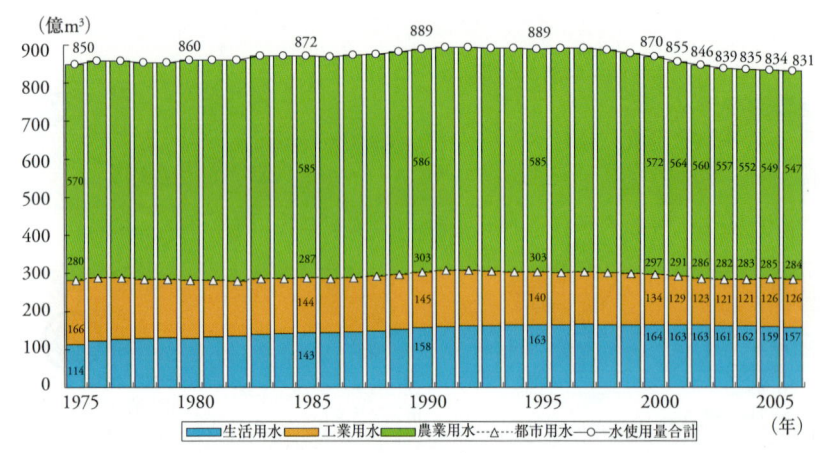

(注) 1. 国土交通省水資源部の推計による取水量ベースの値であり，使用後再び河川等へ還元される水量も含む．
2. 工業用水は従業員4人以上の事業所を対象とし，淡水補給量である．ただし，公益事業において使用された水は含まない．
3. 農業用水については，1981～1982年値は1980年の推計値を，1984–1988年値は1983年の推計値を，1990～1993年値は1989年の推計値を用いている．
4. 四捨五入の関係で合計が合わないことがある．

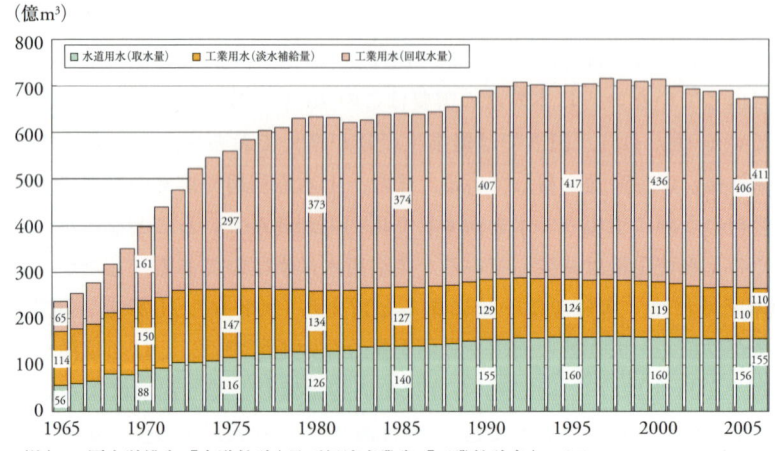

(注) 1. 厚生労働省「水道統計」及び経済産業省「工業統計表」による．
2. 工業用水は従業員30人以上の事業所についての淡水量
3. 水道用水は上水道事業と水道用水供給事業についての取水量であり，簡易水道及び専用水道についての取水量は含まない．
4. 水道用水のうち事業所での使用量は工業用水に含めている．

図 1-15　我が国の水需要量の推移[22)]
上：使用用途別の取水量；下：水道と工業用水の使用量．

第1章　資源としての地下水

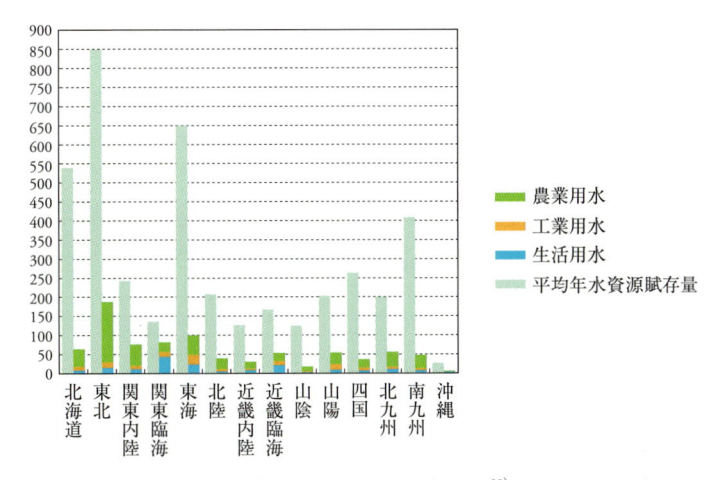

図1-16　我が国の水資源量と使用量[22]

表1-1　我が国の地下水依存率[22]

用　途	地下水使用量 (億 m³/年)	地下水用途別割合 (%)	全水使用量 (億 m³/年)	地下水依存率 (%)
1. 生活用水	34.3	27.9	157.5	21.8
2. 工業用水	36.6	29.7	126.3	29.0
3. 農業用水	33.0	26.8	547.3	6.0
1〜3 合計	104.0	84.4	831.1	12.5
4. 養魚用水	13.0	10.5		
5. 建築物用等	6.3	5.1		
1〜5 合計	123.2	100.0		

(注)　1. 生活用水及び工業用水 (2006年度の使用量) は国土交通省水資源部調べによる推計
　　　2. 農業用水全水使用量は国土交通省推計．農業用水地下水は，農林水産省「第4回農業用地下水利用実態調査 (1995年10月〜1996年9月調査)」による．
　　　3. 養魚用水は国土交通省水資源部調べによる推計
　　　4. 建築物用等は環境省「全国の地盤沈下地域の概況」によるもので，地方公共団体 (31都道府県) で，条例等による届出等により把握されている地下水利用量を合計したものである．
　　　5. 四捨五入の関係で集計が合わない場合がある．

(図1-17)．しかし，東京都では吐出口断面積が 6 cm² 以上の井戸について取水量の届出を義務づけた2001年以降，取水量がはっきりと増加傾向を示す．大阪府では2008年から敷地内での合計吐出口断面積が 6 cm² 以上の井戸の所有者に対して，取水量の届出を義務づけたが，この時，揚水量の増加が確認されている．従来は取水口の断面積の規制を守っていれば，地下水利用には法的規制がないた

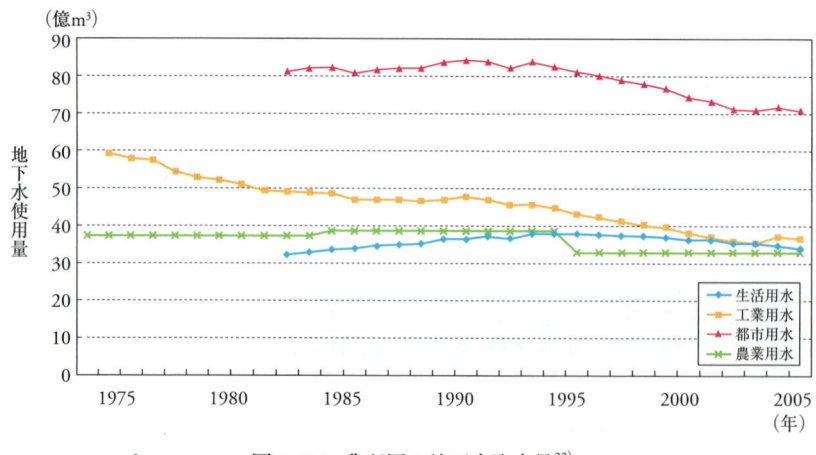

図 1-17　我が国の地下水取水量[22]

(注)　1. 都市用水（生活用水及び工業用水）は，国土交通省水資源部調べによる推計
　　　2. 農業用水は，農林水産省「農業用地下水利用実態調査（1974 年 4 月〜1975 年 3 月調査，1984 年 9 月〜1985 年 8 月調査及び 1995 年 10 月〜1996 年 9 月調査）」による.

め，実際の使用量はあまりよく把握されてこなかった．したがって，東京都や大阪府での地下水揚水量の見かけ上の増加は，届出を義務づけたことによって実態に近づいたとも言える．これらの地下水の多くは，水道水のコスト削減のために事業所や大規模なビル内での専用水道として雑用水（トイレの流水や樹木への散水など）に利用されている．地下水の利用は地下環境を健全に保つ手段でもあり，有効に利用すべきであろう．しかし，専用水道の取水は 100〜300 m の帯水層からが主体であり，地盤沈下と関係する．また，我が国では，水道水の水質管理は大変に厳しく，利用者の経済力と水道技術者の高い能力に支えられて，良質な飲料水の確保が可能になっている．一方で，水道料金は高額にならざるを得ない．専用水道は水道代節約の手段として増加してきた．このことは水道料金の減収に結びつき，将来にわたる良質な水道水の供給に対する不安材料となっている．

　我が国の水利用に関する重要なもう一つの問題は，国内で使用するのとほぼ同じ量を輸入していることである．食料にするための植物や動物を育てるためには水が必要である．木材や鉄鉱石の精錬などにも水は必要である．私たちが利用する食糧や工業製品を，それを原料から製品になるまで（植物であれば種から収穫まで）に必要な水の量に換算したものを「仮想水」（バーチャルウォーター）と言う．仮想水は，我々が水資源を総括してどれだけ利用しているのかを知ることに役立

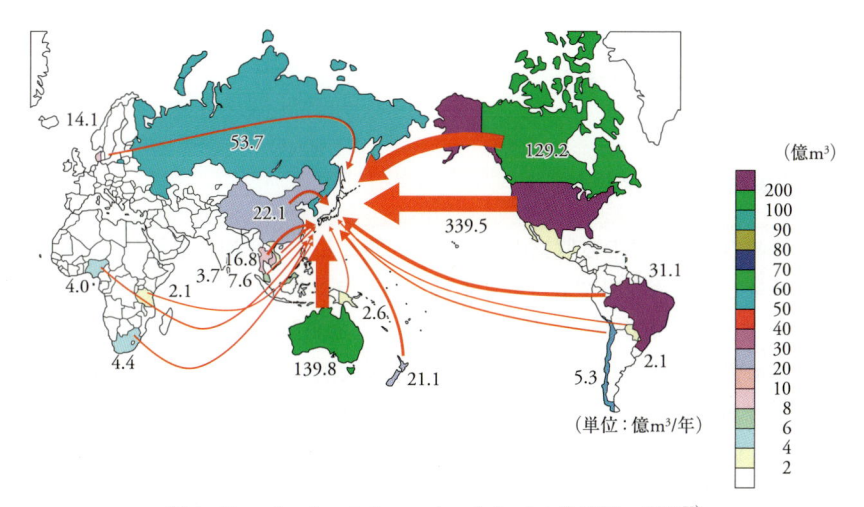

図 1-18 バーチャルウォーターとしての我が国の貿易[72]
出所：輸入量　工業製品　通商白書 (2005 年)
　　　　　　　農畜産物　JETRO 貿易統計 (2005 年), 財務省貿易統計 (2005 年)
　　　水消費原単位　工業製品　三宅らによる 2000 年工業統計の値を使用
　　　　　　　　　　農産物　　佐藤による 2000 年の日本の単位収量からの値を使用
　　　　　　　　　　丸太　　　木材需給表等より算定した値を使用

つ．例えば，小麦 1 トンを生産するためには 1000 m³ 程度の水が必要である．もちろん，この数字は品種や生産地の気候などにも左右される．乾燥地であれば，栽培に必要な水は多くなる．我が国の仮想水の輸入状況（図 1-18）を見ると，食糧分だけで国内での水使用量とほぼ同じ量である．我が国の食糧自給率はカロリーベースで 40％ を切っていることはよく知られている．食料問題は国の根幹に関わる問題であるが，水資源の観点からも考えるべき問題は多い．

米国は世界一の水消費国であり，個人の平均水消費量が 370 L/日である．日本人の水使用量は，アメリカ人に次いで世界第 2 位である．一方で，公式発表による現在の水使用量は，我が国の使用可能な水資源量で十分にまかなえる状態にある．貿易による取引は公正なものではあるが，水不足に苦しむ国からの大量の仮想水輸入には倫理的な問題が発生する．

3 | 我が国の地下水盆

(1) 日本における水収支

ある地域の水文学的な水収支の概算は，入側として年平均降水量が，出側として蒸発散量と河川流出量で表され，それらがバランスするとして評価される（図1-19）．つまり河川流出量は，年平均降水量から蒸発散量を差し引いた値である．これは，水資源賦存量とも呼ばれ，理論的に最大限利用可能な水量である．日本の平均水資源賦存量は 4100 億 m^3/年，渇水年水資源賦存量は 2700 億 m^3/年と見積もられている．これら全てが利用可能ではなく，洪水として一気に流出する水量が 2000 億 m^3/年程度あるため，表流水として利用可能な水量は平年で約 2000 億 m^3/年程度である．この大部分は，いったん地下に浸透し，地下水を涵養する．地下水の河川への流出量は，雨量の少ない冬季の河川流量（基底流量）からおおよそ見積もられる．日本の河川の基底流量は 1500 億 m^3/年程度で，地下水の賦存量が変わらないとすれば，この程度の水量が涵養されて地下水となっているとみなされる．これまでの各種の水収支の評価で得られる地下水涵養量の評価結果から，日本の平均的な地下水涵養量は，1 日あたり 1 mm 程度の量と評価される．

日本における地下水の水収支の概算はこのようになされているが，地下水への涵養，流出などの実測による評価は簡単ではない．不圧地下水は，帯水層の透水性がよく，循環速度が大きいため，表層からの涵養により容易に補給される．つまり，上述の 1 日 1 mm の自然の水循環の中での補給を期待できる．一方，より深部に賦存する被圧地下水は，滞留時間が長く，容易に涵養されないため，地下水揚水によって抜き取られた地下水の補給には，長い時間を必要とする．地下水は一般に透水性の高い砂礫層や裂かの多い岩盤から揚水される．このような帯水層へは，地表から浸透した水が鉛直方向や帯水層に平行な方向の地下水の流動により，補給されるだけではない．粒度の細粒なシルト・粘土層中の容易に動けない地下水も，揚水によって周囲の砂礫層の水圧が低下する（地下水位が低下する）と，圧力差によって絞り出される．つまり，このような難透水性の地層からの地下水が移動することで，見かけ上砂礫帯水層の地下水が補給され，水位回復がなされたかのように見える．実態としては，収支は赤字のままである．地下水が絞り出された地層は間隙が小さくなり収縮するため，地層の厚さが減少し，地表の

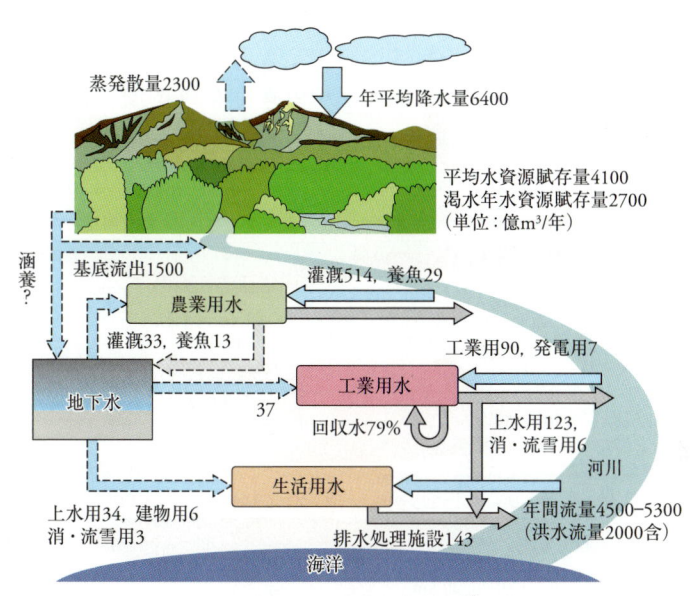

図 1-19　日本の水収支[22]

　沈下へと波及する．地盤沈下である．沿岸域の帯水層では，地下水は陸域のみならず海域からも涵養される．海水が地下水帯水層に流入した時，塩水化が発生する．かつて，沿岸部の都市域での地下水開発が過剰に進んだ際には，地盤沈下や塩水化などの地下水障害が大きな問題となった．
　統計によると工業用水・農業用水・生活用水として現在の日本では約 120 億 m^3/年程度の地下水を利用している[22]．これは水利用の約 12％に相当する．この水量が地下水涵養量とバランスしているかどうかの評価は，地下水活用地域それぞれの帯水層の特性やその地域での個別の評価が必要である．

(2)　世界主要都市の地盤状況

　世界の大都市の多くは低平な土地に立地している場合が多い．図 1-20 は，日本と世界の主要都市の断面と都市直下の第四紀層の分布を示したものである．
　北米東部のニューヨークは，ハドソン川の下流域に発達した港湾都市である．ニューヨークの東側に位置するロングアイランドは，主として古第三紀の地層が分布し，ニューヨーク市街地の中心部は，先カンブリア時代から古生代の変成岩

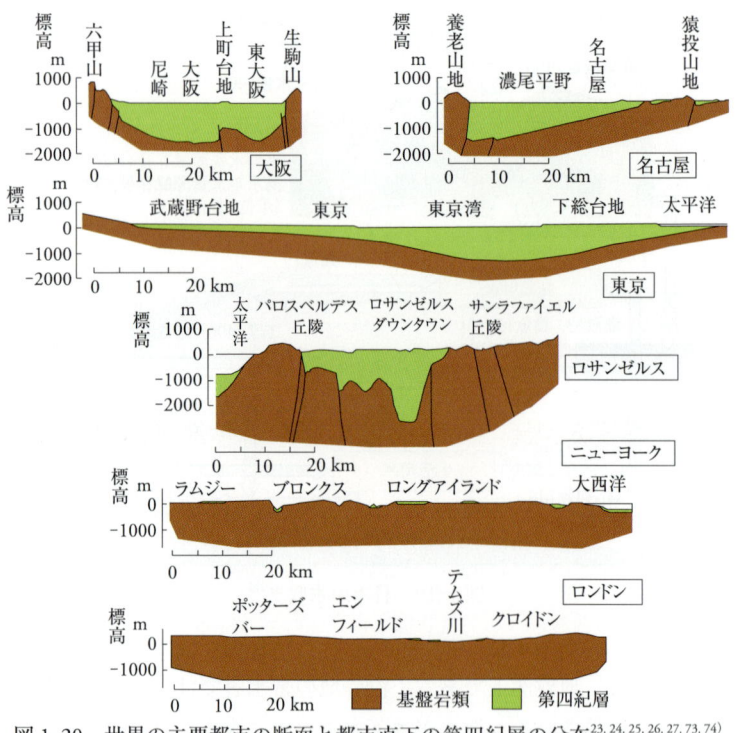

図 1-20　世界の主要都市の断面と都市直下の第四紀層の分布[23, 24, 25, 26, 27, 73, 74]

や堆積岩の岩盤が直接地表に露出している[23]．セントラルパークには，最終氷期の大陸氷河に削られ，表面が磨かれた岩盤が露出している．ニューヨーク周辺の第四紀層は，最終氷期の氷河堆積物が主なもので，厚さ50 m程度の薄い砂礫質の地層が点在するのみである．

　ロンドンは，テムズ川沿いの古第三紀の地層からなる盆地に発達した都市であり，街の地下にはロンドン粘土と呼ばれる古第三紀の粘土層が広く分布する[24]．その周辺には白亜紀のチョーク層が広く分布している．ロンドン周辺の第四紀層はテムズ川に沿う段丘構成層であり，厚さの薄い砂礫層である．このように，大陸の安定地塊の都市には，厚い第四紀層が分布しないことが多い．

　一方，北米西部のロサンゼルスは，北米—太平洋プレート境界のサンアンドレス断層の西側に沿って発達した堆積盆地である．サンラファイエル丘陵より東側には，花崗岩類や変成岩類が分布するが，西側には新生代層が断層を境界とする堆積盆地に厚く分布する[25]．ロサンゼルス・ダウンタウンの地下では，第四紀層

の厚さは2000 mを上回る．このように，変動帯に位置する地域は，安定域とは対照的に厚い新生代層が分布し，良好な帯水層が存在する．

環太平洋の変動帯に位置する日本列島の主要な都市もまた，第四紀の活動的な堆積盆地に発達している．東京・名古屋・大阪はいずれも海岸平野に立地する大都市であり，厚い第四紀層が分布している．東京が立地する関東平野は，日本で最も広大な面積を有する平野であり，広域にわたって第四紀層が分布する[26]．名古屋の立地する濃尾平野は，養老山地の東縁を走る養老断層を境に，東側隆起・西側沈降の傾動を示す堆積盆地に位置する[27]．いずれも第四紀層の厚さは2000 m前後に達する．

大阪の都市が立地する大阪堆積盆地は，大阪湾と大阪平野からなる東西南北70 km程度，第四紀堆積層の厚さ500～3000 mの規模を持つ．堆積層の下半部は砂礫層を主とする河川・湖沼成の地層からなり，上半部は海成の粘土層と河川成の砂礫層が交互に重なる特徴がある．特に上半部に挟まれる海成粘土層は10 m程度の厚さがあり，側方へよく連続している．上半部の地層の分布や地質構造を把握する上で重要な目安になるため，ボーリング調査では，海成粘土層を識別して地層分布を確認することができる．この海成粘土層と砂礫層とは物理的な特性（地震波速度や密度など）に違いがあるため，反射法地震探査をはじめとする物理学的な探査手法を用いても地層の追跡が可能である．大阪平野や大阪湾では，数多くの長尺ボーリング・反射法地震探査が行われ，直接・間接的に地層の層序確認が行われ，都市域にありながら平野地下地質の詳細な情報が得られている．大阪堆積盆地は世界的に見ても，地下地質情報が十分に整い地質状況が把握されている都市域の一つである．さらに，大阪平野の中央部には南北に延びる上町断層が存在する．この埋没した地下構造によって都市域の中央部で細かな盆地構造のブロック化が生じていて，盆地内を分ける構造に伴う地下地質構造評価や地震動解析，水理的解析など種々の検討がなされている．

このように大阪平野は変動帯の中に位置する都市の発達した堆積盆地として適度な大きさを持ち，密度の高い地下資料が存在し，それらが集約されて，三次元のモデル化が比較的明確に行える地域であるといえる．

(3) 第四紀堆積盆地の地層

日本における大規模海岸平野は大きな流域を持つ河川の河口域に発達し，三角

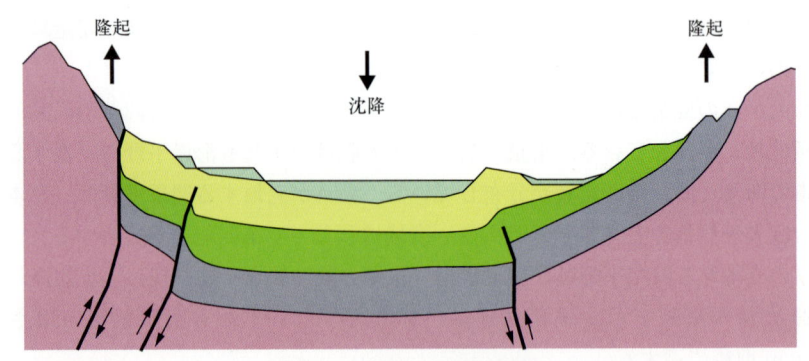

図 1-21 堆積盆の形成過程

州を主とする低平地に広がっている．これらの海岸平野の地下にはより古い時代の堆積層が厚く分布する．一般に，このような厚い地層が埋没して存在するのは，その地域で継続的に沈降する地殻変動が活発だからである（図 1-21）．もし，その地域で沈降が生じなければ，堆積した地層は，その後侵食される．そして，新たな堆積が起こる．侵食・堆積の繰り返しによって，厚い地層は形成されない．地殻変動によって継続的に沈降すると堆積した地層の上に新たな堆積空間が生まれ，新しい地層が古い地層の上に累重してゆく．上記の大河川の河口域に広い海岸平野が広がる地域は，このような第四紀（260万年前〜現在）堆積盆地に位置している．現在の海岸平野の表層付近は主にそこを流れる河川や浅海・海岸域での堆積作用で形成された過去約2万年前から現在にかけての堆積物で覆われている．地球の歴史の中で最も新しい地層であり，このような地層を日本では一般に沖積層と呼んでいる．

海岸平野の周辺には，標高が数〜十数 m 高い位置に平坦面を持つ段丘が広がり，またそのより外縁には数十m〜200 m 前後の丘陵地が広がり，その背後の基盤岩からなる山地へと階段状の起伏を持つ地形の配置が見られる．海岸平野や隣接する内湾域が第四紀堆積盆地の沈降が最も盛んな部分であり，縁辺へ向かって，沈降量は低減する．盆地縁辺域は，かつて沈降していた時代に堆積層を厚く堆積させた後に隆起に転じて，現在は丘陵や段丘となっている．このような丘陵・段丘を構成している地層は，その地域が沈降していた時期に堆積した堆積物で構成される．多くの場合，第四紀の地層である．

段丘を構成する地層は，第四紀における海水準変動と地殻変動の影響を受けて形成された．第四紀は気候変動の激しい時代であり，氷期（寒冷期）と間氷期（温

暖期）が交互に繰り返されてきた．氷期には，蒸発した海水は，陸域に運ばれ氷河・氷床となる．一方，間氷期には陸域に氷としてあった水は，溶けて河川を通じて海に運ばれるようになる．氷期には海水温が低下することにより海水準が低下し，間氷期には海水温の増加により海水が膨張することにより海水準上昇が起こる．このように氷期・間氷期の気候変動で生じる海水準変動を氷河性海水準変動と呼ぶ．最終の氷河期であり一般にヴルム氷期として知られる寒冷期は2万年前頃に終わり，1万年前頃から顕著な温暖化へと転じ，現在に至っている．最終氷期の最寒冷期の海水準は現在より，120～140 m低下していた．温暖化とともに海水準は上昇し，現在の海水準に達した．現在は，人為作用に伴うさらなる温暖化が生じていることが懸念され，その議論や温暖化を緩和させるための対策が講じられつつある．

氷期の海面低下期には河川勾配は相対的に大きくなる．山麓部では土砂生産が生じるが，河川中流から下流域は浸食作用が強く河川の下刻が顕著になる．温暖化によって海面上昇が生じると，河川勾配は相対的に小さくなり，河川中流から下流域で堆積作用が活発になり，氷期に下刻された谷を埋積するように地層形成が進む．堆積盆地の中央部の沈降が盛んな地域では，順次，新しい地層が累重する．一方，周辺部の隆起域では堆積した地層は離水して標高の高い位置に持ち上げられ，段丘化する．

上述の一連の作用が繰り返されると，隆起域にはより古い地層ほど高位の段丘として，盆地中央部から離れた場所に現れる．一方，沈降の盛んな堆積盆地の中央部では，より古い地層ほど地下の深い位置に埋没して分布することになる．丘陵を構成する地層もまた平野地下に埋没して広く分布する．

丘陵地や段丘に露出する地層を観察することは，平野地下に埋没して存在する地層の一端を間接的に観察していることでもある．つまり，丘陵や段丘を構成する地層を調査することによって，平野地下のより深い地層の特性を理解することができる．一方，平野では長尺のボーリング調査によって地下に埋没して存在する地層試料が採取されている．周辺丘陵・段丘地域で確認された層序との対比を行うことで，地下の層序も認識されてきた．さらに，近年，平野での地震探査をはじめとする物理探査によって地層の連続性や地質構造がより明確に追跡できるようになりつつあり，地下水を賦存する堆積盆地の帯水層特性の理解が進んできた．

(4) 日本の地下水盆

　ある地域の地下水流動を評価・解析するためには，一つの帯水層や，いくつかの帯水層群の広がりを把握しなければならない．このような帯水層の広がりを包含する空間的な単元を地下水盆と呼ぶ．地下水盆は，涵養区域や流出区域を含み，一つの水収支を評価できる領域である．地下水盆の形状は地下における地質構成に大きく関係するため，地形的な表流水の集水域とは一致しない場合もありうる．後述するように，日本の主要な地下水活用地域の多くは，大都市が発達する海岸平野とその周辺である．これらの地域は第四紀の堆積盆地であり，地下水盆と同様に位置付けられる．以下に我が国の地下水盆と地下水利用状況を概説する．

　国土交通省は，飲用・工業用・農業用などの用途で掘削された深井戸（被圧地下水）について，井戸台帳を整備し，国土調査の一環として取りまとめ，インターネットを通じて一般に公開している．その資料を基に日本の深井戸の分布を示したものが，図1-22である．図には，井戸の位置に加え，井戸深度を色分けして示した．井戸は大都市が立地する海岸平野域に集中していることがわかる．特に，関東・濃尾・大阪・石狩や熊本・佐賀平野に集中する．富士山麓や九州北部の火山地帯周辺部などにも集中域がある．内陸盆地としては諏訪・会津などにも集中が認められる．

　図1-23には，日本の第四紀に形成された堆積層と火山岩の分布を示した．第四紀の堆積層が広域に分布する地域と図で示した深井戸の分布地域はほぼ一致することがわかる．第四紀の堆積層が厚く分布する地域は，第四紀に地殻変動により沈降し，堆積盆地を形成してきた地域である．盆地形成と同時に，周辺山地から供給された土砂が厚く堆積した．これらの地域を第四紀堆積盆地と呼ぶ．第四紀堆積盆地には，地下水が豊富に賦存し，大量の地下水を利用してきた．第四紀の火山岩岩体は割れ目が発達している．その分布域は堆積層は薄いが，温泉や比較的浅い深度の裂か水が豊富にある優良な地下水賦存地域である．

　図1-24には，国土交通省の深井戸資料に記載された揚水量・井戸水位のデータを用いて計算した比湧出量の分布を示した．比湧出量は，水位降下が1m生じるのに必要な揚水量である．この値は井戸の揚水効率を示し，井戸周辺の帯水層の透水性に関わる指標でもある．この分布から，関東・濃尾・大阪・石狩などの大都市が立地する海岸平野で大きな比湧出量を持つことがわかる．また，石川・富山などの北陸沿岸域の扇状地が広く発達する地域や，富士山麓地域や熊本平野

第 1 章　資源としての地下水

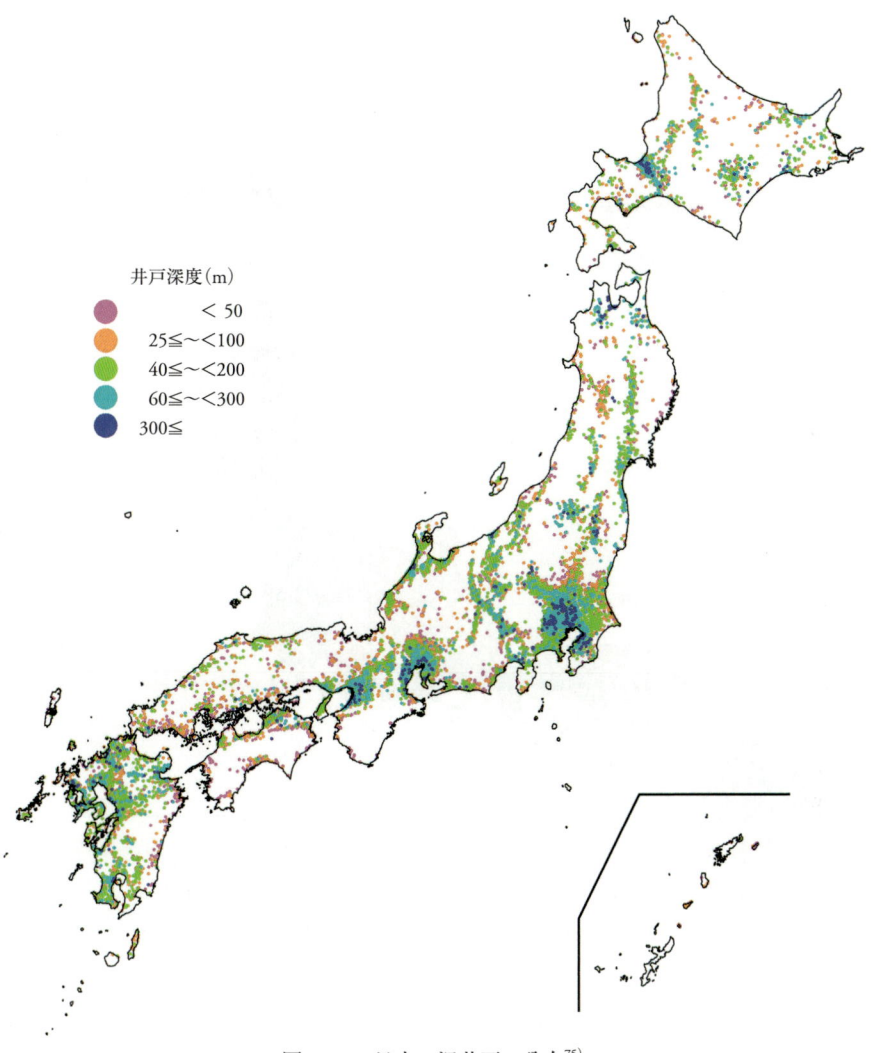

図 1-22　日本の深井戸の分布[75]

井戸深度(m)
- ＜ 50
- 25≦～＜100
- 40≦～＜200
- 60≦～＜300
- 300≦

など貯留性・透水性の高い第四紀火山岩が広域に分布する地域でも，比湧出量は大きい．

　温泉も地下水を揚水している．産業総合研究所が整理した日本の温泉のデータベースに基づいて，国内温泉の分布を示したものが図 1-25 である．温泉の取水井戸は日本各地に広く分布する．約 30％が 25℃ を下回る鉱泉に相当するもので

35

第四系の分布
■ 火山岩類
■ 堆積岩類

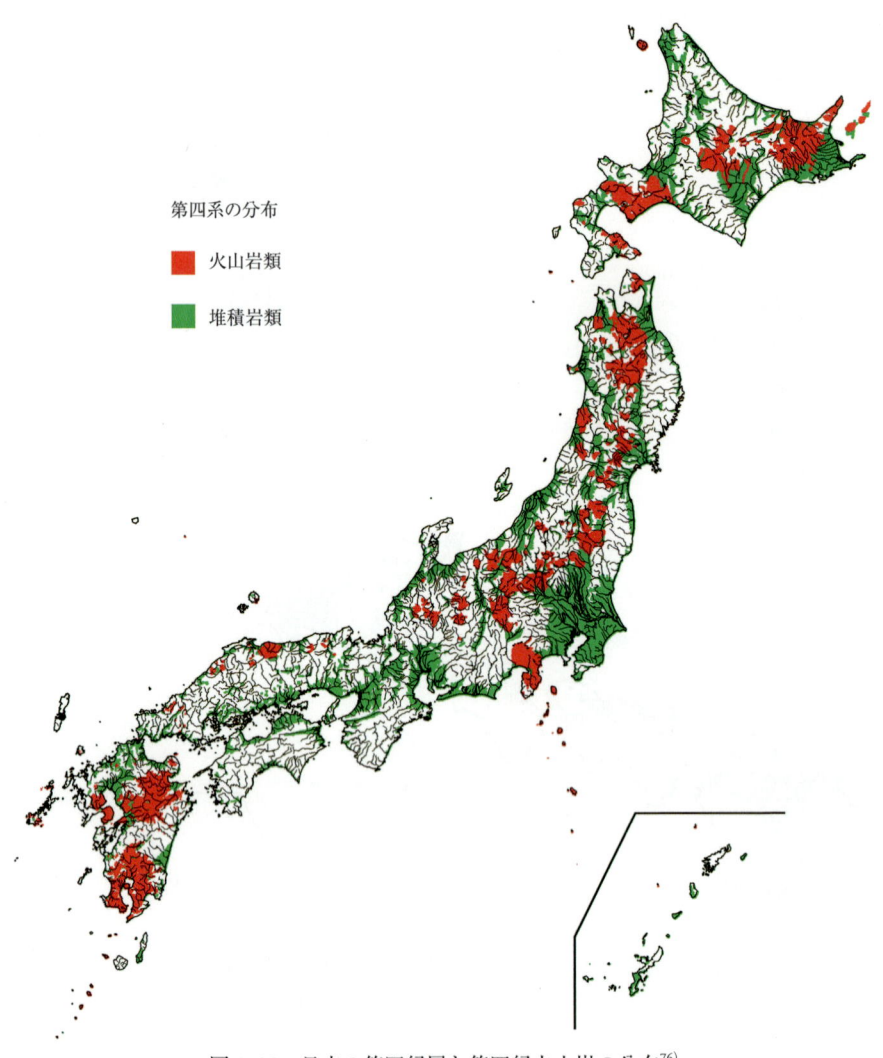

図 1-23　日本の第四紀層と第四紀火山岩の分布[76]

あり，それらの多くが先第三紀基盤岩類で湧出している．これらは顕著な熱源を持たず，岩盤裂かなどに介在する地下水である．岩盤内に滞留することで，水—岩石相互作用の結果，炭酸水素イオンやカルシウム・ナトリウムなどの陽イオンが地下水に取り込まれ水質形成に至ったものである．また，沿岸域では海水が関与していると見られるものもある．一方で，高温泉の多くは，第四紀火山周辺部，

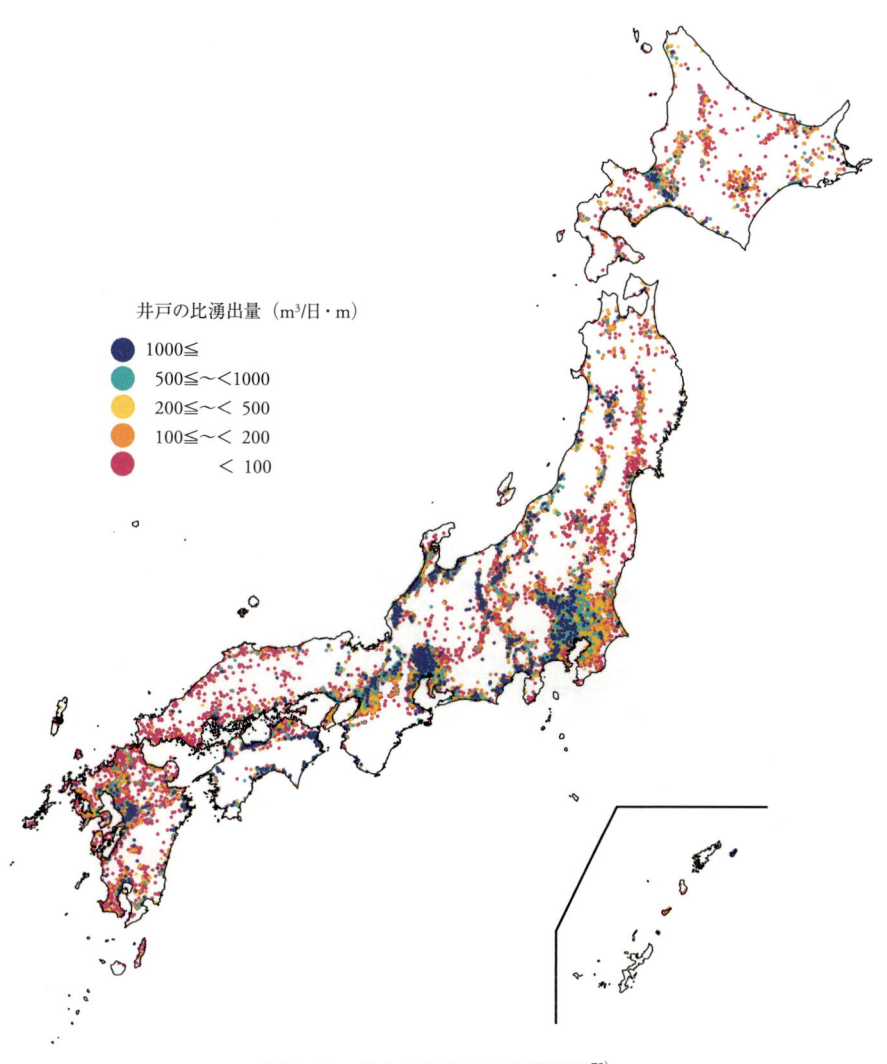

図1-24 日本の深井戸の比湧出量[75]

あるいは新第三紀の火山活動が生じた地域で湧出している．特に東北の第四紀火山が分布する地域，九州・伊豆，東北，北海道地域に集中している．大阪・名古屋などの都市圏には水温25℃を上回るものがしばしば分布する．第四紀堆積盆地に堆積する厚い堆積層を1000 m前後の深度まで掘削した井戸から得られる地下水である．このような深度では，地温勾配（2～3℃/100 m）の効果により，高い

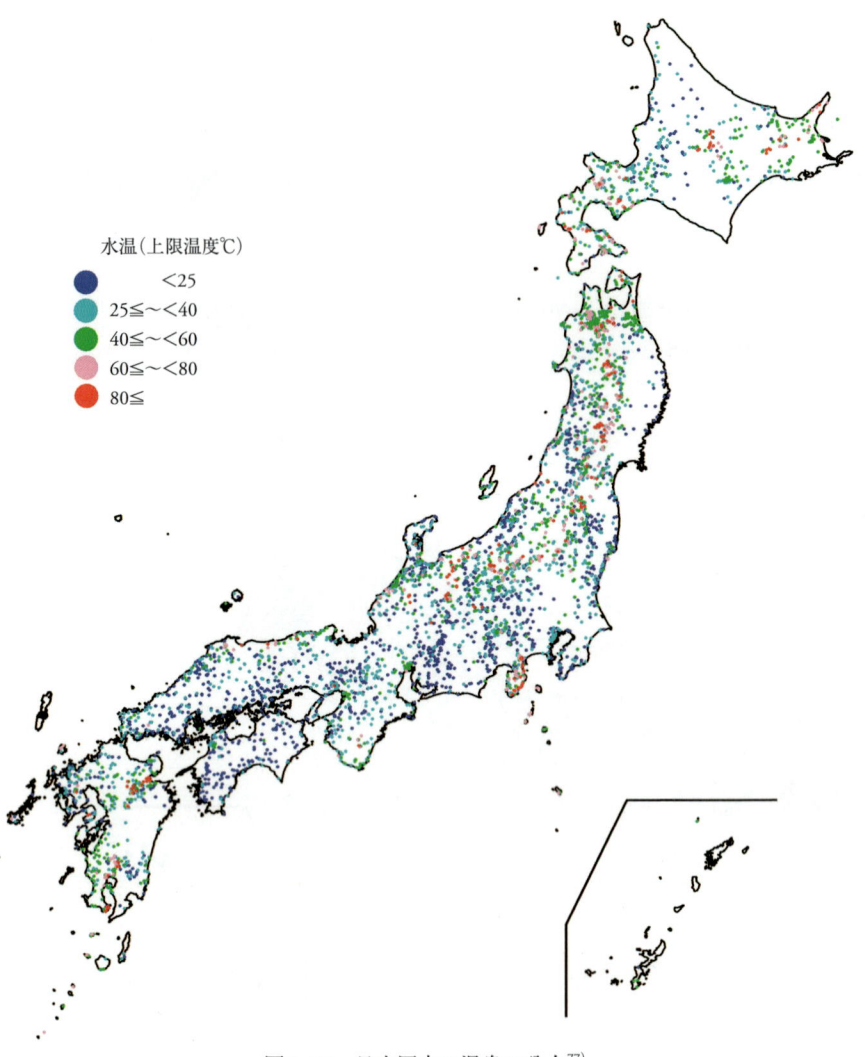

図 1-25　日本国内の温泉の分布[77]

水温の地下水が得られている．

(5)　日本における主要な地下水活用地域の特徴

　図 1-26～1-29 は日本の各地方における水理地質の概要である．完新―更新統

は沖積低地や海岸平野・扇状地・段丘を形成し，その地下には厚い第四系が発達する場合があり，豊富な地下水を介在している．主に更新統が分布する地域は扇状地・台地・段丘・丘陵を形成し，地下水の水量は豊富でその採水も容易である．主に第三系—更新統が分布する地域は，丘陵・低起伏山地を形成し，砂岩・礫岩層や岩盤の風化部に地下水が介在するが，水量は豊富ではない．主に第四紀火山岩類が分布する地域は，火山山体とその山麓部を形成し，凝灰岩・溶岩などの裂かの卓越する部分に地下水が介在し，火山山麓部では豊富な湧水帯を形成する場合がある．

以下に日本の各地方における主要な地下水活用地域について，各地方の地質誌など[28-37]を参考に概説する．

北海道地域

北海道には，石狩，十勝，釧路，根室，上川などの平野や盆地で地下水が利用され，それぞれ地下水区として区分されている．北海道地域の主要な帯水層は，鮮新統上部から更新統下部の粗粒堆積層や火砕流堆積物からなっている．この下位の中新統上部〜鮮新統下部は主に泥質堆積物からなり，透水性が悪く，地下水区の基盤に位置付けられる．それぞれの地下水区では，上記の帯水層は平野や盆地の中央に向かって傾斜し，向斜構造や盆状構造をなしている．

石狩平野では扇状地・丘陵地に分布する鮮新—更新統からなる帯水層からの取水が最も盛んである．札幌扇状地では主として80〜150 mの深度から揚水が行われている．札幌市北部には新第三系の背斜構造があり，20 mより浅い井戸で下部更新統の良好な帯水層から揚水されている．低地部には泥炭地が発達し，鉄濃度・色度が高く水質が悪い．千歳市南部は樽前山麓部に豊富な地下水が賦存するほか，石狩川中流域は伏流水が豊富で，不圧地下水の利用が行われている．

十勝平野の北部地域には鮮新統上部〜第四系からなる地下水利用地帯がある．挟在する凝灰岩層は加圧層として働き，100〜250 mの深度の井戸には，自噴井が多い．水質と取水深度に大きな違いがないことから地下水循環が速いとみなされている．釧路・根室地域は北西側の火山地域からの豊富な涵養を受けた地下水が鮮新—更新統を帯水層とし，臨海部で揚水されている．

東北地方

東北地方で地下水利用が盛んな地域は，人口密集地である青森，津軽，仙台，

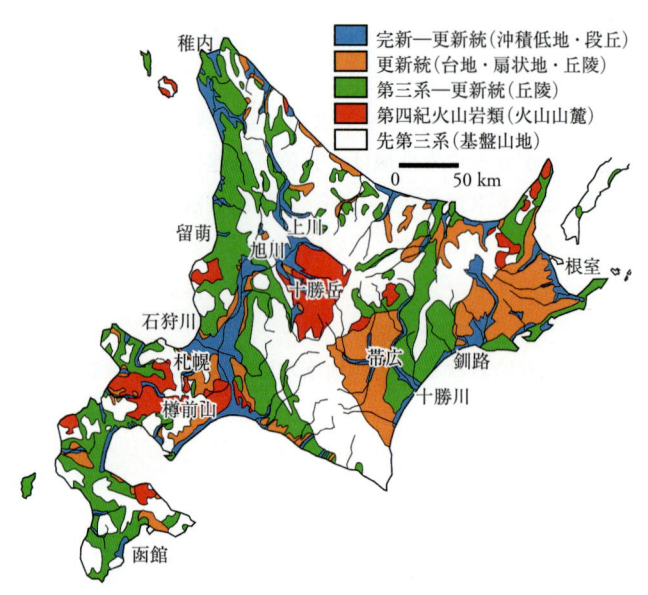

図1-26 北海道の地下水帯水層となる地層区分[78]

庄内，秋田などの海岸平野である．また，内陸盆地の横手盆地をはじめ新庄・尾花沢盆地，仙北平野，会津，山形，米沢盆地などでは灌漑用の地下水利用が盛んである．横手盆地は特に農業用地下水需要が盛んで，4500万 m^3/年の揚水を行っているが大半が深度 30 m より浅い浅層地下水である．内陸盆地では不圧地下水からの揚水が 50% 以上であるのに対し，津軽や青森などの海岸平野は主に深度 100 m 以深の深井戸からの被圧地下水を揚水している．また，第四紀火山の山麓部では，主にそれらの山帯から涵養を受けた地下水が温泉水として利用されている．

　青森平野では断層の活動により東側が顕著な沈降域となり，厚さ 700 m 程度までの第四系が分布する．帯水層は主に砂礫層からなり，平野南側から流下した 3 層の八甲田溶結凝灰岩層が挟まれており，難透水層となっている．ここでは，100〜200 m 前後の深度に位置する帯水層からの揚水が多い．深度 500 m 以深では主に温泉水としての揚水が行われている．仙台・秋田，庄内などの海岸平野は構造性の堆積盆地が海岸平野を形成している．これらの平野の地下には海水準変動に伴って形成された粗粒層と細粒層が何層も重なり，被圧地下水を対象として揚水されている．東北地方には他にも構造性の内陸盆地が存在し，厚さ 100〜

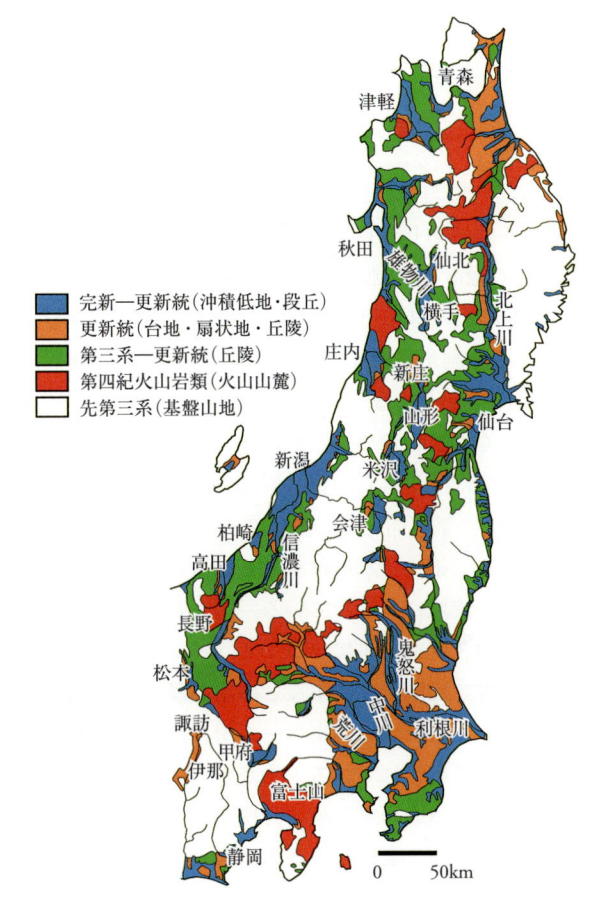

図 1-27　東北・関東・甲信越地方の地下水帯水層となる地層区分[78]

400 m の第四系が分布している．一般に砂礫層と粘土層が互層し，第四紀火山が隣接する地域では火山噴出物が挟まれる．横手盆地は，第三系からなる起伏のある基盤を埋積して第四系が厚さ数十～100 m で覆う．粘土層が 2 層準で挟まれ，それらによって帯水層が 3 区分される．奥羽山地から供給された扇状地性の礫層が分布し，大きな比湧出量を持つ．雄物川・皆瀬川・成瀬川などの旧流路にそって比湧出量は大きい．山形盆地は新第三系の向斜部に沿って形成された構造性盆地で厚さ 300 m に達する第四系が分布する．特に盆地南部で層厚が大きい．山麓部に発達する扇状地性の砂礫層が良好な帯水層を形成する．かつて扇端部には多くの湧水帯や自噴帯が存在したが，被圧帯水層からの揚水が増加し，それらは顕

著な減少傾向にある．盆地中央に向けて細粒層が厚くなり，深度250 m以浅の6つの帯水層に区分されている．

関東地方

　関東地方では日本国内における農業用地下水利用量が10位以内に入る地域が関東平野内を中心に6地域あり，農業用水としての地下水利用が最も盛んな地域である．その利用量の総計は11億 m^3/年に達する．特に鬼怒川西部の地域は5億 m^3/年以上で，日本最大の農業用地下水活用地域となっている．関東地方における地下水での工業用水利用量は130万 m^3/日（約4.7億 m^3/年）で日本の工業用地下水利用全体の約17%を占める．

　これらの地下水の多くは鮮新統および更新統における帯水層から揚水されている．利根川中流部地域では，これらの帯水層は下総層群下部および上総層群に相当し，3区分される．第一被圧帯水層は狭義の成田層に相当し，中川低地を除く関東平野全域に分布する．第二帯水層は主として砂礫層からなる最も良好な帯水層であり，特に利根川上流域に発達している．第三帯水層は関東平野北部地域と春日部，浦和地域など中・南部に主に分布する．

　関東平野周辺の下末吉，武蔵野，立川などの主な段丘構成層に挟まれる砂礫層は不圧帯水層を形成しているほか，関東ローム層内には宙水が存在し，家庭用や小規模な農業用水として活用されている．また，利根川，荒川，中川の沖積低地や河口域では河川成，三角州成の完新統の砂礫層が広く分布する．これらの砂礫層は不圧地下水帯水層となり，家庭用・農業用水としてその地下水が活用されている．

中部地方

　日本海沿岸地域には新潟平野や，背後に広い扇状地を持つ富山・金沢平野などの海岸平野で地下水が盛んに利用されている．新潟平野では信濃川・阿賀野川の自然堤防・旧河道に沿う砂層と平野縁辺部の崩積成の砂礫層を主な帯水層とする不圧地下水が活用されている．また，新潟・柏崎平野の沿岸部には更新統から完新統の砂丘成砂層中に存在する地下水が活用されている．柏崎・高田平野では，平野地下の深度数十〜300 m前後に更新統の砂礫層が分布し，深井戸による被圧地下水の揚水が行われている．

　内陸部では，長野・松本・伊那・諏訪・甲府盆地で更新統上部から完新統に相

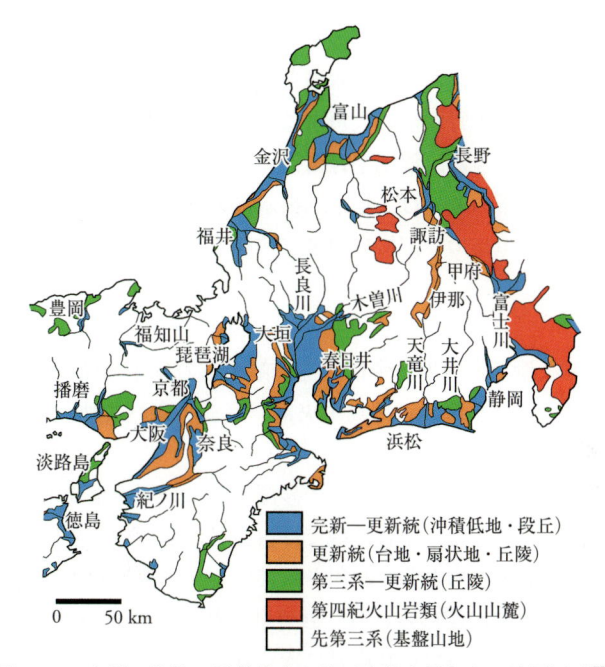

図 1-28 中部・北陸・近畿地方の地下水帯水層となる地層区分[78]

凡例:
- 完新—更新統（沖積低地・段丘）
- 更新統（台地・扇状地・丘陵）
- 第三系—更新統（丘陵）
- 第四紀火山岩類（火山山麓）
- 先第三系（基盤山地）

当する扇状地成砂礫層や沖積層を帯水層とする地下水が利用されている．長野・松本盆地では扇状地の扇頂付近の地下水位は相対的に深く，扇端付近では地下水位が深度10mより浅くなる．伊那盆地には扇状地成の段丘群が発達し，段丘崖で湧水する．これらの地下水は多くが不圧地下水である．水田地域の地下では，降水に対して敏感な地下水の応答があり，降水の直接的な涵養を受けていることが明らかである．甲府盆地では，周辺山麓に広がる扇状地成堆積層や鮮新—更新統の火山岩類および砂礫層が帯水層である．甲府盆地内低地には地下水の自噴帯が存在するが，地下水揚水量の増加にともない縮小傾向にある．

一方，太平洋沿岸域では，富士川・安部川・大井川・天竜川といった大きな河川下流域に扇状地成砂礫層が広く分布し，良好な帯水層を構成している．大井川や天竜川の下流域は，50〜100mの厚さの砂礫層があり，多量の地下水揚水が行われている．大井川下流域では大量揚水にかかわらず顕著な地下水障害は生じていない．

伊勢湾に面した濃尾平野の地下には更新統中・上部に相当する地層が厚く発達する．そのうち，弥富—海部層，熱田層下位の第二礫層とその上位の第一礫層が

被圧帯水層として揚水対象となっている．これらの帯水層は下位より第三，第二，第一帯水層と呼ばれる．いずれの帯水層も氷期の河川堆積物を主とする透水性の高い地層である．濃尾平野北部の大垣市には自噴帯が存在し，工業用水としてその地下水が利用されてきた．濃尾平野南部の蟹江・春日井にも一部自噴帯が存在した．これらの自噴帯の多くは，地下水揚水量の増加による地下水位低下から消失した．現在では大垣市の一部に自噴帯が残存するのみである．

近畿地方

　近畿地方の主な地下水利用地帯は，主に第四系の分布地域にあり，大阪平野，琵琶湖周辺地域，播磨平野，淡路島中央部，京都・奈良盆地，紀ノ川中下流域，福知山盆地などである．

　琵琶湖周辺地域では，古琵琶湖層群の砂礫層および扇状地成堆積物からの地下水が盛んに利用されてきた．甲賀地域では古琵琶湖層群中部の砂礫層を帯水層とする被圧地下水が農業用水として活用されている．湖西や湖東の湖岸域に近い扇状地扇端部には自噴井が認められる．滋賀県全体で3億 m^3/年を上回る地下水揚水を行っており，近畿地方では兵庫県に次ぐ地下水利用地域である．

　兵庫県では播磨地域および淡路島中央部で鮮新—更新統の大阪層群や更新統の段丘構成層の砂礫層を帯水層とする被圧地下水がよく利用されている．特に沿岸域での深井戸の利用が多く，塩水化が生じている．近畿地方で最も地下水利用が盛んな地域であり，4億 m^3/年を上回る．

　内陸盆地の京都・奈良・亀岡・福知山盆地は，大阪層群相当層の更新統下部〜中部の砂礫層を対象とした被圧地下水が主に利用されている．和歌山平野をはじめとする紀ノ川中・下流域には，大阪層群相当の更新統下部と段丘構成層や紀ノ川の旧河道堆積物などに砂礫層が挟まれ，それらを帯水層とする地下水が活用されている．

　大阪平野では，大阪層群や段丘相当層の鮮新—更新統の砂礫層を帯水層とする被圧地下水が揚水されてきた．これらの地層には，間氷期に堆積した海成粘土層が挟まれている．1960年代までに地下水揚水過剰に伴う海成粘土層の圧密沈下による顕著な地盤沈下が生じたため，大阪平野主要部を占める大阪市では全国で最も早い1969年までに地下水揚水規制が行われ，深度数百mまでの深井戸での大量揚水は行われなくなった．現在，平野周辺部，特に平野北部の扇状地成の砂礫層が顕著に発達する地域や平野南部の沿岸域で被圧地下水が活用されている．

また，平野の深度 500 m あるいは 600 m 以深の地下水揚水規制のかからない深度からの深部地下水を揚水し温泉に活用されている．最近では，小口径吐出口を持つ高性能井戸ポンプにより，規制にかからない地下水源井による専用水道施設が増加しつつあり，地下水揚水規制の効力が薄らぎつつある．

中国・四国地方

　中国地方の地下水利用は，山陽で 3 億 m^3/年，山陰で 1 億 m^3/年程度で，水供給量のうち地下水依存率は 5% と全国平均の 3 分の 1 ほどに過ぎない．山間地が多く，海岸平野は小さく，厚い第四系が発達していないことが地下水利用が少ない要因である．山陽地域の一つ，広島平野では，第四系の厚さは 60〜100 m 程度で，沖積層下の厚さ 5 m 前後の粗粒砂層が被圧帯水層を構成している．岡山平野も第四系は薄く 30 m 以下の砂礫層で，不圧帯水層を構成する．山陰地区の米子・出雲平野の南縁には扇状地成堆積層が分布し，河川からの伏流による涵養を受け，扇端部では自噴井も見受けられる．米子弓ヶ浜半島沿岸には砂州を構成する砂層が不圧帯水層を構成するほか，更新統上部の砂礫層が分布し被圧帯水層となっている．大山山麓・蒜山原にはそれぞれの火山噴出物や山麓の崖錐成堆積物からなる被圧帯水層が存在し，深井戸により地下水が利用されている．

　四国地方では 8 億 m^3/年をやや上回る地下水利用があり，地下水依存率は 23% である．徳島・愛媛県での地下水利用が多い．香川県高松・丸亀・三豊平野では，各河川沿いに発達する更新統上部〜完新統の扇状地成礫層が不圧帯水層を構成している．その多くが扇端部で湧水帯を形成している．これらの地域では，湧水帯に集水池・ため池を設けて水を利用している．鮮新—更新統の三豊層が地下に広く分布し，その砂礫層が被圧帯水層を構成し，深井戸による揚水が行われている．

　愛媛県の瀬戸内海沿岸域の新居浜・今治・松山平野も香川県の平野と同様に更新統〜完新統の扇状地成砂礫層が帯水層を構成する．沿岸部では多くの地域で地下水塩水化が生じている．仁淀川下流域には，氷河期に浸食された深い谷地形を埋積した堆積層が良好な帯水層をなし，以前はこの地下水を活用した製紙業が行われていた．徳島平野は，吉野川河口域に発達する中央構造線の南側に発達する細長い平野で，主に扇状地性の砂礫層が帯水層を構成している．この帯水層は主に吉野川および周辺山地からの河川伏流水による涵養を受けている．

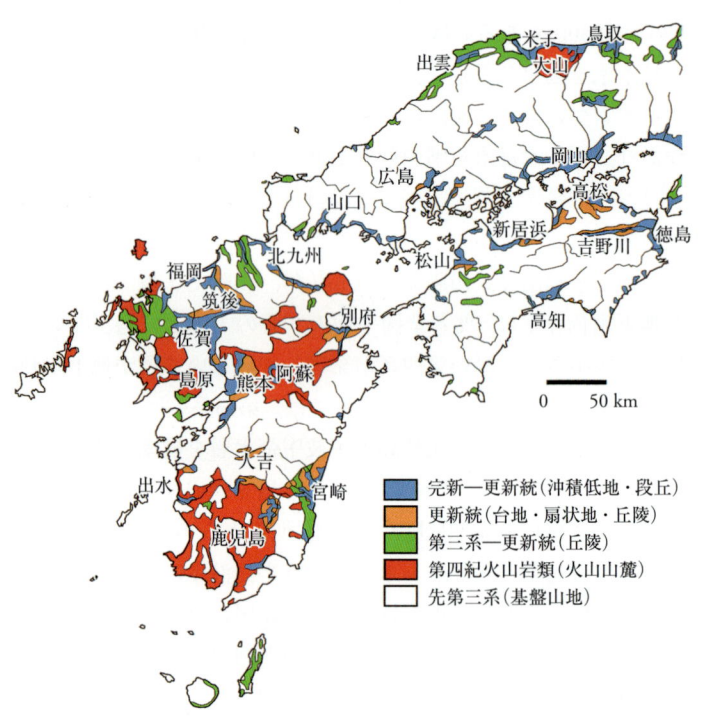

図 1-29　中国・四国・九州地方の地下水帯水層となる地層区分[78]

九州地方

　筑後・両筑・佐賀・白石・熊本・八代などの，海岸平野が発達し，平野の地下には周辺の台地や段丘を構成する更新統が存在することから，被圧地下水が多量に賦存している．佐賀・白石平野は江戸期から干拓事業が行われてきた．そこでは，当初，クリークに淡水を貯留することで塩濃度を緩和し，灌漑水として活用していたが，干拓事業の拡大により，地下水に頼らざるを得なくなった．佐賀平野での地下水取水は，主に工業用・建物用が主要な用途である．初期には沖積粘土層（有明粘土層）下位の第一被圧帯水層である砂礫層（島原海湾層）からの揚水であったが，第一帯水層の塩水化と需要の伸びに伴って，深度 50 m を超える更新統の帯水層からも揚水されるようになった．その結果，九州地方では最大の累積沈下量として 120 cm を上回る顕著な地盤沈下が発生した．
　阿蘇をはじめとする火山山麓には，火砕岩類，火山性堆積岩類が厚く累重して形成された火砕流台地や山麓扇状地が発達している．非溶結火砕岩は割れ目が少

なく透水性が悪いため難透水層となる．一方，冷却節理が発達する強溶結部は透水性がよく，帯水層を構成することが多い．その典型例は阿蘇カルデラ周辺部であり，特に阿蘇西麓台地は優良な地下水賦存地帯である．熊本平野地下には，更新統の堆積層に挟まれて砥川溶岩流が分布し，良好な帯水層を形成している．また，火山山麓扇状地の砂礫層とその間に挟まれる火砕岩層は良好な帯水層である．鹿児島県出水，熊本人吉盆地などではこのような扇状地からの地下水が取水対象である．

宮古島は鮮新統の島尻層群の砂岩・泥岩を基盤として，琉球石灰岩に覆われている．島尻層群は地下水の不透水基盤である．島尻層群と琉球石灰岩の不整合境界は，構造的な起伏を持ち，北西—南東方法に伸びる谷状の凹地が存在し，その凹地にそって23箇所におよぶ小規模な地下水盆が存在する．この不整合境界は海岸に向かって標高を下げ，海面下に至る深度に境界があることも多い．そのため，海岸域での過剰揚水は地下水塩水化を招く．海岸近くの地形変換線付近では湧水も認められる．一部は，基盤の島尻層群に囲まれた自然の地下ダムを形成している．近年では，地下水盆下流域に地下遮水壁を構築し，人工的な地下ダムにより，地下水の貯留を行っている．

九州地方の温泉は，別府—島原地溝や鹿児島地溝に集中して分布する．多くは火山性温泉であり，新生代火山帯における地下熱源によって地表から涵養を受けた地下水が加熱され温泉となって湧出している．非火山性温泉には湧出母岩が先第三系堆積岩類や花崗岩類で，熱源は花崗岩と見られる温泉が多い．地温勾配を利用し，深部の帯水層からの地下水くみ上げにより温泉として活用される事例も中部—南部九州に見られる．

4 地下水位変動に関わる障害

(1) 地下水障害

地下水を利用することによる問題には，量的問題と質的問題がある．ここでは，まず地下水障害を概説する．図1-30に地下水障害の原因をまとめた．

地下水を利用することによる直接的な障害の一つは，地下水量の減少である．涵養量を超えた過剰揚水は地下水の水位低下を発生させ，さらに進行すると枯渇を

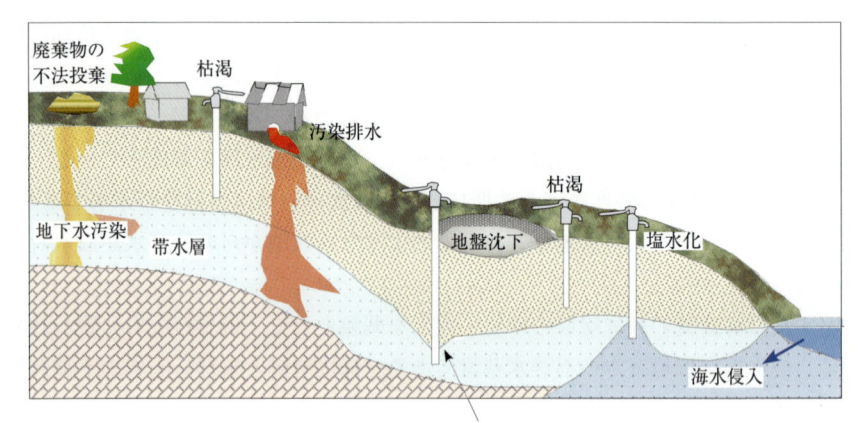

図 1-30　地下水障害の原因

招く.この問題は化石水を用いる地域でより深刻である.また,水位低下は帯水層の水圧減少・有効応力増加の原因となり,その帯水層の上下にある粘土層の地盤沈下(圧密沈下)および帯水層の塩水化の原因となる.特に,地盤沈下は,局所的には建物が傾くなどの被害が発生し,広域的には土地標高の低下が発生するため,洪水や高潮などの水害の際の被害規模が大きくなるなど,深刻な社会問題の原因となる.また,塩水化は海岸地帯で起こりやすい.これらの被害は過剰揚水に伴う帯水層の水圧減少を補填するために粘土層中の間隙水や海水などを引き込むことによって生じる.地下水を利用しないことによる障害は,過剰揚水ほどには深刻ではないが,地下水位上昇は様々な問題の原因となる.とりわけ問題になるケースは地下構造物への浮力増加である.沖積地帯にある都市部では,ビルを解体中にビルが基礎部分から浮き上がる事故が発生することがある.これは地下水圧が高い状態でビルに浮力が働いたために起こる.また,このような地下水位上昇は,地震によって砂質地盤が揺すられた場合には,液状化による地盤の流動が起こる原因となる.

　地下水質の低下は,地下水の利用コストの増加や実質的に利用できる地下水量の減少に直結する.水質低下は工場や家庭からの排水や汚染物質の投棄,農地に散布された農薬・肥料,鉱山排水や岩滓などの放棄などによって直接的,間接的に汚染物質が地下水中に流入することで起こる.涵養域となる山間部での産業廃棄物投棄などは,広い流域で長期間にわたる汚染を引き起こす原因となる.汚染

の中には，原因が人間の社会活動による汚染物質の地下水中への流入が原因でない場合もある．例えば，1990年代以降に世界的規模で発生している地下水ヒ素汚染は，多くの場合，原因物質が帯水層を含む地層中に含まれている．このような水質汚染は質的地下水障害の重要な問題である．

本節の以下の項目では，それぞれの問題について，詳しく説明する．

(2) 水位低下と枯渇

帯水層にある地下水が補充される流量を超えて地下水を使用し続けると水位低下を起こす．池の水を流入速度を超えてくみ出すと水面が低下していくのと同じことである．水位低下が進行し続けると，ついには帯水層の水が干上がってしまう．これが枯渇である．水位低下や枯渇は，世界各地の水需要が多い地域では，深刻な問題である．特に化石水を用いている地域では，新たな涵養がほとんど見込めないため，より深刻である．

例えば，アメリカ合衆国の大穀倉地帯（グレートプレーンズ）の西側半分を潤している優良な地下水層であるハイランド帯水層のケース（第1章，図1-13）では地下水位が50 m以上低下した地域もある．地下水の枯渇により揚水量は漸減しており，その結果，この地域での農業生産量は減少しつつある．この地域は，世界の食料庫と言われる大規模な穀物生産地域である．地下水資源のもたらす生産性低下は，米国の国内問題ではすまない．

同様な問題は，化石水を用いた乾燥気候下での農業地帯に共通である．中東から北アフリカの砂漠地帯の地下には，世界最大の淡水資源が伏在している．砂漠地帯では，元々雑草が繁茂しにくく，害虫の発生なども少ない．光合成に必要な太陽エネルギーは豊富にある．そのため，水さえ獲得できれば，豊かな耕作地となり得る．しかし，地表に撒いた水はすぐに蒸発してしまうために，大量の水を投入しなければ農業を続けることはできない．サウジアラビアでは，砂漠での農業のために，すでに地下水の50%程度を消費してしまったと見積もられている．また，比較的水の多い地域であっても，汚染された地表水の代替水源として，地下水を無秩序に採取した結果，枯渇を招いた地域も，発展途上国には多くある．例えば，インドのグジャラート州では，50年前には10 mの深さの浅井戸から地下水をくみ上げていたが，現在では400 m以上の深度の井戸からポンプ揚水しなければならず，それも枯渇しつつあるという[19]．

(3) 地盤沈下

　粘土層は間隙水が動かない難透水層として機能する．通常の状態では，厚い粘土層の上下にある帯水層の間では，地下水は鉛直方向に行き来しない．帯水層の地下水位が低下すると，水圧が減少する．それに伴って，土粒子間に働く有効応力が増加する．このとき，帯水層の上下の未固結の粘土層から間隙水が絞り出される．粘土層の間隙を水が満たしているために保たれている層厚は，間隙水が抜けることによって縮む．言わば，水をたっぷり含んだスポンジから水が絞り出されて薄くなるようなものである．これにより，地盤沈下（圧密沈下）が発生する．ただし，粘土層は透水性が低いので，間隙水が抜けるのには時間がかかるため，圧密沈下は時間遅れを伴ってゆっくり生じる．そのため，いつの間にか大きな沈下が生じる．地盤沈下により地表面が低くなると，低地では高潮や洪水などの水災害が発生しやすくなる．また，構造物の支持基盤が不安定になり，倒壊の危険も生じる．

　2005年にアメリカ合衆国南部を襲ったハリケーン，カトリーナによって，2500人以上の死者・行方不明者が出る大災害が発生した．この死者の多くは，ミシシッピ川の流域にあるルイジアナ州の州都，ニューオーリンズの住民であった．隣接するポンチャートレイン湖の湖面より低い場所に立地する市街地は元々洪水に弱い条件を備えていた．ハリケーンにより，ミシシッピ川の堤防が決壊し，湖からも市街地へ大量の水が流入した．この洪水により，市街地は最大で15 mほどの水深で水没した[38]．避難勧告は出ていたが，被害者の多くは貧困層で，避難の手段となる自動車を持たなかったため，自宅で待機していたという．この災害は，世界最先進国に見える米国の社会構造のゆがみをあぶり出した．ニューオーリンズを含むルイジアナ州の沿岸部に広がるミシシッピデルタでは，地下水の過剰揚水による地盤沈下で，1932年から2000年までの間に6800 km^{2}以上の土地が失われている[39]．この面積には，海面下に沈んだ地域や，海水侵入により土壌が農耕に不向きになった場所を含む．この可住地と耕作地の減少は現在も続いている．地下水揚水による地盤沈下はジャカルタやマニラなどアジアの大都市でも雨季の洪水被害を増加させている．

　我が国では，高度成長期に大規模な工業地帯が集中する沿岸部の平野を中心に，地盤沈下とそれに伴う高潮被害などの地盤災害や塩水化による水質悪化などの地下水障害が多発した．環境省では，1978年から全国の都道府県および政令

第1章 資源としての地下水

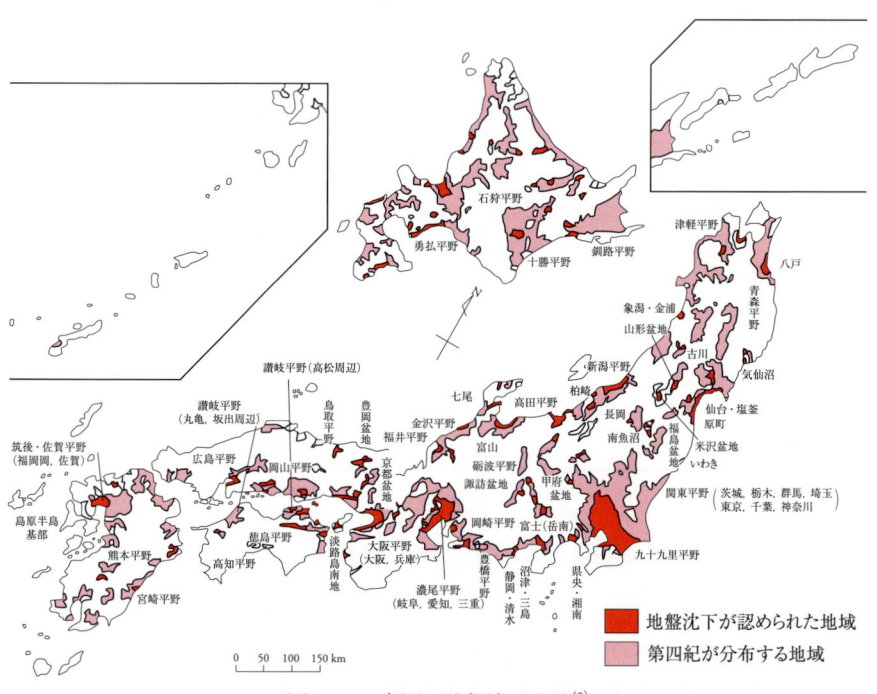

図1-31 全国の地盤沈下地域[40]

指定都市が調査した地盤沈下の状況を集計して公表している[40]．図1-31に2005年までに地盤沈下が認められた全国の地域（赤のハッチ）を示す．被災地は37都道府県，61地域におよんでおり，その総面積は10,000 km^{2}を超えている．ピンクのハッチは第四紀に堆積した比較的軟らかい地層がある地域で，地盤沈下はその範囲内で起こっていることがわかる．図1-32に代表的地域の地盤沈下の経年変化を示す．東京都東部では大正初期，大阪市西部では昭和初期から地盤沈下が認められた．その後，急速に沈下が進むにつれて，不同沈下や抜け上がり等による各種構造物の損壊，さらに高潮等による被害が生じ，地盤沈下は大きな社会問題となった．これらの地域では，太平洋戦争のあった1945年前後に地下水揚水量が減少したため，一時的に沈下が停止した．しかし，1950年頃からの経済復興とともに地下水揚水量が急増し，再び沈下は激しくなった．また1955年以降，北部関東，濃尾，新潟，筑後・佐賀平野など全国各地で地盤沈下が発生した．それらの対策のために，1964年には地下水汚染対策法，1972年にはビル用水法などの法律が整備され，沖積・洪積層で形成された軟弱な地盤からの地下水採取に

51

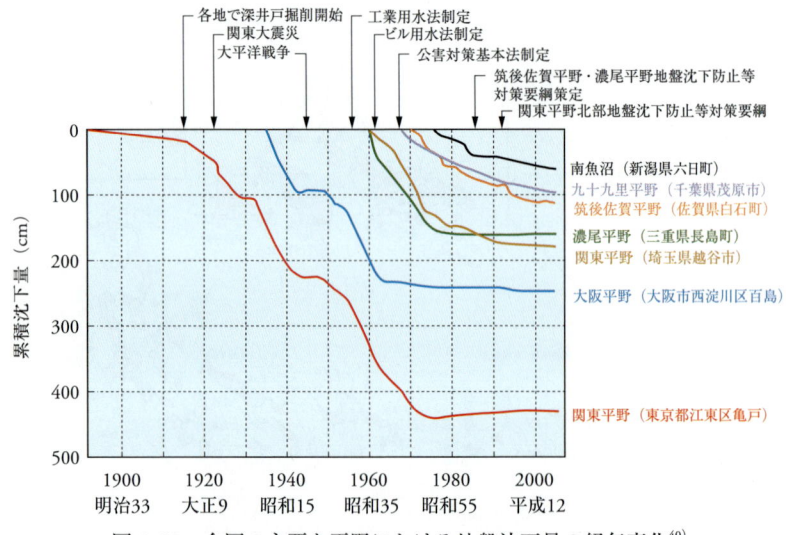

図1-32 全国の主要な平野における地盤沈下量の経年変化[40]

は一定の制限が設けられた（図1-33）．中でも，大阪市は，最も早い時期に規制のかけられた地域である．大阪市とその周辺都市のおおむね500 mより浅い深度の帯水層からは井戸の吐出口が6 cm^{2}以上の井戸からの採水は制限されることになった．法律制定時の技術では，地盤沈下が発生しやすい数百mまでの深度の井戸を用いた事業所での地下水利用は実質的に不可能であった．そのため，地下水はあまり利用されなくなり，地盤沈下も沈静化した．図1-34に全国の地盤沈下した地域面積の年度別推移を示す．徐々に沈下地域は減少しており，2005（H17）年度では，年間4 cm以上沈下した地域はなく，年間2 cm以上沈下した地域は7地域，4 km^{2}で，その大部分は新潟県である．大阪では，1970年代以降目立った地盤の変化はなく，むしろ地盤隆起が見られるところもある．しかし，近年，地盤沈下再燃の兆しがある．これは，専用水道などの100～200 m程度の井戸取水と関係している可能性があり，推移を見守る必要がある．

(4) 地下水位上昇

日本各都市の平野部で見られた地盤沈下は，地下水揚水規制（工業用水法，ビル用水法）の実施によって収束した．一方で，地下水を利用できないために，不

第 1 章　資源としての地下水

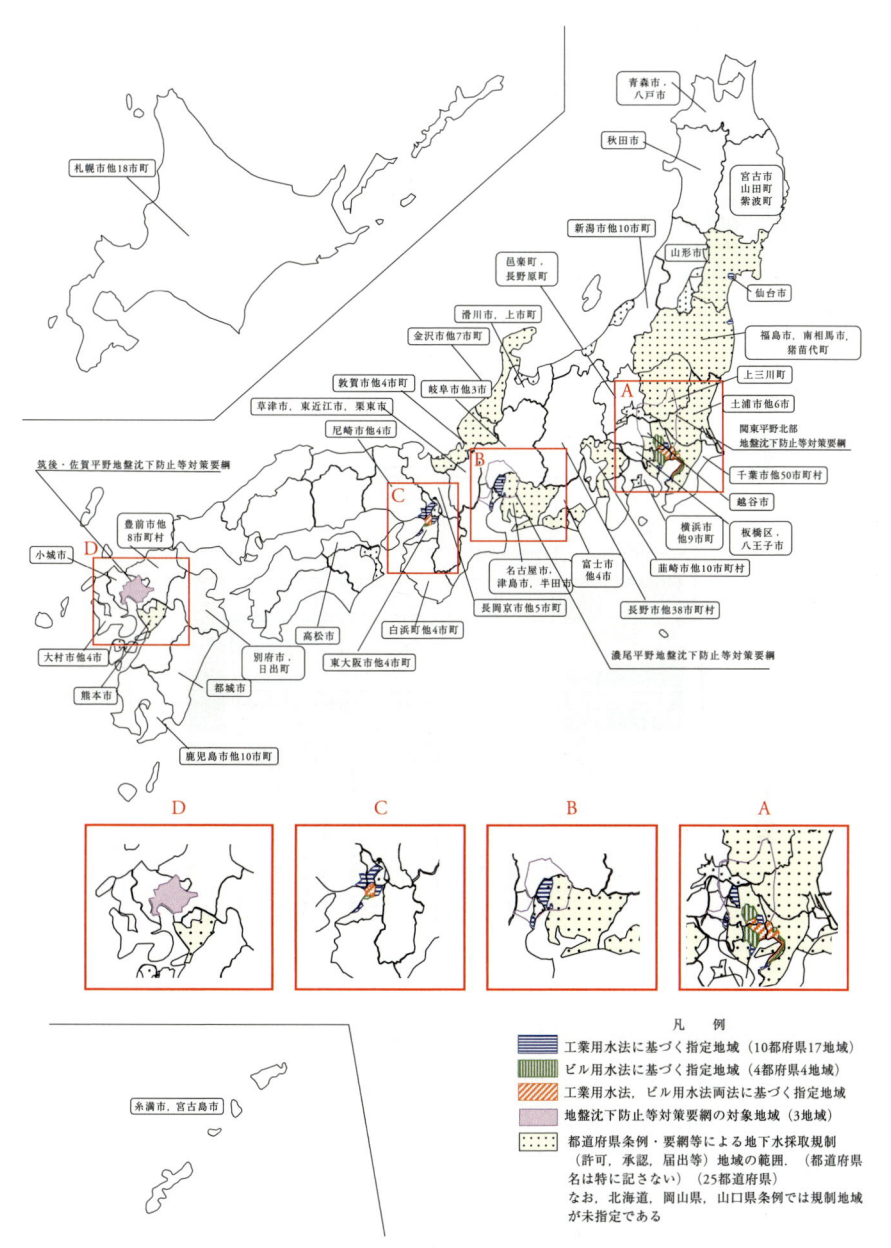

図 1-33　日本国内の地下水取水が制限されている地域[40]

凡例
- 工業用水法に基づく指定地域（10都府県17地域）
- ビル用水法に基づく指定地域（4都府県4地域）
- 工業用水法，ビル用水法両法に基づく指定地域
- 地盤沈下等防止対策要綱の対象地域（3地域）
- 都道府県条例・要綱等による地下水採取規制（許可，承認，届出等）地域の範囲．（都道府県名は特に記さない）（25都道府県）
なお，北海道，岡山県，山口県条例では規制地域が未指定である

（注）1．全国において条例等により地下水採取規制（許可，承認，届け等）を行っている市町村
　　　2．環境省「平成19年度　全国の地盤沈下地域の概況」による．

53

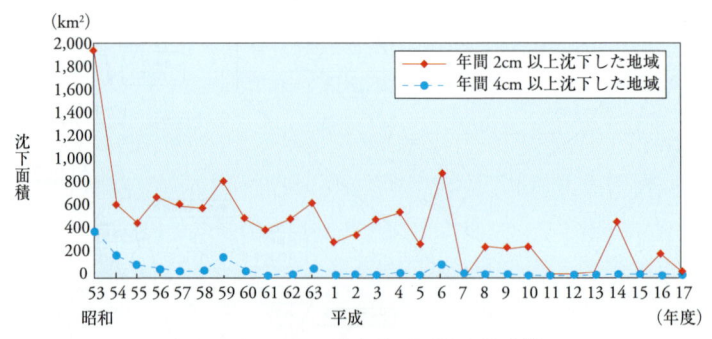

図 1-34　日本の地盤沈下面積の推移[40]

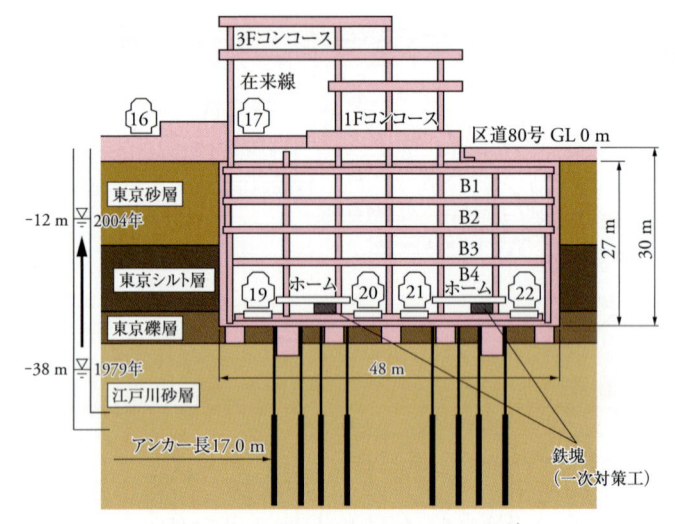

図 1-35　東北新幹線上野駅の断面図[41]

圧帯水層や浅い深度の被圧帯水層の地下水位が過度に回復し，地下水位が高くなった．このため，新たな問題が発生している．

　その例の一つは，浮力増加による地下構造物の不安定化である．地下水位が低い頃に設計・施工された地下構造物（地下鉄道，地下街，地下室のある建築物など）は，設計時には現在の浮力を考慮することができなかった．しかし，予想しなかった地下水位上昇によって浮力が増加し，構造物が浮き上がる現象が東京や大阪で発生した．その対策のために，構造物の安定性を確保する工事が必要となる．

　その典型的な例として，図 1-35 に東北新幹線上野地下駅を示す[41]．上野地下

駅は地下30mまで開削して作られた4層6径間のボックスラーメン構造で，1978年から建設され，1985年に完成している．土質は地表面下16mまでは不圧地下水を有する東京砂層，その下に東京シルト層，東京礫層，江戸川砂層が堆積しており，東京礫層，江戸川砂層は被圧帯水層である．この被圧帯水層の水位は，地下駅設計時の1979年には地表下38mにあったが，開業時の1985年には地表下18mまで急激に上昇した．その後も約0.5～0.8m/年で水位上昇を続け，2004年には地表下12mまで上昇している．これによって地下駅底面の下床版が揚圧力によって損傷し，浮き上がりの問題が発生したため，対策工事が行われた．1995～1997年に第1次対策として，ホーム下の空間に鉄塊（約3.7万t）が設置され，地表下11mまで水位上昇しても持ちこたえられるようにした．さらに，2004～2005年に第二次対策として，地表下7.5mまでの水位上昇にも耐えられるようにグラウンドアンカーが施工された．工事費は第1次対策を含め，水位上昇1m当たり10億円以上である．総武快速線東京地下駅でも同様にグラウンドアンカーによる対策工事が行われた．

　一方，大阪市中央区でも大阪明治生命館（地上9階，地下4階）の建て替え時に浮力による浮き上がりが問題となった．図1-36に示すように，1965年の建設時に地表下10mだった地下水位が建て替え時には地表下2.5mまで上昇していた[42]．旧ビルの最上階から解体を始めたが，7階以上の解体を終えたところで，軽くなったビルに浮き上がりの恐れが生じた．そこで，地下躯体を再利用し，地下4階部分に鉄くずや砂鉄を混ぜた重量コンクリート（約1万t）を打設した．この浮力対策を行った後に地上部を解体し，最終的に地上13階の新ビルに建て替えた．

　さらに，最近では地下水位上昇に伴って地盤隆起し，シールドトンネルなどの地下構造物へ影響を与えることが指摘されている[43]．

　次の例は掘削工事の難航である．被圧帯水層の水位が高い場合，開削工事による地下掘削では盤膨れ対策や漏水対策が必要になり，工事が著しく困難になる．最近では，大深度掘削のために，長大な土留め壁を施工するケースが増えている．盤膨れを防止するためには，掘削側下面の帯水層の地下水を汲み上げなければならない．もしも，土留め壁による止水が不十分であると，背面の地下水が漏水する．また，地下水位が低下しすぎると，背面側が地盤沈下を起こす危険性が高くなる．大阪市福島区での片福連絡線建設工事の開削工事に伴った出水トラブルはこうして発生した[44]．この事例では土留め壁の背面側で地面が幅2.5m，長さ

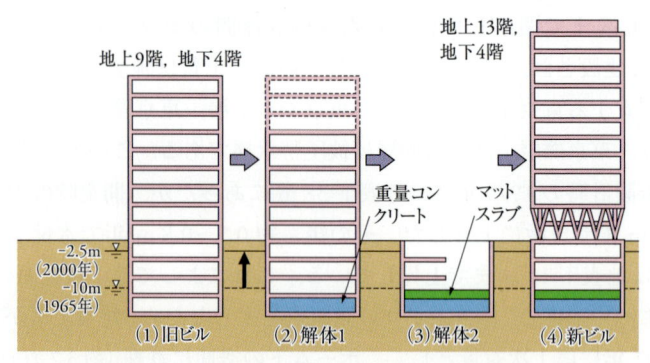

図 1-36　明治生命館における建物断面図[42]

30 m にわたり，最大 30 cm 陥没し，付近の民家などに影響が出た．土留め壁の継目から高い水圧を持つ被圧地下水が大量に出水したことが原因である可能性が高いと結論付けられている．

　第三の例として，地震時の液状化がある．不圧帯水層となっている沖積砂層は，一般に緩く堆積している．そのため，地下水位が上昇すると間隙率が増加し，液状化発生の危険度が増す．地震の活動期に入ったと言われる今日では，このような地盤は大きなリスクを抱えていることになる．地下水位と液状化の関係を示す例として，異なる震度を持った安政（1854年）と昭和（1946年）の南海地震のケースが挙げられる[45]．被害の程度から見積った大阪湾周辺の震度は昭和よりも安政の方が大きい．これは安政の地震時には地下水位が高く，液状化が激しく発生したためであると解釈されている．一方，昭和の地震時には，地下水位が低い状態にあったため，これが幸いして液状化の難を逃れたとされている．最も確実な液状化対策は，地盤を締固めなどによって密にすることであるが，市街地で実施するのは困難である．地下水位と液状化の関係については，第3章2節で詳しく述べる．

　第四の例として，地下水による汚染の拡散が挙げられる．重金属や揮発性有機化合物（Volatile Organic Compound, VOC）などで汚染された土壌に，地下水が進入すると，地下水自身も汚染され，その流れに乗って汚染が拡散する．特に法的な規制がなかった時代に廃棄物を放置した事業所周辺で，地下水位が上昇することにより，数十年を経た後に地下水汚染が現れてニュースになることがしばしばある．

5 地下水・土壌汚染

　地下水汚染の原因物質には，明らかに人為起源であるものが多い．しかし，天然由来であっても私たち人間を含む生物の生存環境に害を及ぼす場合には汚染という．汚染物質が天然由来の場合，人間の活動により周辺環境が改変された結果，汚染物質が移動を始めて問題が生じることが多い．地下水汚染は，周辺土壌に含まれる汚染物が地下水の流動経路や地表面からの雨水等の浸透経路で水中に溶出することで発生するケースが多い．また，汚染された地下水が移動することで地下水汚染が拡大する．さらに，移動先の土壌環境（土壌構成成分や，酸化還元電位などの状態を含む）によって土壌粒子に吸着したり不溶化したりすることで新たな土壌汚染を引き起こす．このように，地下水汚染は土壌汚染と密接に関わっており，両者を一括りにして議論されることが多い．この章では，土壌と地下水の汚染に関して簡単にまとめよう．

(1)　海外における土壌地下水汚染の事例

　人工物質を自然環境に廃棄したために発生した汚染事例では，1978年にアメリカのニューヨーク州ナイアガラフォールズ市のラブキャナル地区で発覚したダイオキシン類，PCB，VOCなどによる地下水土壌汚染が有名である．対象の土地は，水路跡の谷筋を1920年代から産業廃棄物処分場として利用し，その後住宅地として転売された．その結果，雨水の浸透に伴い，産業廃棄物由来の汚濁物が流出して被害を引き起こしたと考えられている．この事件を契機にして，過去に投棄された廃棄物による地下水土壌汚染に対して環境修復のための賠償責任を問う「包括的環境対策賠償責任法」（CERCLA）が1980年に制定された．後に制定された「スーパーファンド修正および再授権法（SARA）」（1986年制定）と併せて，通称スーパーファンド法と呼ばれている．スーパーファンド法は有害物質に汚染された土地を浄化することを主目的としている．浄化を行うべき潜在的責任当事者には，現在および有害物質が処分された当時の施設などの所有者・管理者，有害物質発生者，有害物質を運搬した輸送業者等が含まれ，広範な関係者に責任を持たせていることが特徴である．そのため，汚染責任者を特定するまでの間，汚染の調査や浄化は米国環境保護庁（USEPA）が行い，浄化費用は石油税などで

創設した巨額の信託基金（スーパーファンド）から支出される．また，1981年にはアメリカのカリフォルニア州サンタクララバレー（通称シリコンバレー）でのハイテク工場由来の有機塩素系溶剤による1,1,1-トリクロロエタンやトリクロロエチレンなどのVOCによって生じた地下水汚染が発覚した．この事例は，我が国の主要都市において大規模な地下水汚染調査が当時の環境庁によって実施されるきっかけとなった．

1980年代までの地下水汚染は比較的狭い流域にとどまっていた．しかし，現在では地下水汚染は世界的な広がりを持つことがある．また，原因物質が工場や廃棄物処理場などの点源を持たない，あるいは特定できない場合も多く，対策がとりにくくなっている．水資源の立場から世界的に最も深刻な水質問題は，イオウ・チッ素汚染とフッ素・ヒ素汚染の2点に集約できる．

イオウ（主として硫酸イオン）とチッ素（主として硝酸・アンモニウムイオン）の混入は大気圏・水圏で拡大している．これらの元素は肥料，大気汚染物質，生活排水の中に大量に含まれている．チッ素は閉鎖性水域における赤潮の発生に強く関与する物質であり，毒性が高い亜硝酸が量的には最も問題となる．日本では，飲料水には亜硝酸は検出されないこととされている．硝酸は比較的安定な物質であるが，体内で一部が亜硝酸に変わるため，濃度が規制されている．硝酸イオンによる障害で最もよく知られているものは，乳幼児の血液障害である．アンモニウムイオンはそれ自身毒性があるわけではないが，一部がアンモニアガスとなり，臭いがすることがある．WHOの勧告では，硝酸性と亜硝酸性のチッ素の合計値として10 mg/Lが定められている．硫酸イオンは多量に摂取すると下痢を起こすが，通常はそれほど害があるわけでない．そのため，WHOの勧告基準はないが，主として味の観点から250 mg/L以下が望ましいとされている．

揚子江源流域の四川盆地の民江に沿って重慶の手前までの地域で私たちが調査した地下水汚染の研究例（1節(5)）では，地下水のチッ素とイオウによる汚染は人間の生産活動と深く関係していることが明らかであった．地下水中へのイオウ・チッ素化合物の混入は，排水の混入や土壌への汚染物投棄などの直接的原因だけでなく，大気汚染物質の地表への降下に伴うものも大きく影響している．したがって，汚染物質の移動を考える場合には，地下水圏のみならず，大気も含めた水圏全体での水循環を考慮しなければならない．中国で私たちが見たような汚染は世界中で見られる．工業化の程度が低い発展途上国では，し尿や肥料，家庭排水が原因となり，工業化が進むと大気汚染物質や工場排水が原因となる傾向が

強まり,汚染規模も大きくなる.

　一方のフッ素とヒ素は微量であっても毒性が高いために,特に発展途上国を中心に,たいへん深刻な問題になっている.また,これらの元素の原因物質の多くが自然由来であることも,頭を悩ませる問題である.ヒ素は化学兵器や農薬でよく用いられてきたために,人為汚染が疑われるケースも多いが,自然由来物質による汚染が世界的規模で知られている[46].人為起源であっても,自然の循環システムの中に入れば自然の一部となる.現在のヒ素の環境基準 (0.01 mg/L) は 1993 年に WHO が勧告したものである.

　大規模なヒ素汚染地下水とそれによって引き起こされた健康障害は 1980 年代末にインド西ベンガル州から報告されて後,拡大を続ける一方である.現在では,中国・ベトナム・タイ・バングラディッシュなどアジア諸国を中心に多数の地域で報告されている[47].

　バングラディッシュにおける広範なヒ素汚染地下水は 1993 年に発覚した.バングラディッシュの飲料許容値:0.05 mg/L (日本の飲料水基準値は WHO 勧告値と同じ 0.01 mg/L) を超える井戸水を利用している住民は約 2,900 万人にものぼり,38,500 人もの慢性ヒ素中毒患者が発生している.米国でも家庭用に使用されている井戸の 10% 以上がヒ素に汚染されていると報告されている[48].これらの多くは,地下水の酸化還元状態の変化に関係して堆積物からヒ素が地下水中へ溶け出していると考えられている.地表から降水が地下に浸透する時には大気中の酸素をたくさん含んでいて酸化的な性質の水なのであるが,地下で酸素を失うと還元的な地下水に変わる.ヒ素は様々に化学形態を変化させる元素である.硫化物に固定されているようなヒ素は,酸化的な地下水が流入すれば分解されてヒ素が地下水中に溶け出す.酸化鉄に吸着しているような酸化的な化学態で存在するヒ素は,地下水が還元的になれば,酸化鉄が分解してヒ素が溶け出す.バングラディッシュでは後者の可能性が高いと考えられている.ヒ素汚染地下水と人間活動との関係は不明瞭である.しかし,地下水の大量揚水と健康被害の時期に関連性が見られること,古い井戸ほど汚染が進んでいることなどから,地下水利用そのものがヒ素汚染を拡大させている原因となっていると推定される.

　フッ素による地下水汚染は半乾燥地域の南～中東アジアで知られている.インドでは,花コウ岩体の中のホタル石 (フッ化カルシウム) などのフッ素含有鉱物に原因があるとされている.しかし,人為的な汚染源が見つかることもある.パキスタン・パンジャブ地方の農村では,子供を中心として村人に足が変形するなど

の奇病が現れて話題になったことがある．原因は，最高で 20 mg/L を超える地下水中のフッ素（WHO 勧告基準は 0.8 mg/L）であった．周辺土壌にはフッ素はほとんど含まれておらず，明らかに工場排水や肥料などの人為起源であった[49]．しかし，カルシウム―炭酸水素型の水質を持つ透水性のよい帯水層では，フッ素は高濃度にはなり得ない．ホタル石の溶解度がフッ素の溶存濃度を制限するため，共存するカルシウムイオンと沈殿を形成して地下水から除去されるためである．パキスタン・パンジャブ地域は，アジアモンスーン地帯の西端に位置し，降水はあるが，乾季が長く，半乾燥地帯である．フッ素汚染地下水が乾燥～半乾燥地帯に出現する理由は，強い化学的風化作用により地下水がアルカリ性になりやすく，乾季には炭酸カルシウムの沈殿により，カルシウムイオンに乏しい水質になりやすくなって，フッ素が地下水中に溶存しやすい環境になるためである．これらの例は，起源物質が人為的なものであるか自然由来であるかを問わず，地下水環境により，汚染物質の濃度が高くなる場合があることを示している．

(2) 我が国の地下水汚染と行政対策の経緯

我が国の地下水汚染の歴史を振り返ると，明治時代から問題となってきた鉱害問題に端を発する．足尾銅山（栃木県，銅・亜鉛），生野鉱山（兵庫県，カドミウム・亜鉛・鉛・銅），小坂鉱山（秋田県，カドミウム・亜鉛・銅），土呂久鉱山（宮崎県，ヒ素），安中精錬所（群馬県，亜鉛・カドミウム），神岡鉱山（富山県，カドミウム）などから排出された鉱山排水もしくは関連工場からの排水による下流河川の水質汚濁と周辺田畑の土壌汚染が知られている．これらの重金属は主に水稲を介して人に健康被害を引き起こしたが，鉱山廃水によって汚染された河川水の地下浸透による地下水汚染によって被害が発生していた可能性も否定できない．

その後，市街地近郊の工場周辺や工場跡地から地下水・土壌汚染が発覚する事例が続出する．代表的な事例は，1970年代に問題となった東京都江東区や江戸川区の六価クロム鉱滓を利用して埋め立てられた住宅用土地における土壌汚染や，1980年代後半の広島県福山市における薬品製造工場跡地における水銀やPCBによる土壌汚染，同年代に発覚した千葉県君津市における半導体工場周辺の井戸から検出されたVOC汚染などである．君津市における事例は，1980年代当初にアメリカのサンタクララバレーで発覚した事例と同様に，先端技術産業による地下水土壌汚染（ハイテク汚染）の典型的な事例として取り上げられた．

最近では，工場跡地の再開発や土地取引に関連して土壌汚染や地下水汚染が発覚することが多くなった．特殊な例として，2003年に茨城県神栖市で発覚した有機ヒ素（ジフェニルアルシン）による井戸水の汚染例がある．この有機化合物は旧日本軍が製造した毒ガスの成分が分解したものと見られた．戦時中の神栖市に旧日本軍の施設が存在していたことから，この施設との関連が強いものと推測されている．

　我が国では1970年に「農用地の土壌の汚染防止等に関する法律」が策定され，その施行令で農用地土壌汚染対策地域の指定要件としてのカドミウムと銅，およびヒ素の含有量基準が設定された．その後，上述の通り，1982年に環境庁（現環境省）によって全国15都市の1,360検体の地下水調査が実施され，硝酸性チッ素，トリクロロエチレンやテトラクロロエチレンなどのVOCなど多くの化学物質による汚染実態が明らかになった．

　そのため，1986年に「市街地土壌汚染に係る暫定指針」が環境庁によって策定されるとともに，1991年に土壌環境基準が，1997年には地下水環境基準が設定された．また，1994年には重金属とVOCに分けて各々の調査・対策指針が策定され，さらに地下水環境基準の設定と最新の浄化技術に対応するために，1999年にこれら二つの調査・対策指針を「土壌・地下水汚染に係る調査・対策指針」および「運用基準」に統合・改定された．しかし，これらの調査対策指針や運用基準には法的強制力がなく，あくまで事業者による自主的な取り組みが基本であった．そのため，特定有害物質を製造・使用する事業場の廃止時に土壌調査を義務づける「土壌汚染対策法」が2002年に制定された．「土壌汚染対策法」では，地下水摂取と汚染土壌の直接摂取によるリスク管理に基づいて，国民の健康リスクを低減する措置をとるように規定されている．また，「土壌汚染対策法」に基づいて実施された調査で土壌汚染や地下水汚染が発覚した場合は，汚染土壌の浄化を義務化するのではなく，土壌汚染や地下水汚染が拡大しないような対策を講じた上で，対象区域を「指定区域」として管理することも認めており，高額な費用を伴わない実施可能な対策をとることができる点がスーパーファンド法と異なる．

　一方，地方自治体では，政府の取り組みに先駆けて土壌汚染や地下水汚染に関する条例や要綱を定めており，罰則を有する地下水保全条例を1993年に制定した神奈川県の秦野市の例や，土壌汚染に対して罰則を織り込んだ環境保全条例を1998年に制定した千葉県市川市の例が有名である．

(3) 我が国における地下水汚染の実態と監視

　我が国では，水質汚濁防止法第15条に基づき，都道府県知事が地下水の水質を常時監視し，その結果を環境大臣に報告することとされており，平成元年以降，毎年その結果が環境省から公表されている．この地下水質調査は，目的によって概況調査，汚染井戸周辺地区調査，および定期モニタリング調査の3種類に区分されている．

　概況調査は，地域の全体的な地下水質の状況を把握するために毎年新たな地点で採取され分析されている調査である．汚染井戸周辺地区調査は，概況調査や事業者からの報告などにより新たに発見された地下水汚染に対して，その汚染範囲を確認するために実施される調査であり，汚染が判明している水質項目や汚染の可能性が高い項目，およびその分解生成物に限定して調査される．定期モニタリング調査は，地下水汚染が確認された後の継続監視を目的に実施されるものであり，経年的なモニタリングとして定期的に実施される調査である．地下水汚染対策によって対象地域の汚染状況が改善し地下水環境基準以下となれば，調査対象から削除されるため，定期モニタリング調査の経年変化から，地下水汚染の存在状況の変化を把握することが可能となる．

　環境省から公表されている最新の地下水質測定結果（平成21年（2009）度版）[50]によると，概況調査が行われた4,631本の井戸のうち，7.0%に相当する325本でいずれかの項目が地下水環境基準値を超過したと報告されている（表1-2）．環境基準超過率が高い水質項目は，硝酸性チッ素および亜硝酸性チッ素（4.4%），ヒ素（2.4%），フッ素（0.7%），鉛（0.3%），ホウ素（0.3%）の順であった．過去20年間の新規調査地点におけるこれらの項目の環境基準超過率は図1-37に示す通りである．硝酸性チッ素および亜硝酸性チッ素濃度はピーク時よりはやや減少しているが，直近の4年間はおおむね横ばいであることがわかる．ヒ素は最近の10年間はやや増加傾向を示しており，他の項目はおおむね横ばい状態である．また，VOCの代表的な汚染物質であるトリクロロエチレンとテトラクロロエチレンの最近10年間の環境基準超過率は1%以下であり，VOCの新たな汚染はほとんど確認されていないことがわかる．

　なお，硝酸性チッ素および亜硝酸性チッ素，フッ素，ホウ素は1999年に環境基準項目として新たに追加された項目である．また，ヒ素と鉛の環境基準値超過率が1993年に急増しているのは，この年にそれぞれの環境基準値が引き下げら

表1-2　地下水質概況調査結果[50]

項目	調査数（本）	超過数（本）	超過率（％）	環境基準
カドミウム	3,160	0	0	0.01 mg/ℓ 以下
全シアン	2,737	0	0	検出されないこと
鉛	3,466	12	0.3	0.01 mg/ℓ 以下
六価クロム	3,388	1	0.0	0.05 mg/ℓ 以下
砒素	3,591	73	2.0	0.01 mg/ℓ 以下
総水銀	3,233	5	0.2	0.0005 mg/ℓ 以下
アルキル水銀	683	0	0	検出されないこと
PCB	1,732	0	0	検出されないこと
ジクロロメタン	3,370	0	0	0.02 mg/ℓ 以下
四塩化炭素	3,536	0	0	0.002 mg/ℓ 以下
1,2-ジクロロエタン	3,198	0	0	0.004 mg/ℓ 以下
1,1-ジクロロエチレン	3,567	0	0	0.02 mg/ℓ 以下
シス-1,2-ジクロロエチレン	3,587	7	0.2	0.04 mg/ℓ 以下
1,1,1-トリクロロエタン	3,635	0	0	1 mg/ℓ 以下
1,1,2-トリクロロエタン	3,136	1	0.0	0.006 mg/ℓ 以下
トリクロロエチレン	3,948	7	0.2	0.03 mg/ℓ 以下
テトラクロロエチレン	3,938	12	0.3	0.01 mg/ℓ 以下
1,3-ジクロロプロペン	2,883	0	0	0.002 mg/ℓ 以下
チウラム	2,404	0	0	0.006 mg/ℓ 以下
シマジン	2,471	0	0	0.003 mg/ℓ 以下
チオベンカルブ	2,399	0	0	0.02 mg/ℓ 以下
ベンゼン	3,396	0	0	0.01 mg/ℓ 以下
セレン	2,830	0	0	0.01 mg/ℓ 以下
硝酸性窒素及び亜硝酸性窒素	4,232	172	4.1	10 mg/ℓ 以下
ふっ素	3,890	41	1.1	0.8 mg/ℓ 以下
ほう素	3,289	6	0.2	1 mg/ℓ 以下
全体（井戸実数）	4,631	325	7.0	

（注）環境省「平成19年度地下水質測定結果」による．

れたためである．

　次に，定期モニタリング調査結果における環境基準超過井戸本数の経年変化を図1-38に示すが，2002年頃まではテトラクロロエチレンとトリクロロエチレンの環境基準値を超過する井戸本数が多く，続いてヒ素，シス-1,2-ジクロロエチレンの順であった．環境基準超過井戸本数が最も多かったテトラクロロエチレンは1995年にピークを示したが，以後環境基準超過井戸本数が減少傾向を示している．他の項目は横ばいか漸増傾向を示しているが，1999年に追加された硝酸

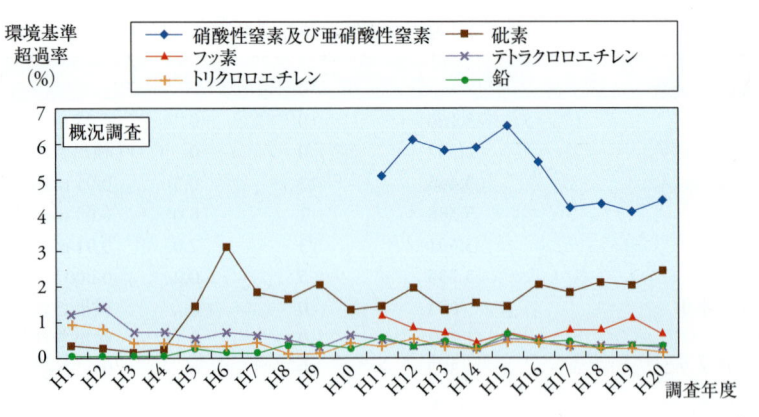

図 1-37　地下水の概況調査における新規調査地点の環境基準超過率の推移[50]

(注)　1.　概況調査における測定井戸は，年ごとに異なる．（同一の井戸で毎年測定を行っているわけではない．）

(注)　2.　地下水の水質汚濁に係る環境基準は，平成9年に設定されたものであり，それ以前の基準は評価基準とされていた．また，平成5年に，砒素の評価基準は「0.05 mg/L 以下」から「0.01 mg/L 以下」に，鉛の評価基準は「0.1 mg/L 以下」から「0.01 mg/L 以下」に改定された．

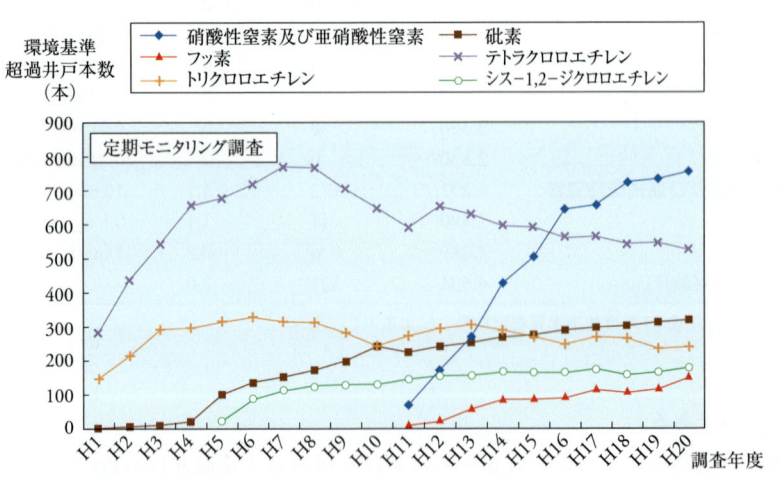

図 1-38　地下水の定期モニタリング調査における環境基準超過井戸本数の推移[50]

(注)　1.　地下水の水質汚濁に係る環境基準は，平成9年に設定されたものであり，それ以前の基準は評価基準とされていた．また，平成5年に，砒素の評価基準は「0.05 mg/L 以下」から「0.01 mg/L 以下」に，鉛の評価基準は「0.1 mg/L 以下」から「0.01 mg/L 以下」に改定された．

(注)　2.　硝酸性窒素及び亜硝酸性窒素，フッ素，ホウ素は，平成11年に環境基準項目に追加された．

性チッ素および亜硝酸性チッ素による環境基準超過井戸本数は 2008 年に至るまで増加傾向を示し，2004 年以降はテトラクロロエチレンを抜き，最も多く検出される汚染物質として認識されている．

また，2009 年 9 月の中央環境審議会からの答申を受け，地下水の新たな環境基準項目として，1,4-ジオキサンと塩化ビニルモノマーが追加された．さらに，これまでシス-1, 2-ジクロロエチレンが環境基準項目として取り上げられていたがこれを廃止し，トランス-1, 2-ジクロロエチレンと併せた 1, 2-ジクロロエチレンとして新たに設定された．今後，これらによる汚染状況も明らかにされていくことが期待される．

上記の 3 種類の調査以外に，環境省では都道府県および水質汚濁防止法政令市を対象として，「地下水汚染に関するアンケート調査」を毎年実施し，全国の地下水汚染事例に関する調査実施状況や汚染原因把握状況，対策の実施状況などの実態を取りまとめている．

2008 年度末における調査結果では，環境基準を超過した測定値が検出された地下水汚染事例件数は合計 5,890 事例である．ここでの事例とは，汚染原因が同じひとまとまりの範囲を一事例として集計されているため，定期モニタリング調査における常時監視されている測定井戸数とは一致しない．超過項目は硝酸性窒素および亜硝酸性窒素のみの場合が最も多く，全体の 39.2％を占めていた．次いで VOC のみの場合が全体の 36.4％であり，重金属のみの場合が 22.6％，複数の項目が超過した場合が 1.8％であった．また，これらの事例のうち，技術的な対策等によって改善し，今後も環境基準を超過することがないと判断できる事例が全体の 19.0％であり，一時的に環境基準を下回っていると判断できる事例が 15.0％であり，両者の合計は 34.0％に過ぎない．全体の約 6 割は 2008 年度末においても依然として環境基準を超過していることが報告されている．

(4) 我が国の地下水土壌汚染の原因

環境省が取りまとめた調査事例のうち，井戸の廃止などで調査できなくなった事例（合計 346 件）を除く 5,544 件に対して，都道府県等によって汚染源の特定について調査が行われている[50]．その結果，55％に相当する 3,041 件は汚染源が特定もしくは推定されている．残りは，調査をしたものの汚染源不明，調査中，調査実施予定，もしくは調査予定なしで，調査結果ではいずれも汚染源が「不明」

と分類されている．特に硝酸性チッ素および亜硝酸性チッ素のみが環境基準を超過している場合，汚染源が不明もしくは調査予定名なし，と回答された割合が全体(2020件)の50％に達している．一般的に，硝酸性チッ素および亜硝酸性チッ素の汚染源は施肥や家畜排泄物，生活排水などであり，規模の小さい点源が多いために汚染源を特定することが困難であることが原因であろう．

さらに，汚染源が特定もしくは推定された合計3,041件のうち，VOCの汚染原因が工場・事業場である場合は全体(1,121件)の94.7％を占めている．一方，硝酸性チッ素および亜硝酸性チッ素の汚染原因が施肥や家畜排泄物，もしくは生活排水である場合は全体(943件)のうちの97.3％であることも報告されている．重金属による汚染の場合は全体(905件)のうちの11.5％が工場・事業場で，84.6％は自然的要因であると判断されている．

また，香川県の豊島や青森岩手県境の事例に見られるように，廃棄物の不法投棄による地下水土壌汚染の事例も発生している．環境省の調査[51]では，2008年度末の時点での不法投棄残存量は約1,726万トンにものぼると報告されている．この約2/3は建設系廃棄物であり，がれきや木くず，あるいはこれらが混合された廃棄物が主体であるが，シュレッダーダストや燃えがら，金属くずなどのように地下水土壌汚染を引き起こす可能性の高い廃棄物も不法投棄されている．さらに，管理が不十分な最終処分場や，廃棄物処理法施行(1970年)以前に埋め立てられた廃棄物による汚染も大きな問題となっている[52]．

6 水系感染症の歴史と現状

水質汚染は1.5にまとめたような化学物質によるものだけではない．世界的に最も問題になる水質問題は生物汚染である．乳幼児の死亡原因の約3分の1は飲料水に原因があるとされるが，その原因の大部分は不衛生な水を利用したことによる下痢や感染症である．本章では生物による水質悪化に関する歴史と現状を整理した．

(1) 水系感染症

地球の歴史を1年間にすると，私たちの祖先である原人が生まれたのは大晦日

の夜11時半をまわってから，はるかな昔に思える恐竜たちの隆盛でさえも12月中旬のことに過ぎない．一方，細菌は3月ごろにはすでに誕生しており，その後発生する全ての生物の元になったが，後発の生物と共生するものもあれば，病原体として寄生するものも現れた．以来，生物たちは気の遠くなりそうな長い年月にわたりせめぎ合いを続けながら進化してきた．人間も例外ではなく，多くの遺物に微生物が人間を苦しませてきた証拠が見られる．エジプトのラムセス5世のミイラには天然痘の跡が見て取れるし，我が国でも結核感染の跡が残った弥生人の骨が見つかっている[53]．中世欧州で黒死病と恐れられたペストの流行を示す遺物は今も欧州各地に残されている．しかし，私たち人間が微生物の存在を知ったのは遅く，病原体として微生物を認識したのはたかだか120年ほど前のことである．

紀元前5世紀，医学の祖とされるギリシャのヒポクラテスはミアズマという有害物質に汚染された空気の吸入で疫病が起こると考えた．16世紀にはイタリアのフラカストロが，患者と接触することでコンタジオンという伝染性生物が移り病気が広がると説いたが，病原体の正体は不明であった．17世紀になってオランダのレーウェンフックが自家製顕微鏡の観察に基づき微生物の存在を報告したが，未だ疫病の原因と関係づけられることはなかった．しかし，18世紀に顕微鏡の改良によって多種多様な微生物の存在が明らかにされ，19世紀にはフランスのパスツールが生命自然発生説を否定し腐敗や発酵が微生物の力によることを明らかにした．このような微生物学の急激な発展の中でドイツのコッホをはじめとする多くの研究者によって様々な感染症から病原菌が分離同定され，疫病が微生物によって起こされることをにわかに認識するに至った[54]．

上下水道の整備に努めたローマ帝国の例が示すように，病原体に関する科学的な裏付けがない時代にも人々は清潔な環境確保に留意していた．近世のパリやロンドンに張り巡らされた下水道もその証と言えよう．しかし，病原微生物や消毒という概念がなかったために，下水を河川に直接放流し，かえって汚染を広げていた可能性がある．そのような例はロンドンでコレラが猛威をふるっていたことに見られる[55]．我が国の江戸は世界屈指の大都会であり上水道の普及も当時の世界ではトップクラスのレベルであったが，し尿が堆肥として利用されていたために下水道の発達は遅れた．そのおかげで河川の水質は良好であったが，安政のコレラ大流行では大きな被害を被ったし，寄生虫に汚染された農作物によって江戸市民の大部分が回虫などに寄生されていた[56]．このような歴史的経緯を経て，病

原体対策という明白な公衆衛生上の目的意識を持って上下水道が施設されることとなった．我が国で近代的な水道施設による給水が開始されたのは1887年になってのことである[55]．

(2) 水を介した健康被害の現状

現在，我が国では人口の97％が水道水の供給を受けており，下水道もほぼ70％の普及率に達している．しかしながら，未だ水系感染症の脅威から解放されたと言える状態ではない．山田・秋葉の報告[56]によると，水系汚染による健康被害や事故に発展した可能性のある事象は毎年100件程度ある．実際に健康被害が生じた可能性が高く給水停止などの措置を実施した事例に限っても毎年10～20件ほど発生している．1997年から2006年までの10年間に実際に飲料水が原因で健康被害が確認された事例は29件（患者数で2300人），飲料水が原因と推定された事例も含めると38件（患者数3100人以上）にのぼっている．さすがに管理の徹底した上水道での事例は1件にとどまっており，事件全体の3/4は飲用井戸，小規模水道，湧水，専用水道，貯水槽水道，簡易水道など小規模な水道によるものである．患者数では，半数近くが専用水道の汚染によるものであった．また，温泉や浴槽あるいはプールの水など飲用目的以外の水による事例も14件報告されている．健康被害の2/3以上が病原微生物による感染症であり，事故原因の多くが消毒の不備，次いで水源の保全管理の不徹底によるものであった．医療の進歩により，これらの事例においても死亡者は16名にとどまっているが，事故原因は近代的な水道が運用され始めた昔と変わっていない．

上記のような状況は，我が国の上水道施設が劣悪なために起きているのではなく，他の先進諸国でも同様である．例えば米国では1991年から2002年の12年間に飲料水に起因する事件が183件発生している．その39％は専用水道などによるものであり，次いで36％が公共水道による．公共水道から飲用水の供給を受けている人口は約2億6000万人，一方地下水などを利用した専用水道などによるものは約2000万人である．人口比を考慮すると，地下水利用の専用水道で事故が多い傾向は我が国と同様であることがわかる．しかし，公共水道の場合は発生頻度が低いものの，一度事故が起きると患者数が非常に多くなる．そのため，患者数では公共水道によるものが42万人を超えているのに対して，その他の水系感染患者総数は1万人強にとどまっている[57]．水を介した健康被害の原因は，

米国でも病原微生物によるものがほとんどであり，調査された井戸および湧水の5-50％から病原性原虫のジアルジアやクリプトスポリジウムが検出されたとの報告もある[58]．水系感染症の実数は統計上の記録より3-4ケタ多く，米国の消化器疾患の6-40％に水が関係していると推定されている[59,60]．

(3) 水系感染する病原体とその対策

以下に，水を通じて被害の広がる主な感染症について，歴史的経緯とともに記述する．

図1-39は，かつては伝染病と恐れられた細菌性赤痢と食中毒の我が国における患者数の経年変化を示したものである．1937年には大牟田市で患者数17300人，死亡者626人の大規模水系感染を起こした赤痢であるが，高度経済成長に伴う公衆衛生インフラ整備の進展とともに減少した．現在では以前の1/1000以下に減った．同様に，すでに紹介したコレラや腸チフスなど水系感染を起こす消化器感染症も減少した．

公衆衛生の基盤整備や保菌者検索によって主役の座から降りたかつての伝染病に代わって登場したのが下痢原性大腸菌，カンピロバクター，サルモネラ，レジオネラ，ヘリコバクターである．レジオネラを除いては，これらの菌は家畜や家禽が保菌していることが多い．牧畜の盛んな田舎では小規模水道に頼ることが多いことが，これらの菌が主役にとって代わった理由である．一方，レジオネラは元々アメーバなどに寄生する細胞内寄生性細菌の一種である．温泉水（特にジャグジーなどエアロゾルを発生するもの）に発生したアメーバなどの細胞内に寄生して増殖したのち水中に遊離する．これをエアロゾルとともに吸入した人に致死率の高い肺炎を起こすことで注目されており，4類感染症に指定されている[61]．また，近年胃炎や胃潰瘍あるいは胃癌の原因としてヘリコバクター・ピロリが注目されている．その感染経路は不明とされていたが，水系感染が疑われており[62]，米国の調査では井戸水の10-60％からヘリコバクター属細菌が検出されたとの報告があり[63]，同属のピロリの生息が懸念されている．

クリプトスポリジウム，ランブル鞭毛虫，サイクロスポーラ，イソスポーラ[64,65]は実際の健康被害はないが，事故につながった可能性があるとして記録されるものも含めると，我が国では毎年100件程度の事例報告がある．その大半が，耐塩素性病原微生物による．上記の病原体は前述の細菌類と異なり，原虫

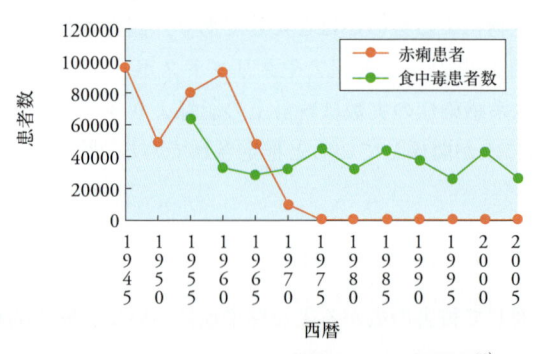

図 1-39　日本における水感染症の患者数変遷[79]

(単細胞生物) である．患者からはオーシストと呼ばれる感染性の小胞として排泄されるが，その殻は塩素などの消毒薬に対する耐性が高く，また極めて小さい ($1\text{--}100\,\mu\mathrm{m}$) ために，水道設備関係者が対策に頭を悩ませている．前述の細菌と同様に家畜などが保菌していることが多く，米国の調査では 1991 年から 2002 年の 12 年間に起きた飲料水による 183 件の事件のうち，21％が原虫によるものである[57].

　アデノウイルス，エンテロウイルス，ノロウイルス，ロタウイルス，A 型および E 型肝炎ウイルスなどは患者糞便中に大量に排泄され ($\sim 10^{11}/\mathrm{g}$)，容易に水系汚染を起こしうる[66]．インフルエンザウイルスなど，ウイルス粒子の最外部に脆弱なエンベロープ膜を有するウイルスと異なり，これらのウイルスはアルコールなどの消毒剤に対して細菌以上に抵抗性を示す．自然環境においても感染性を長く保持しており，細菌の 1/10 から 1/100 程度の大きさしかないために濾過による除去も容易ではない．最近，ノロウイルスによる食品媒介感染症が急増し，我が国における全食中毒患者の 4 割を占めるに至っている．その理由としては，1997 年に食中毒原因として指定されたことや検査技術の改良普及により，これまで看過されていたものが捕捉されるようになったことが挙げられる．しかしながら，コレラや赤痢などの制圧を目指して現代文明が作り上げてきた下水道の整備と処理水の塩素消毒放流というシステムが，消毒処理に抵抗性が強く環境中での生残時間も長いこれらのウイルスにとって好都合なニッチを提供した結果と考える研究者もある．東京都の調査によると，1 検体当たりわずか 0.4 ml を調べただけでも下水の 80％以上からウイルスが検出され，放流水のサンプルも 10％以上がウイルス陽性であり，これらの処理水が流れ込む東京湾では結果的にほとん

どの二枚貝から何らかのウイルスが検出されている[67].

▶引用文献

1) Frape S. K., P. Fritz and R. H. McNutt (1984) Water-rock interaction and chemistry of groundwaters from the Canadian Shield. *Geochimica et Cosmochimica Acta* 48: 1617-1627.
2) 張勁・蒲生俊敬（2005）「『沿岸海底湧水の地球科学』にあたって（特集「沿岸海底湧水の地球科学」緒言）」『地球化学』39：91-95.
3) Person, M., B. Dugan, J. B. Swenson, L. Urbano, C. Stott, J. Taylor and M. Willett (2003) Pleistocene hydrogeology of the Atlantic continental shelf, New England. *Geological Society of America Bulleti*n, 115(11): 1324-1343.
4) 酒井均・松久幸敬（1996）『安定同位体地球化学』東京大学出版会.
5) Craig, H. (1961) Isotopic variations in meteoric waters. *Science*, 133: 1702-1703.
6) 早稲田周・中井信之（1983）「中部日本・東北日本における天然水の同位体組成」『地球化学』17：83-91.
7) 中屋眞司・三田村宗樹・益田晴恵・上杉健司・本舘佑介・日下部実・飯田智之・村岡浩爾（2009）「環境同位体と水質より推定される大阪盆地の地下水の涵養源と流動特性」『地下水学会誌』51：15-41.
8) Clayton, R. N., I. Friedman, D. L. Graf, T. K. Mayeda, W. F. Meents and N. F. Shimp (1966) The origin of saline formation waters. *Journal of Geophysical Research*, 71: 3869-3882.
9) Coplen, T. B. and B. B Hanshaw (1973) Ultrafiltration by a compacted clay membrane: I. Oxygen and hydrogen isotopic fractionation. *Geochimica et Cosmochimica Acta*, 37: 2295-2310.
10) Matsuhisa, K., Y. Tainosho and O. Matsubaya (1973) Oxygen isotope study of the Ibaragi granitic complex, Osaka, southwest Japan. *Geochemical Journal*, 7: 201-213.
11) Taylor Jr., H. P. (1974) The application of oxygen and hydrogen isotope studies of problems of hydrothermal alteration and one deposition. *Economic Geology*, 69: 843-883.
12) Plummer, L. N. and E. Busenberg (1999) Chlorofluorocarbons: tools for dating and tracing young groundwater. In: P. Cook and A. Herczeg (Eds.), *Environmental tracers in subsurface hydrogeology*. Boston: Kluwer. Chapter 15. pp. 441-478.
13) Hohener P., D. Werner, C. Balsiger and G. Pasteris (2003) Worldwide occurrence and fate of chlorofluorocarbons in groundwater. *Critical Reviews in Environmental Science and Technology*, 33: 1-29.
14) 益田晴恵・伊吹祐一・殿界和夫（1999）「大阪府北摂地域における浅層地下水の天然由来ヒ素汚染メカニズム」『地下水学会誌』41：133-146.
15) Li X. -D., H. Masuda, M. Kusakabe, F. Yanagisawa and H. -A. Zeng (2006) Degradation of groundwater quality due to anthropogenic sulfur and nitrogen in the Sichuan Basin, China. *Geochemical Journal*, 40: 309-332.
16) Li X., H. Masuda, K. Koba and H. Zehng (2007) Nitrogen isotope study on nitrate-contaminated groundwater in the Sichuan Basin, China. *Water, Air and Soil Pollution*, 178: 145-156.（DOI 10.1007/s11270-006-9186-y）

17) TEMIS（Tropospheric Emission Monitoring Internet Service）のホームページ http://www.temis.nl/products/no.2.html#obs
18) 高橋裕（2003）『地球の水が危ない』（岩波新書 827）
19) フレッド・ピアス（2008）『水の未来──世界の川が干上がる時　あるいは人類最大の環境問題』（沖大幹解説・古草秀子訳）日経 BP 社．
20) Muir, K. S. and T. B. Coplen (1981) Tracing Ground-Water Movement by Using the Stable Isotopes of Oxygen and Hydrogen, Upper Penitencia Creek Alluvial Fan, Santa Clara Valley, California. Supt. of Documents, GPO, Washington DC 20402, *Geological Survey Water-Supply Paper 2075*.
21) 米国地質調査所のホームページ http://geology.com/usgs/high-plains-aquifer.shtml
22) 国土交通省水資源課「日本の水資源」2009 年版．
23) Rogers, W. B., Y. W. Isachsen, T. D. Mock and R. E. Nyahay (1990) *New York State Geological Highway Map*. Albany, NY: Geological Survey/New York State Museum, Leaflet No. 28.
24) Dean, J. and M. G. Sholley (2006) Groundwater basin recovery in urban areas and implications for engineering projects. *IAEG2006 Paper*, No. 693.
25) Davis, T. and J. Namson (1998) Southern California Cross Section Study Cross- Section 12-12'. http://www.davisnamson.com/downloads/USGS% 20Cross% 20Section% 20&% 20Recon% 2012.pdf
26) 羽鳥謙三（1975）「関東ローム層と関東平野」『アーバンクボタ』クボタ，No. 11：12-17．
27) 桑原徹（1975）「濃尾傾動盆地と濃尾平野」『アーバンクボタ』クボタ，No. 11：18-25．
28) 日本の地質「北海道地方」編集委員会編（1990）『北海道地方』（日本の地質 1）共立出版．
29) 日本の地質「東北地方」編集委員会編（1989）『東北地方』（日本の地質 2）共立出版．
30) 日本の地質「関東地方」編集委員会編（1986）『関東地方』（日本の地質 3）共立出版．
31) 日本の地質「中部地方Ⅰ」編集委員会編（1988）『中部地方Ⅰ』（日本の地質 4）共立出版．
32) 日本の地質「中部地方Ⅱ」編集委員会編（1988）『中部地方Ⅱ』（日本の地質 5）共立出版．
33) 日本の地質「近畿地方」編集委員会編（1987）『近畿地方』（日本の地質 6）共立出版．
34) 日本の地質「中国地方」編集委員会編（1987）『中国地方』（日本の地質 7）共立出版．
35) 日本の地質「四国地方」編集委員会編（1991）『四国地方』（日本の地質 8）共立出版．
36) 日本の地質「九州地方」編集委員会編（1992）『九州地方』（日本の地質 9）共立出版．
37) 古川博恭（1981）『九州・沖縄の地下水』九州大学出版会．
38) 大楽浩司・水谷武司・佐藤照子（2006）「ニューオーリンズ周辺の気候・水文・土地環境と水災害に対する脆弱性の増大」『防災科学技術研究所主要災害調査』41：23-31．
39) 米国地質調査所 National Wetland Research Center のホームページ http://www.nwrc.usgs.gov/special/landloss.htm
40) 環境省　水・大気環境局（2008）「平成 19 年地盤沈下に関する報告」
41) 清水満・鈴木尊（2005）「地下水の上昇に対する地下駅の対策工事」『土と基礎』53(10)：29-31．
42) 岡田篤生・岡泰子（2000）「浮力とたたかうビル」『日経アーキテクチャ』No. 661：102-117．
43) 反町容・津國典洋・李黎明・杉山仁實（2007）「地下水位回復に伴う広域地盤隆起の現状について」第 42 回地盤工学研究発表会，No. 411．

44) 橋本正，飯田智之（2004）「大阪平野における建設工事に伴う地下水の諸問題と対策」『土木技術』59(12)：49-50.
45) 中川康一（1995）「大阪地盤の液状化――関連した地下水対策」『地下水地盤環境に関するシンポジウム '95』pp. 67-75.
46) 益田晴恵（2000）「地下水汚染に関わるヒ素の地球化学」『地下水学会誌』42：295-313.
47) Amini M. et al. (2008) Stastical modeling of global geogenic arsenic contamination in groundwater. *Environmental Science and Technology*, 42: 3669-3675.
48) Welch A. H., D. B. Westjohn, D. R. Helsel, and R. B. Wanty (2000) Arsenic in ground water of the United States: Occurrence and geochemistry. *Ground water*, 38: 589-604.
49) Farooqi A., H. Masuda and N. Firdous (2007) Toxic fluoride and arsenic contaminated groundwater in Lahore and Kasur districts, Punjab, Pakistan and possible contaminant. *Environmental Pollution*, 145(3): 837-849. (doi: 10.1016/j.envpol.2006.05.007)
50) 環境省　水・大気環境局（2009）「平成 20 年度地下水質測定結果」
http://www.env.go.jp/water/report/h21-03/index.html
51) 環境省（2010）報道発表資料「産業廃棄物の不法投棄等の状況（平成 20 年度）について」
http://www.env.go.jp/press/press.php?serial=12126
52) 古市徹（2006）『土壌・地下水汚染――循環強制を目指した修復と再生』オーム社.
53) 酒井シヅ（1999）『疫病の時代』大修館.
54) 天児和暢（2007）「微生物学の歴史」吉田眞一，柳雄介，吉開泰信編『戸田新細菌学』南山堂，4-12 頁.
55) 吉田弘（2008）「環境水系の感染症：オーバービュー」『臨床とウイルス』36：121-126.
56) 山田俊郎，秋葉道宏（2007）「最近 10 年間の水を介した健康被害事例」*J. Natl. Inst. Public Health*, 56: 16-23.
57) Reynolds, K. A., K. D. Mena and C. P. Gerba (2008) Risk of waterborne illness via drinking water in the United States, *Reviews of Environmental Contamination & Toxicology*, 192: 117-158.
58) Hancock, C. M., J. B. Rose and M. Callahan (1998) *Cryptosporidium* and *Giardia* in U. S. groundwater, *Journal of the American Water Works Association*, 90: 58-61.
59) Levin, R. B., P. R. Epstein, T. E. Ford, W. Harrington, E. Olson and E. G. Reichard (2002) U. S. drinking water challenges in the twenty-first century, *Environmental Health Perspectives*, 110: 43-52.
60) Leclerc, H., L. Schwartzbrod and E. Dei-Cas (2002) Microbial agents associated with waterborne diseases. *Critical Reviews in Microbiology*, 28: 371-409.
61) 遠藤卓郎，八木田健司，泉山信司（2005）「宿主アメーバから見たレジオネラの水系汚染対策」『臨床と微生物』32：75-80.
62) 堀内亮郎，大草敏史（1999）「*Helicobacter pylori* の水系感染に関する研究」*Helicobacter Research*, 3: 382-387.
63) Park, S. R., W. G. Mackay and D. C. Reid (2001) *Helicobacter* sp. recovered from drinking water biofilm sampled from a water distribution system. *Water Research*, 35: 1624-1626.
64) 保坂三継（2007）「クリプトスポリジウムとジアルジアによる水環境および水道水の汚染」*Journal of National Institute of Public Health*, 56: 24-31.
65) 黒木俊郎（2005）「水系原虫症」*Modern Physician*, 25: 610-614.
66) Fong, T. and E. K. Lipp (2005) Enteric viruses of humans and animals in aquatic environments:

health risks, detection, and potential water quality assessment tools. *Microbiology and Molecular Biology Reviews*, 69: 357–371.
67) 矢野一好（2008）「下水中のウイルスの消長とその疫学的意義」『臨床とウイルス』36：134–140.
68) UNESCO "Summary of the monograph World water resources at the beginning of the 21st Century prepared in the framework of IHP UNESCO. In World Water Assessment Programme People and the Planet" http://www.webworld.unesco.org/water/ihp/db/shiklomanov/summary/html
69) World Water Assessment Programme. (2009) *The United Nations World Water Development Report 3: Water in a Changing World*. Paris: UNESCO, and London: Earthscan.
70) World Water Assessment Programme. (2006) *The United Nations World Water Development Report 2: Water a shared responsibility*. Paris: UNESCO, and London: Earthscan.
71) Jason J. Gurdak, Peter B. McMahon, Kevin Dennehy and Sharon L. Qi (2009) National Water-Quality Assessment Program. *Water Quality in the High Plains Aquifer, Colorado, Kansas, Nebraska, New Mexico, Oklahoma, South Dakota, Texas, and Wyoming, 1999–2004*. U. S. Geological Survey, Circular 1337.
72) 環境省，バーチャルウォーターのホームページ http://www.env.go.jp/water/virtual_water/img/img_big.jpg
73) 市原実・吉川周作・三田村宗樹・水野清秀・林隆夫（1991）12万5千分の1「大阪とその周辺地域の第四紀地質図」『アーバンクボタ』No. 30，2葉．
74) 市原実（2001）「続・大阪層群——古瀬戸内河湖水系」『アーバンクボタ』クボタ，No. 39.
75) 国土交通省土地水資源局国土調査課「全国地下水資料台帳データ」http://tochi.mlit.go.jp/tockok/inspect/landclassification/water/basis/underground/F9/exp.html
76) 地質調査所（1995）数値地質図 G-1『100万分の1日本地質図第3版 CD-ROM 版』
77) 産業技術総合研究所地質調査総合センター（2005）数値地質図 GT-2『日本温泉・鉱泉分布図および一覧 第2版 CD-ROM 版』
78) 工業技術院地質調査所（1957）200万分の1「日本水理地質図概観図」
79) 西川禎一（2006）「食生活をおびやかす食中毒と感染症」山口英昌編『食環境科学入門』ミネルヴァ書房，117–136頁．

第2章
大阪平野の水

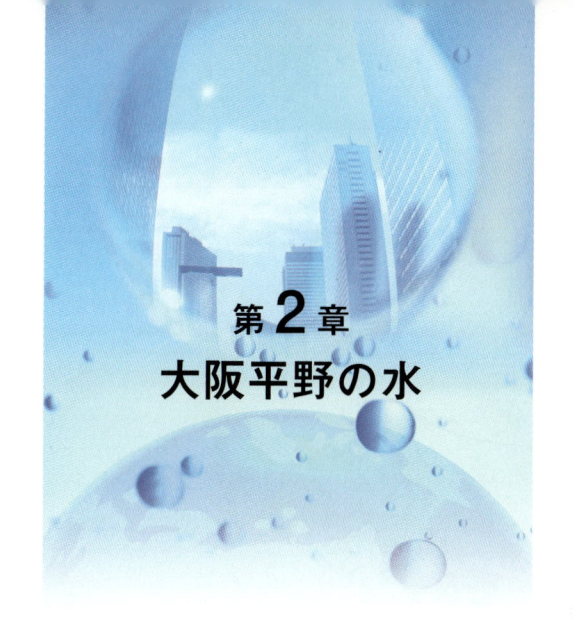

　大阪平野は，我が国で最も早くから都市化された地域の一つである．また，後述するように，多くの地下情報が公開されており，その地下構造が最もよく知られた平野である．このことは，一つの水の入れ物としての平野表面と地下，すなわち地下水盆を理解するための基礎的な条件が最も整っているということでもある．大阪平野は我が国で最大の平野ではないが，構造性のものとしては堆積盆地の構造が比較的単純であり，地下水質の深度に伴う変化には堆積盆内の地下水で知られている普遍性が見られる．本章では，入れ物の中を移動する水の動きを表層水から地下深部に帯水する地下水の水質の面から見ていこう．

1 │ 大阪平野の帯水層と流動性

　大阪平野は，第四紀における大阪堆積盆地の東部～北東部に位置する．大阪堆積盆地のその西半分は大阪湾に位置する（図2-1）．平野の北東側や東側には花コウ岩類を主とする生駒山地があり，北側には中生代～古生代の堆積岩類や火山岩類からなる北摂山地が位置する（図2-2）．これらの山地と平野の境界は活断層で境され，基盤岩は断層を介して平野側で数百～1000 m以上落ち込んでおり，そこに厚い第四紀層が堆積している．平野地下にあるこれらの地層は帯水層として豊富な地下水を賦存している．ここでは大阪平野の地下の地質構造と地下水帯水

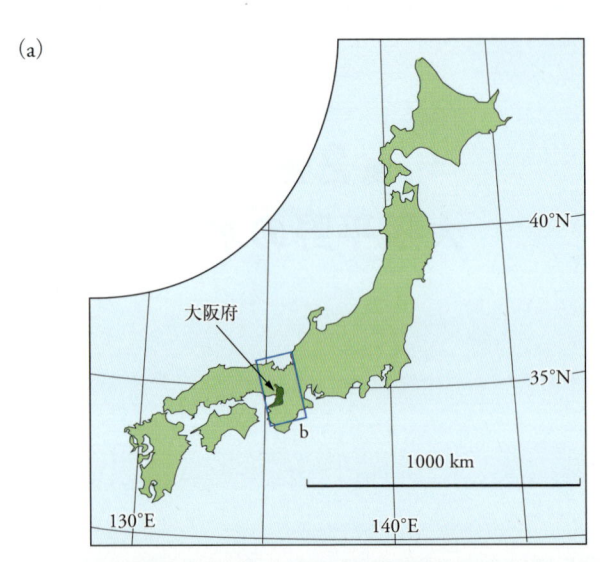

図 2-1 大阪湾と大阪平野
(a) 日本の中の大阪府；(b) 近畿地方の地形（NASA の Earth Observatory による影像に地名を加筆）ピンクで囲った領域は大阪堆積盆に相当する．盆地の東側は大阪平野，西側は大阪湾である．

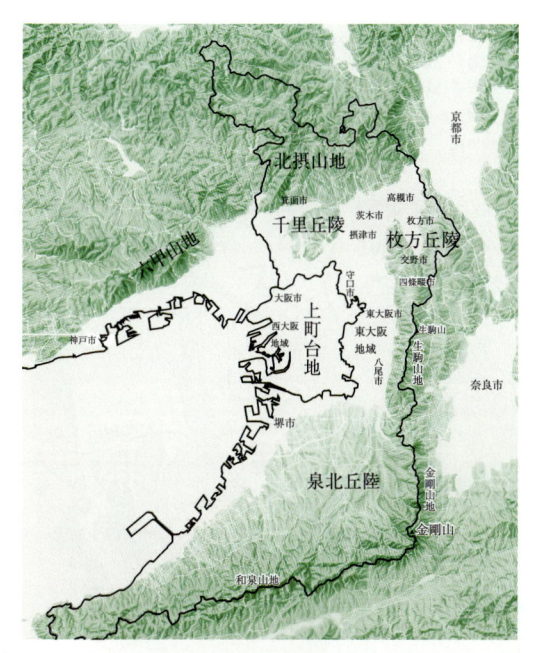

図 2-2 大阪府の地形（国土地理院 200000 の 1 の地形，ディジタルマップに加筆）
本文中に記載された主な地名とその位置を示す．

層との関係を概観しよう．

(1) 大阪平野の地下調査の歴史

　大阪平野とその周辺に分布する第四紀層の詳細な調査は，第二次世界大戦後に，平野地下の天然ガス調査のために丘陵部に露出する第四紀層の地表地質調査が行われたことに始まる．その発端は平野北側の千里丘陵での調査である．この調査で，丘陵を構成する第四紀層は大阪層群と名付けられた[1]．この地層の下半部は砂礫層主体の淡水成の地層，上半部は海成粘土層と砂礫層が互層している．さらに何層もの火山灰層が確認され，火山灰層や海成粘土層を鍵層として詳細な地質図が作成された（図 2-3）．千里丘陵で確認された大阪層群の地層の厚さは約 300 m に達する．丘陵縁辺に分布する段丘構成層の確認も行われており，大阪層群の地層区分が明らかになった．（図 2-4）．

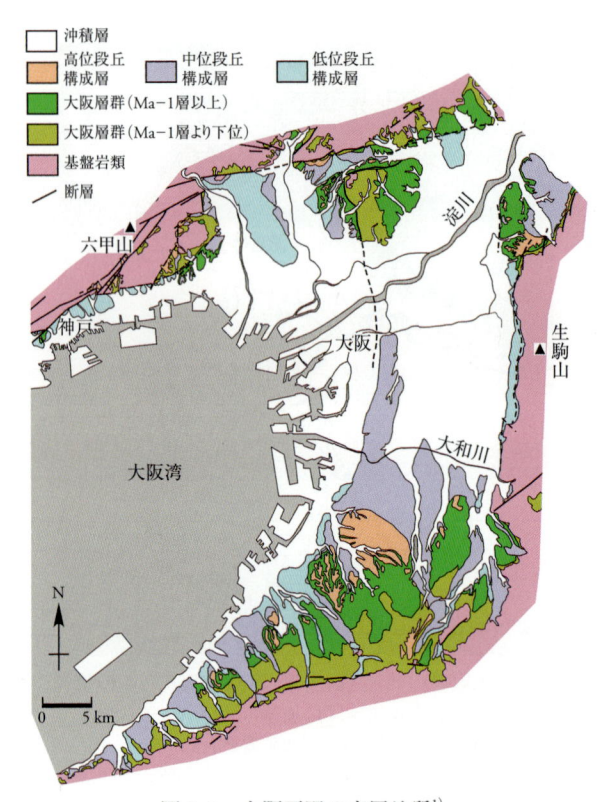

図 2-3　大阪平野の表層地質[1]

　一方，平野部では，天然ガスを含む地下水やその帯水層となる第四紀層の地下での分布を知るために深度 500 m に達するボーリング調査が実施された．丘陵部の調査では，大阪層群の厚さは 300 m 程度とされていたが，平野地下のボーリング調査では，500 m の深度でも基盤岩に着岩しなかった．この調査により，丘陵部に比べて平野地下に埋没して存在する地層が厚いこと，丘陵部に露出する地層と同様の地層が平野地下まで連続して分布するという地質概要が確認された．しかし，平野地下での層序を細かく検討することはできなかった．天然ガスは確認されたが，生産量の評価については開発に見合う濃度でないことが判明し，その後の開発には至っていない．

　戦後の復興とともに大阪では工業用水，ビル冷房用冷却水などの需要が高まり，深井戸による地下水揚水が進み，それによる地盤沈下が顕著となった．この地盤沈下の対策のため，平野地下の第四紀層の層序・分布や脱水による地盤の応答

第 2 章　大阪平野の水

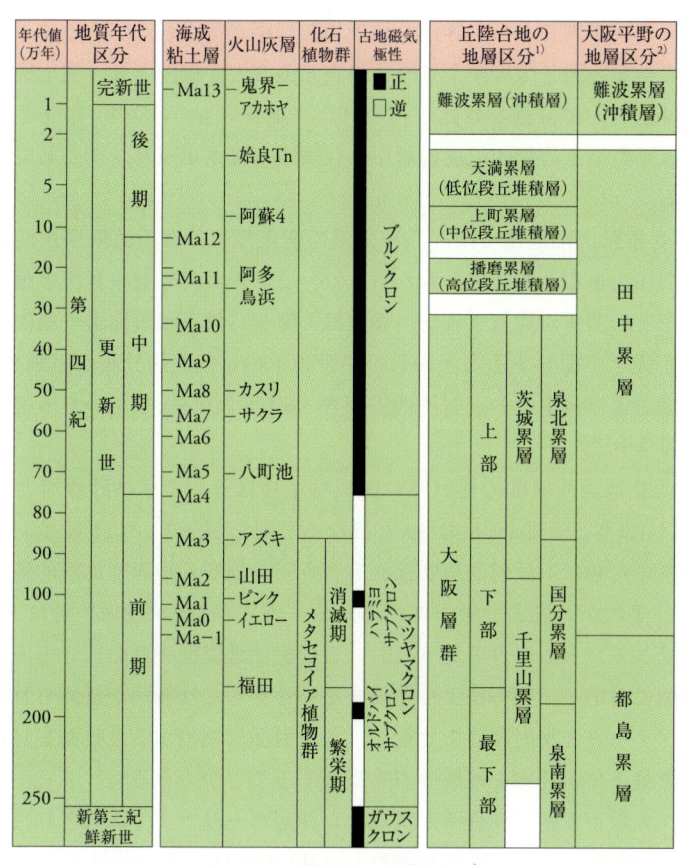

図 2-4　大阪層群の地層区分[1]

（圧密特性）を明らかにするため，大阪府・大阪市は 9 本の掘削調査（OD ボーリング）を実施した[1,2]．図 2-5 にそのうちの 3 地点の柱状図を示す．大阪市港区で実施された OD-1 ボーリングは掘進長 900 m を超えるものであったが，基盤岩への着岩には至らなかった．一方，上町台地の北側の都島区で実施された OD-2 ボーリングは，深度 645 m で着岩した．東西両側の低地に比べて上町台地の地下の基盤岩上面の深度は浅く，上町台地は隆起しつつあることが明らかとなった．OD-1 地点の隣接地で実施された小規模な反射法地震探査から，このあたりでは基盤岩上面深度は約 1500 m 程度あることが報告されている．つまり，上町台地と大阪平野西部では基盤岩上面深度に 1000 m 近くの落差があり，これが上町台地西側に南北に伸びる上町断層によるものであることが判明した．また，こ

れらのボーリング調査から，詳細な地下地質層序が得られた．その結果，丘陵部に露出する地層と同じ地層がより厚く分布することが確認され，火山灰層・海成粘土層を鍵層として詳細な対比が行われた．現在でも，OD-1，OD-2 ボーリングは，大阪平野地下の第四紀層の層序を代表する標準ボーリングとして位置付けられている．

1995 年兵庫県南部地震では，六甲山系の南東側に伸びる活断層が活動し，神戸・阪神間に大きな地震被害をもたらした．この震災での被害状況と地下の第四紀層の分布との関係が注目された．強震域の発生に地下地質構造や第四紀層の地震動特性が大きく関与することから，平野地下の第四紀層分布が再調査された．特に，陸域および海上での反射法地震探査（海上音波探査）を用いた多数の地震探査断面が得られた[3]．

密度が低く地震波速度の遅い厚い海成粘土層はその上下の砂礫層と音響インピーダンス（密度と弾性波速度の積）が異なる．したがって，上下のインピーダンス比が大きいために，反射法地震探査を行うと，地層の境界で比較的強い反射波が発生し，それが地表まで戻ってくるため，海成粘土の層理面（特に下面）が明瞭に確認できる．大阪平野の地下における反射法地震探査断面には海成粘土層下面の地層面に対応し，側方によく連続するいくつもの反射面が認められる．深層ボーリングデータと反射断面を比較し，各反射面に相当する地層面を対比することで，平野地下での詳細な地層分布を識別することができる[4]．

さらに，大阪市や地質調査所が実施した深層ボーリングで採取されたコア試料や，その中に挟まれる火山灰層を観察し，OD ボーリングの結果と合わせることで，より詳細な地下地質層序を編むことができるようになった．海成粘土層は，第四紀の氷期―間氷期の気候サイクルの中で，温暖期の海水準上昇に伴う海進により，内陸域が内湾化した際の堆積層である．深海底掘削調査で得られた海底堆積物中の有孔虫化石殻の酸素同位体比の変動から読み取れる古海水温変動曲線に対しては，ミランコビッチサイクルに示される地球の惑星運動の周期と対応させた年代が与えられている[2,5]．特に急激に温暖化する氷期の終わりから間氷期の始まりの時期は数千年程度での精度で年代が得られる．大阪の第四紀層では，火山灰層の降下年代が放射性年代測定から得られ，さらにそれらの残留磁化極性から古地磁気層序との対比が確認されている．それらを基に各海成粘土層の堆積時期に対応する間氷期を特定することができる．そうすると，海成粘土の堆積開始を示す下面の層準は，急激に温暖化する氷期の終わりから間氷期の始まりの時期で

第 2 章　大阪平野の水

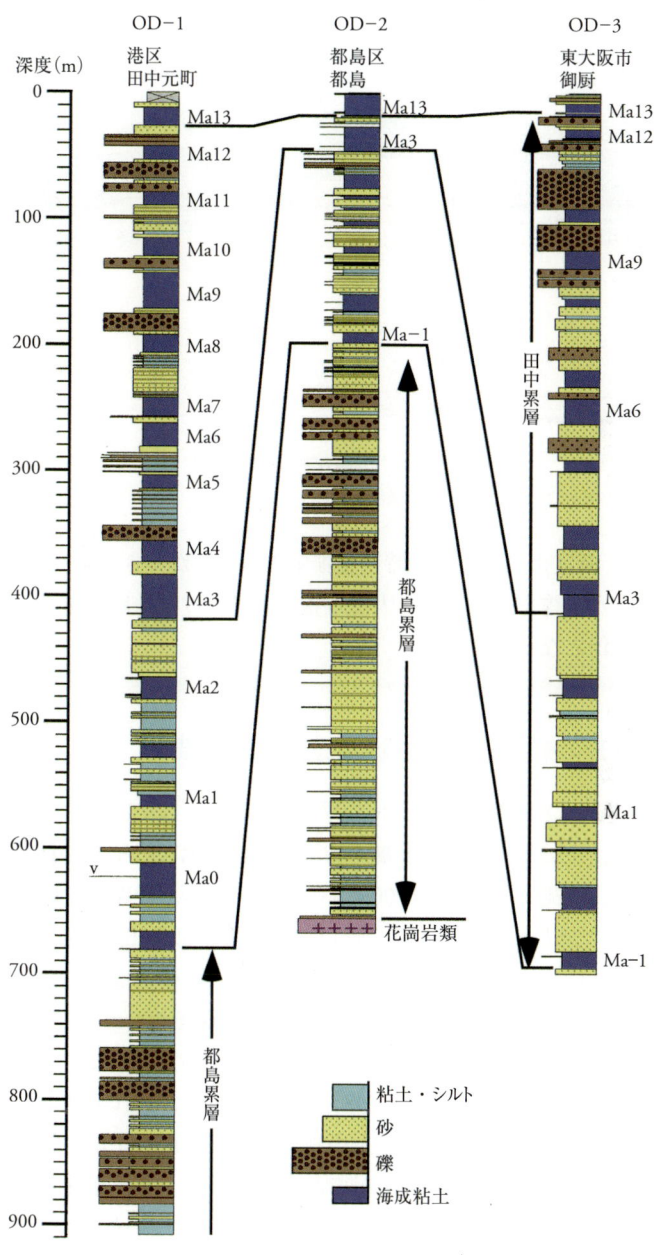

図 2-5　大阪平野の第四紀層序[1, 2)]

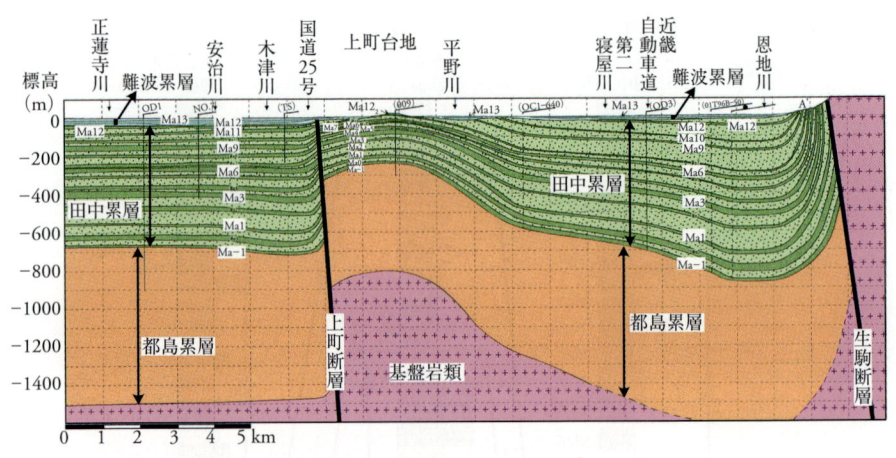

図 2-6 大阪平野の断面図[6]
大阪府の南北方向のほぼ中央付近を東西に横切る断面.

あることから，精度よく堆積開始時期を推定することができるようになった[5,6].

以上のような経緯をふまえて，大阪堆積盆地における地層分布の三次元構造が推定できる状況となっている.

(2) 大阪平野の第四紀層の構成と地質構造の概要

　大阪平野地下の第四紀層は，全体の厚さが 1500 m 以上ある．その下半部は都島累層といい，主に河川成の砂礫層や湖沼成や氾濫原に堆積した粘土・シルト層から構成され，平野地下では約 1000 m の厚さがある．砂礫層の間に挟まれるシルト・粘土層の側方への地層の連続性は悪い．上半部は田中累層と沖積層（難波累層）である．主に海成粘土層からなる内湾環境の堆積物と主に砂礫層から成る河川・湖沼成堆積物が交互に積み重なった地層構成で 500 m 以上の厚さを持つ．海成粘土層は側方によく連続し，平野地下に広く分布している．丘陵部に露出する大阪層群は，粘土層 Ma-1（マイナス 1）層を境としてそれより下位の地層を都島累層，Ma-1 層を含んでこれより上の地層と段丘構成層が田中累層に相当する（図 2-4）．大阪平野の最上部の堆積層である沖積層は，難波累層と呼ばれ，平野域では 20〜30 m の厚さで分布する[1,7]．その中部には厚い軟質な海成粘土層（沖積粘土層，Ma13 層）が挟まれる．この粘土層の上位に厚さ数〜10 m 程度の砂質層が分布し，大阪平野の表面部分を形成している[7].

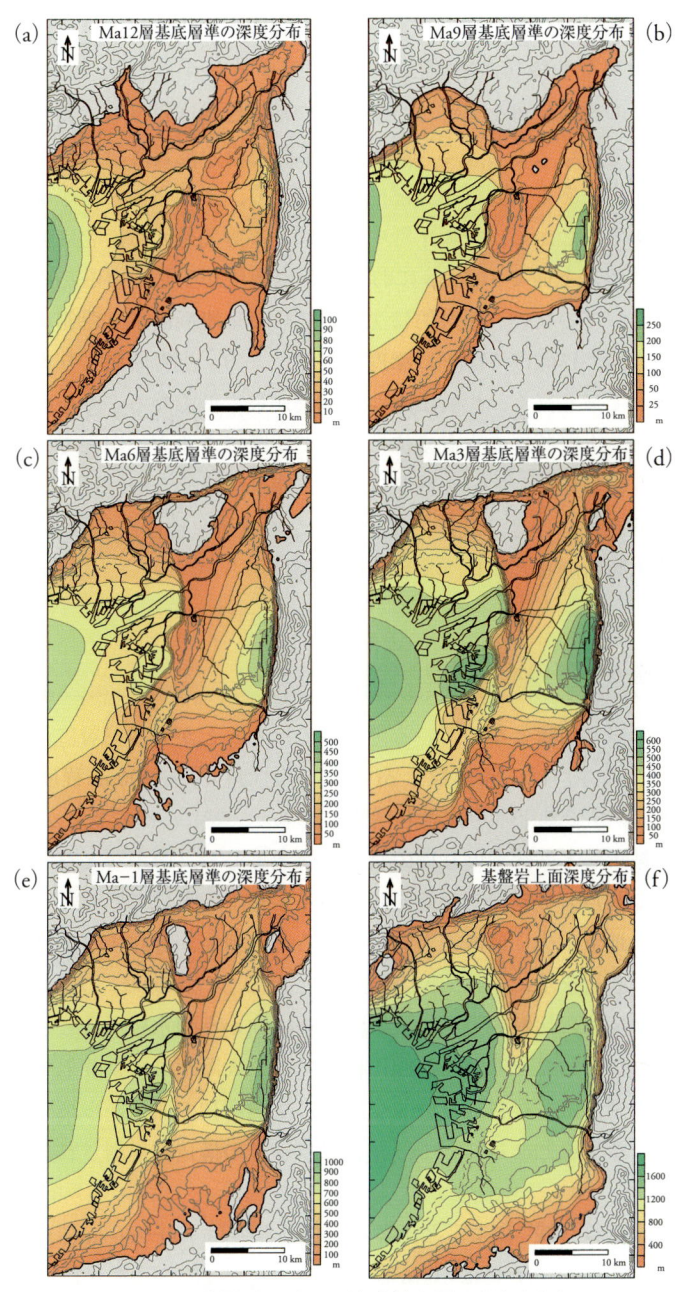

図 2-7　大阪平野地下の海成粘土層はぎとり図

このような一連の調査の結果に基づいて，丘陵から平野にかけて地層を追跡できる．平野中央部を横切る断面は図2-6に示すとおりである．また，主要な厚い海成粘土層の標高分布を追跡し，各層準の地層を順次はぎ取って平野地下の地質構造を表現することも行える（図2-7）．第四紀層の地質構造は全体として大阪堆積盆地の中央である大阪湾中央部へ傾いており，より下位の層準は盆地の縁辺に直接露出する．しかし，大阪平野中央部には平野北部から南北に伸びる上町断層によって基盤岩上面で1000 mにおよぶ鉛直変位が生じているため，単純な盆地構造とはなっていない．相対的に沈降している上町断層より西側域は比較的平坦で大阪湾の東部に向けて徐々に深度を増す．一方，上町断層より東側では，千里丘陵北西部で最も高く，生駒山地西麓付近が最も低くなるような傾動した構造を呈している．上町断層の垂直変位は北部で明瞭であるが，南部では分岐断層を伴い，その変位は分散していく傾向にある．南部の泉北丘陵付近は全般的に北あるいは西に緩やかに傾き，丘陵内にいくつかの断層・撓曲が認められるものの，上町断層・生駒断層などに比べて変位の規模は小さい．

(3) 帯水層としての地質構造

　大阪平野の揚水対象となっている地下水のほとんどが第四紀層に介在するものである．多くの井戸は，深度数十mあるいは深度100～300 m程度に井戸を掘削し，井戸ポンプで地下水を揚水し活用してきた．特に，その多くが，田中累層，つまり海成粘土層と砂礫層の互層の層準を対象として，帯水層となる砂礫層を取水対象として井戸ストレーナを設定して地下水をくみ上げている．
　大阪平野の地下中央には南北方向に延びる上町断層が存在するため，帯水層の分布は，この断層を境に西部（西大阪地域）と東部（東大阪地域）の二つに区分できる．西大阪地域は，比較的単調に大阪湾中央に向かう帯水層構造として位置付けられる．これに対して，基盤の傾動に伴って，東大阪地域のより上半部の層準は北西部では削剥されて存在しない．全般的に生駒山頂の西麓から東大阪の中央部付近に深くなる構造となっていて，基盤ブロックの構造に規制された帯水層構造を持つ．
　全国地下水資料台帳[8]によると深井戸の掘削深度は100-200 m深が半数以上を占めている．ストレーナ長は50 m程度である．そこで，三次元地質構造モデルを用いて地表面からの深度100 m，200 m，500 mの地層分布を表現した（図2-8）．

第 2 章　大阪平野の水

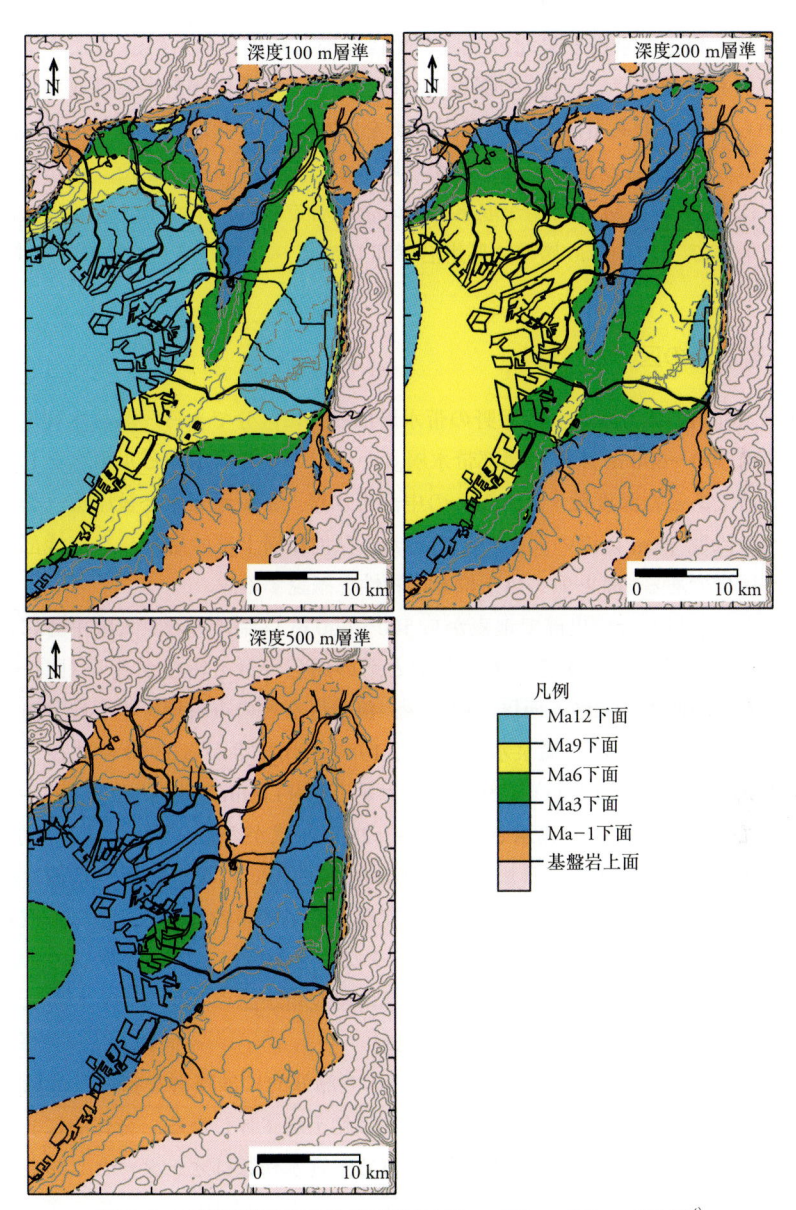

図 2-8　大阪平野地下の地表下深度100 m, 200 m, 500 m の地層[4]

凡例
- Ma12下面
- Ma9下面
- Ma6下面
- Ma3下面
- Ma−1下面
- 基盤岩上面

主に千里・枚方・泉南―泉北の丘陵部では，同じ深度では，Ma3層より下位の層準で，主にMa-1より下位の都島累層に相当する陸成砂礫層から構成される帯水層からの取水である．一方，大阪平野を中心とする低地部では，深度100 m層準ではMa12～Ma9層準の帯水層から取水が行われている．また，泉州沿岸地域は主にMa9からMa6層準が取水対象の帯水層である．深度200 mでは大阪平野の低地部でMa9～Ma6層準，泉州沿岸部でMa6～Ma3層準が対象層準である．

(4) 帯水層の区分と特性

地下水利用の観点から大阪平野の帯水層は三つに区分できる．温泉水利用の盛んな深度500～600 m以深の深部帯水層，かつての工業用水・ビル用水として揚水対象層であった深度数十～300 mの中部帯水層，不圧地下水と被圧第一帯水層としての深度50 m以浅の天満層相当層および沖積層上部砂層からなる浅部帯水層の3区分である（図2-9）．以下にその特性を概説する．

深部帯水層は平野中央部で地表から500～600 m以深にある．大阪平野には現在多くの温泉井が存在する．大阪市域とその周辺が最も密度が高く（図2-10），主に上町台地西側の北区，西区，中央区，浪速区などの市街地を中心に分布している．大阪市域における温泉水の揚水は1980年代後半から1990年代後半まで緩やかに増加する（図2-11）．1999年には約9,000 L/min（1日12時間揚水として日量6,480 m³，以下同様）が揚水されていた．2000年代から揚水量は急速に増加し，2005年には13,000 L/min（日量9360 m³）が揚水されていると推測される．温泉井掘削時に実施されたボーリングの岩相記載と電気検層のデータを基に作成した柱状図と，既存のODボーリングのデータなどを参考にして都島累層の帯水層区分を行った．その結果，この層準の中部に粗粒相が認められ，下位よりL，M，Uの三つの帯水層帯に区分できる（図2-12）．

帯水層帯Lの岩相は，北部では砂層主体で部分的に砂礫層を挟む．大阪市域では細粒な砂主体の砂・粘土互層，南部では粘土層主体になる．全体的に北部から南部に向かって細粒化する傾向が見られる．透水係数はオーダーとして北部で10^{-7}～10^{-8} m/sec．大阪市周辺では10^{-6} m/sec，南部では10^{-7} m/secである（図2-13）．帯水層帯Mの岩相は北部から南部に向かって細粒化する傾向が見られる．北部では砂礫層主体，大阪市周辺では砂礫・粘土互層主体，南部では礫層をほとんど挟まなくなり細粒な砂・粘土層主体である．透水係数は大阪市周辺では

第 2 章　大阪平野の水

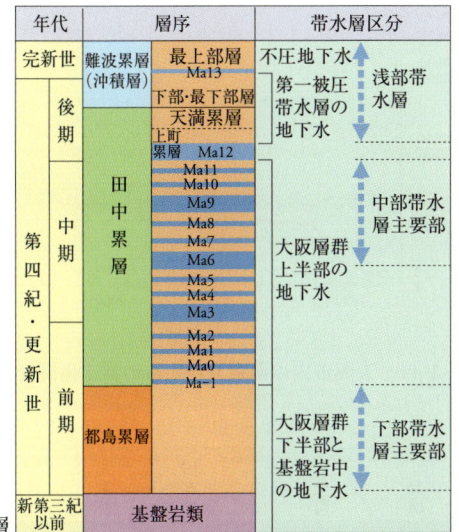

年代			層序		帯水層区分	
完新世			難波累層(沖積層)	最上部層 Ma13	不圧地下水	浅部帯水層
				下部・最下部層	第一被圧帯水層の地下水	
第四紀・更新世	後期		天満累層	上町累層 Ma12		
	中期		田中累層	Ma11 Ma10 Ma9 Ma8 Ma7 Ma6 Ma5 Ma4 Ma3	大阪層群上半部の地下水	中部帯水層主要部
	前期			Ma2 Ma1 Ma0 Ma-1		
			都島累層		大阪層群下半部と基盤岩中の地下水	下部帯水層主要部
新第三紀以前			基盤岩類			

■ Ma 海成粘土層
■ 砂礫層と淡水成粘土層

図 2-9　大阪平野地下の地下水の帯水層区分

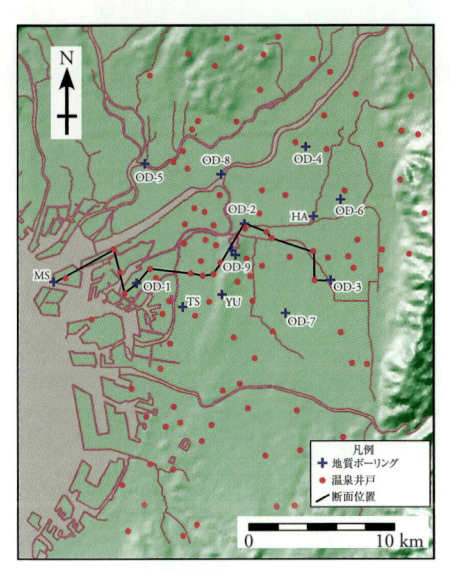

図 2-10　大阪市域の温泉井戸の分布[33]

87

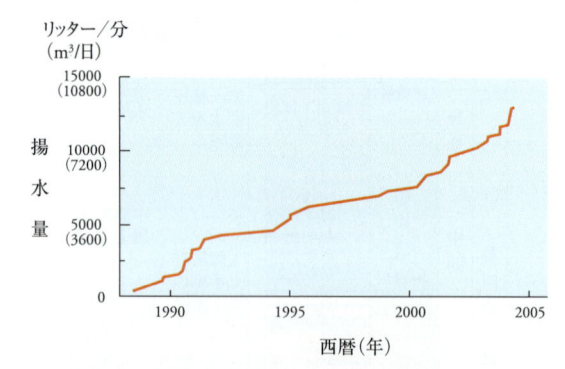

図 2-11　大阪市内の温泉井戸からの推定揚湯量[33]

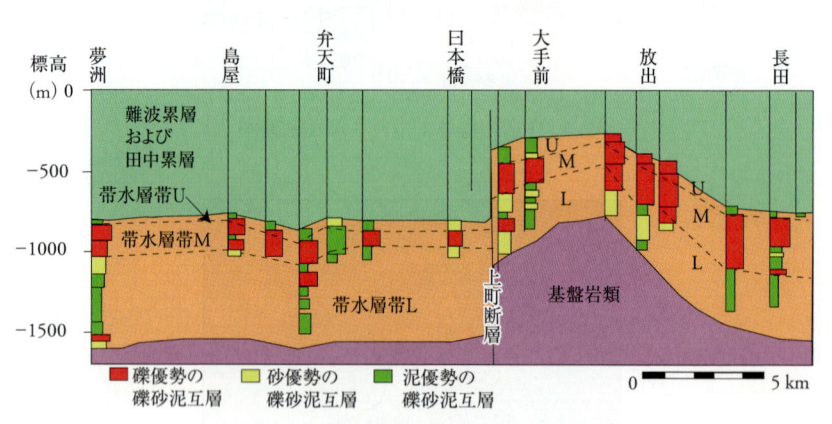

図 2-12　大阪層郡都島累層の帯水層区分[33]

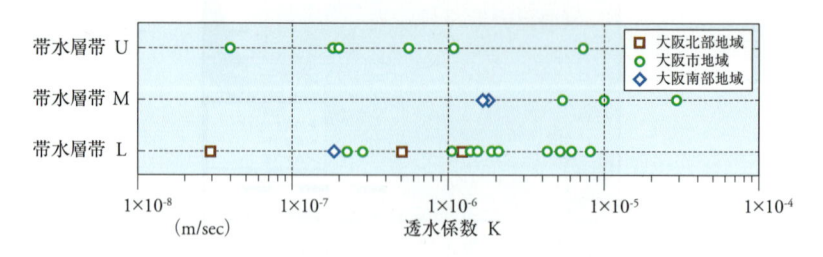

図 2-13　大阪平野の地下水帯水層の透水係数[4]

10^{-6} m/sec オーダー，大阪市東北部では部分的に 10^{-5} m/sec オーダーと高い値を示すことがある．北部のデータがないが，北部は砂礫層主体であるため，透水係数はさらに高いと考えられる．南部では 10^{-6} m/sec オーダーだが，大阪市周辺に比べると低い値をとる．帯水層帯 U の岩相は全体的に北部から南部に向かって細粒化する傾向が見られる北部の千里・茨木市地域では粗粒な砂層主体，大阪市周辺地域では細粒な砂層と粘土層の互層主体，大阪市東北部では基盤岩の隆起の影響を受けて部分的に砂層主体，南部の堺市周辺ではシルト・粘土主体になる．大阪市周辺における透水係数は 10^{-7}〜10^{-8} m/sec である．透水係数は大阪市内のデータしかないが，北部は粗粒な砂層主体の岩相であることから，大阪市周辺に比べると高いと推定される．また，南部はシルト・粘土層主体の岩相であることから大阪市周辺に比べると低いであろう．

　中部帯水層は平野中央部でおおむね 100〜500 m の深度にあるが，地下水のデータは 300 m 程度までしか得られない．ここでは，三次元地質構造モデルにより作成した地表面からの深度 100 m と 200 m の地層分布を用いて帯水層の深度を検討した．主に千里・枚方・泉南—泉北の丘陵部はこの深度では，Ma3 層より下位の層準であり，主に Ma-1 より下位の都島累層に相当する陸成砂礫層から構成される帯水層から取水している．一方，平野中心部の低地では，深度 100 m では Ma12〜Ma9 層準の帯水層から，泉州沿岸地域では主に Ma9 から Ma6 層準の帯水層から取水している．深度 200 m では大阪平野の低地部で Ma9〜Ma6 層準，泉州沿岸部で Ma6〜Ma3 層準に対象の帯水層がある．

　水基本調査（地下水調査）のデータを用いて，中部帯水層の特性を検討してみよう．このデータは，国土交通省水資源局国土調査課が全国の井戸を対象に，井戸施設規模，地下水位等と地盤地質情報を収集したものである[8]．大阪府下では大半の井戸の深度は，100〜200 m であり，用途によって大きな違いは見られない．井戸情報を収集したのは 1950 年〜1980 年の 30 年間であり，そのうち 1960〜1970 年の 10 年間の情報が約 7 割を占める．したがって，水位などいくつかの情報は現在の地下水の状態を正確に反映していない可能性はあるが，透水性のような帯水層の持つ本来の特性を理解するのには有用であろう．

　揚水量，自然水位，揚水時水位から比湧出量を算出し，透水性について検討した（図 2-14）．北部では南部に比べて相対的に比湧出量が大きく，特に淀川右岸の高槻から摂津にかけての地域で帯状に比湧出量が大きな地域がある．また，猪名川やその西の武庫川沿いの盆地北縁部にも小規模ではあるが大きな比湧出量を

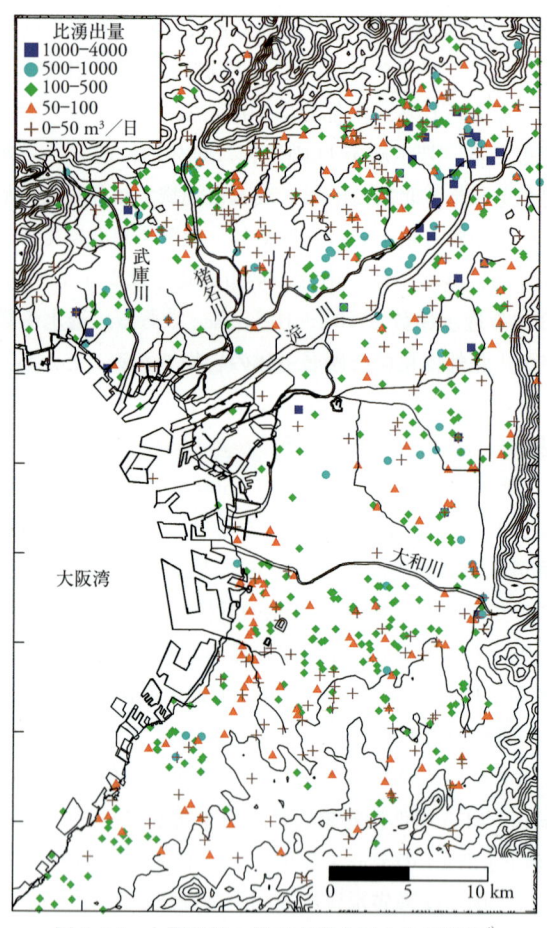

図 2-14　大阪平野の地下水帯水層の比湧出量[4]

示す地域がある[9]．大阪北部では千里丘陵が比較的比湧出量が小さい．一方，大阪南部は沿岸部で比較的比湧出量が大きく，丘陵から山麓部へ向かって比湧出量が小さくなる傾向がある．

　丘陵部では，台地・低地部に比べて比湧出量が小さい．特に都島累層（砂礫層と側方連続の悪い泥層）は，上位の地層に比べて透水性がそれほどよくない．前述の高槻〜摂津にかけての淀川右岸地域は比湧出量が大きく 1000 m^3/日を上回る．この地域の帯水層は，盆地内に流入する最も大きな河川である淀川から運搬された比較的粗粒な堆積物から構成されているために，透水性が大きくなっているの

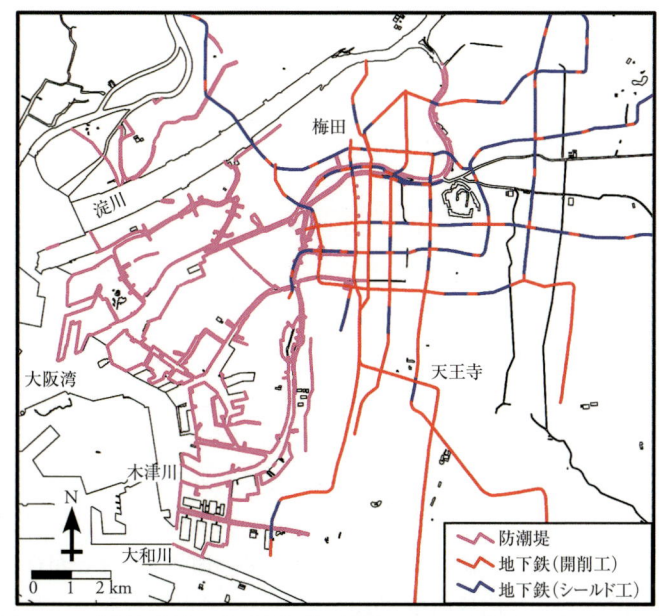

図 2-15　大阪市内域の地下水流動の障壁によって区切られたブロック[11]

であろう．以前は東大阪地域（河内低地）に流入していた大和川（第 2 章 2 節参照）は淀川に比べて粗粒な土砂の供給が少ないと見られ，比湧出量は周辺部ほど大きくない．

　浅部帯水層は主として不圧帯水層と第一被圧帯水層であり，平野部ではおおむね 100 m 深までに分布する．沖積層下位の天満層あるいは相当層が被圧第一帯水層としてかつて最も揚水が盛んに行われた．天満層は，従来低位段丘相当層とされてきた．しかし，淀川沿いに分布する砂礫層の一部は ^{14}C 年代値などから沖積層最下部と見られる．この沖積層最下部に相当する礫層は，旧淀川河谷に沿って谷を埋めるように分布している[7]．その透水性は，10^0 m/sec 前後と高い．この砂礫層に沿って塩水化が顕著に生じてもいる[10]．

　平野部の沖積層上部砂層は不圧帯水層として位置付けられる．この帯水層は，地震時液状化強度の脆弱性の観点から，適正な地下水位低下が望まれるが，透水性などの水理情報は乏しい．砂層の粒度特性からは，西大阪地域では，淀川流路にそって比較的粗粒堆積物があり，透水性は高く，平野南部に向かって透水性が低くなる傾向が認められる[11]．また，防潮堤の鋼矢板や地下鉄の地中連続壁などの構造物で側方への流動が遮断されており，大阪市市街地から沿岸部にかけて，

500 ha 程度以下のブロックに区分される（図 2-15）．

2 淀川・大和川の水質

地下水の水質について述べる前に，大阪平野の最上位にある水のリザーバである河川について述べよう．地下水の性質を理解する上で，表流水の性質を明らかにしておくことは意味のあることである．

大阪府には淀川と大和川の二つの一級河川があり，大阪平野を流下し，大阪湾にそそいでいる（図 2-16）．琵琶湖南湖より流出した瀬田川は京都府で宇治川と名前を変え，山崎で京都府を流下した桂川，奈良県を流下した木津川と合流し（三川合流），ここより下流で淀川となり，主として大阪平野を流下する（図 2-17）．その途中で大小併せて 7 本の支流と合流しながら大阪府北部を南西に流れ，大阪湾に注ぎ込む．明治時代以降に流路の調整のための開削工事などが行われてきたが，幹川流路 75.1 km，流域面積 8528 km^2 の一級河川である．一方，大和川は初瀬川に名をかえ奈良県桜井市・天理市・奈良市の境界付近に源流がある．奈良盆地では佐保川，曽我川，竜田川等と合流し，大阪平野では石川，西除川と合流し大阪湾に注ぎ込む，延長 68 km，流域面積 1070 km^2 の一級河川である（図 2-17）．江戸時代の初期までは大和川は金剛葛城山系から流れてきた石川と合流して上町台地の北側で淀川と合流していた．その流路は低地帯であったことから洪水が頻繁に起こっていた．その対策として 1703 年に江戸幕府が大和川の付け替えを命じ，石川の合流点から大阪湾までの流路が 1704 年に完成した．その結果，大和川と淀川を分離することができたため，河川の氾濫が治まり淀川の水量が安定するようになったと言われている．

(1) 淀川，大和川の水質の経年変化

淀川と大和川の水質が最初に問題となったのは 1800 年代の中頃に流行した水系伝染病である．特に大阪におけるコレラは明治時代に入ってからも頻繁に流行した[12]．明治時代の終わりには淀川を水源とした上水道がはじめて整備され，水系伝染病は減少していった．大正時代初期には工場排水等により水質が汚染され始めた．1950 年からの BOD の経年変化を見ると，高度成長期と言われた 1950

図 2-16 淀川と大和川水系全体図
赤丸は下水処理場の位置.

年初頭から 1960 年代にかけて急激に増加している．この時代には水俣病，イタイイタイ病に代表される公害が社会問題として注目された．淀川や大和川に限らず，日本の都市河川の水質は 1950 年代後半から始まる高度経済成長期に工業発展と人口集中に伴う工業・生活排水量の急増によりその水質を著しく悪化させた．その結果，1970 年には水質汚濁防止法が制定され，水質が改善されるようになった．ここでは生物分解性の有機物（BOD）と富栄養化の指標であるチッ素とリン（全チッ素と全リン）の濃度変化から淀川，大和川の水質の変化を見ていこう[13]．

図 2-18 に 1976 年（昭和 51 年度），1999 年（平成 11 年度），2009 年（平成 20 年度），の淀川水系，大和川水系の BOD，全チッ素，全リンの年平均値の変化を示した．1976 年の大和川水系の BOD は高い値を示しており，特に西除川は 41.8 mg/L を示していた．その後は減少傾向を示し，2009 年には 8.4 mg/L にまで減少した．また淀川水系の天野川，寝屋川，安威川の BOD は 1976 年には比較的高い値（11.4〜14.5 mg/L）を示していた．これら BOD が高い値を示した地点は人口が密集する市街地に位置しており，その中には下水処理水の影響を強く受ける地点も含ま

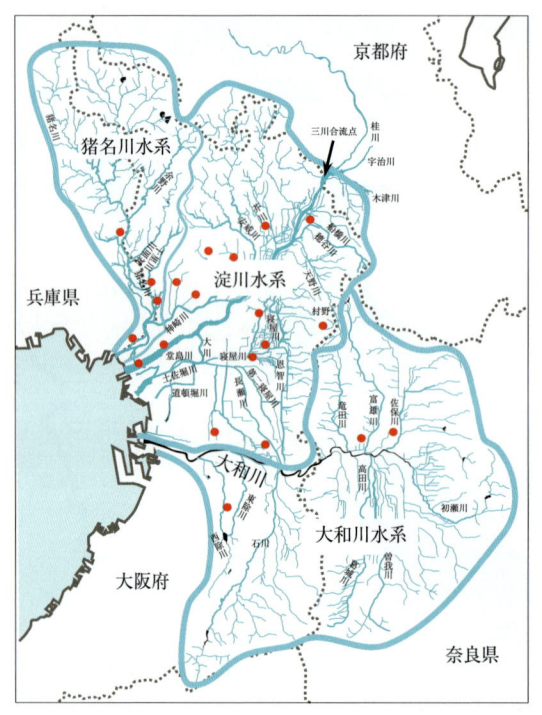

図 2-17　三川合流点より下流の淀川・猪名川・大和川の水系図
　　　　赤丸は下水処理場の位置を示す.

れていた．その後はそれぞれの地点で減少する傾向を示し，2009 年には 1.7〜3.2 mg/L となった．その他の採水点においても BOD は減少する傾向を示し，BOD に代表される有機物量が減少傾向にあることを示している．全チッ素については 1976 年の大和川水系西除川は極端に高い値（18.2 mg/L）を示していたが，1999 年には約 2 分の 1（9.9 mg/L）にまで減少する．しかし，その後 2009 年にかけては横ばい状態が続いている．淀川水系の寝屋川では 1976 年から 1999 年にかけて横ばい状態（7.3〜7.9 mg/L）であったが，2009 年には減少（5.1 mg/L）している．淀川水系の神崎川・安威川と大和川では年々減少する傾向を示した．全リンについては，1976 年の淀川水系の天野川，寝屋川，神崎川，安威川と大和川水系の西除川で比較的高い値（1.30〜1.83 mg/L）を示した．その後は徐々に減少し，2009 年ではほとんどの採水点おいてさらに減少する傾向（0.09〜0.55 mg/L）を示した．

第 2 章　大阪平野の水

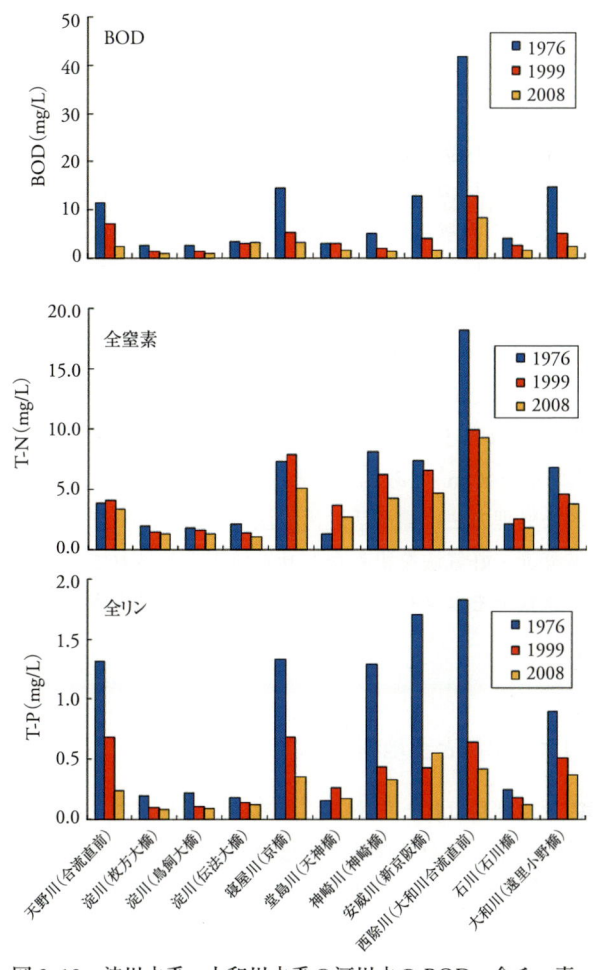

図 2-18　淀川水系，大和川水系の河川水の BOD，全チッ素，全リンの年平均値の変化[13]

(2)　淀川と大和川の下水処理水

　近年の河川水の水質が向上した大きな要因の一つは下水道の整備である．大阪の下水道は江戸時代に大阪城に向かう東西路に"太閤下水"と呼ばれる下水溝が掘られたことに始まっている．明治時代になるとコレラなどの伝染病が流行したことを契機に，1884 年に近代的な下水工事が行われた[12]．大正時代は，工業発展に伴う人口増加の結果として下水量が増加し，さらには水質の悪化が顕著と

なったため，その対策として下水の処理および浄化実験がはじめて行われた．1940年には津守，海老江の下水処理場が完成した．1955年には下水処理場は10か所に増え，1982年には全下水処理場の高級化が達成された．現在，淀川水系流域の下水処理施設は琵琶湖流域に8か所，宇治川流域に5か所，木津川流域に15か所，桂川流域に12か所，淀川流域に25か所，猪名川流域に3か所ある（図2-16，17）．また大和川流域には5か所ある．2006年末の近畿地方の下水道普及率は，大阪府90％（大阪市99％），京都府88％，奈良県70％，滋賀県82％，兵庫県90％である[14]．また淀川下流流域の下水処理施設を全て足し合わせた処理面積の合計は約70,200ヘクタール，処理人口は約600万人，1日当たりの処理能力は約4,520,000 m^3 である[15]．大和川上流流域の下水処理施設を全て足し合わせた処理面積の合計は約33,200ヘクタール，処理人口は約190万人，1日当たりの処理能力は744,540 m^3 である．ほとんどの処理場では高度処理を行っており，最も一般的な処理方法は標準活性汚泥法であるが，一部では砂濾過，オゾン処理，嫌気・無酸素・好気法を組み合わせた処理も施されている．下水処理場では処理前と後の水質をモニタリングしており，排水基準を満たした処理水が放流されている[16]．

（3）　淀川河川水の水質と土地利用

河川の流域の土地利用は様々である．上流には森林があり，下流には農地，住宅街，工場地帯がある．また，森林地区は自然底のところが多いため，河川水の水質は地質の影響を受けるが，農地周辺からは肥料の影響，住宅地では家庭からの生活排水の影響を受けることが予想される．その結果，主要化学成分は周辺環境の特徴を表すと考えられる．例えば流域岩体の化学的風化作用の影響を受けた上流部の森林地帯でカルシウム（Ca^{2+}）や炭酸水素イオン（HCO_3^-）が高くなり，生活排水の影響を受ける下流の都市部や海水の流入する河口域ではナトリウム（Na^+），塩化物（Cl^-）イオン濃度が高くなる．ここでは，主要化学成分の分析結果から琵琶湖・淀川水系および大和川水系の河川水をタイプ別に分類した．

陸水の研究においては主要化学成分の濃度を図形化して表す方法が用いられてきた．その一つの方法に"トリリニアダイアグラム"がある．図2-19にトリリニアダイアグラムを示したが，この方法では主要溶存化学成分である陽イオン（ナトリウム＋カリウム，カルシウム，マグネシウム）の当量値と陰イオン（炭酸水

第 2 章　大阪平野の水

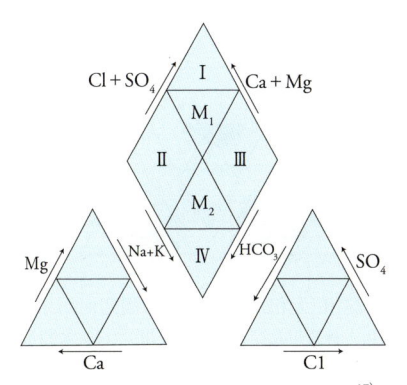

図 2-19　トリリニアダイアグラム[17)]
Ⅰ：アルカリ土類非炭酸塩型；Ⅱ：アルカリ土類炭酸塩型；
Ⅲ：アルカリ非炭酸塩型；Ⅳ：アルカリ炭酸塩型；M：中間領域型

素≒アルカリ度，塩化物 SO_4 の当量値）の当量値をそれぞれ百分率として左右の三角座標に示し，さらに，その結果を中央のひし形ダイアグラムにも投影することによって水質組成を表現する[17)]．図中のⅠの領域にプロットされる水は熱水や化石水を起源とする"アルカリ土類非炭酸塩型"，Ⅱは浅層地下水起源の"アルカリ土類炭酸塩型"，Ⅲは海水起源の"アルカリ非炭酸塩型"，そしてⅣは深層の停滞的地下水を起源とする"アルカリ炭酸塩型"に分類される．図 2-20 に 2008 年度の淀川・神崎川周辺河川と琵琶湖周辺河川，2004 年の大和川の河川水の水質をトリリニアダイアグラムとして示した．淀川・神崎川周辺河川の水で最も多く分類されたのはアルカリ土類炭酸塩型 (Ⅱ) で，その次に多く見られたのはアルカリ非炭酸塩型 (Ⅲ) である．琵琶湖流入河川の水のほとんどがアルカリ土類炭酸塩型 (Ⅱ) に分類された．また，大和川水系の河川水で最も多く分類されたのはアルカリ土類炭酸塩型 (Ⅱ)，次に中間領域型，そしてアルカリ非炭酸塩型 (Ⅲ) の順であった．

図 2-21 に琵琶湖・淀川水系の各試料採取点のタイプ別分類結果を示した．アルカリ非炭酸塩型 (Ⅲ) に分類されたのは，淀川河口付近，神崎川河口，堂島川，寝屋川，猪名川のうち，河口に近い採取点や大阪市内の試料採取点である．河口付近は汽水域であり，大阪湾海水の流入による影響が強い．次節で述べるが，大阪市の河川水や浅層地下水は上町台地より西側の海抜 0 m 地帯では海水の遡上による影響が見られる．しかし，上町台地より東側の低地には海水は遡上しない．この東側低地を流れる大阪市内の寝屋川のナトリウムや塩化物イオンは海水

97

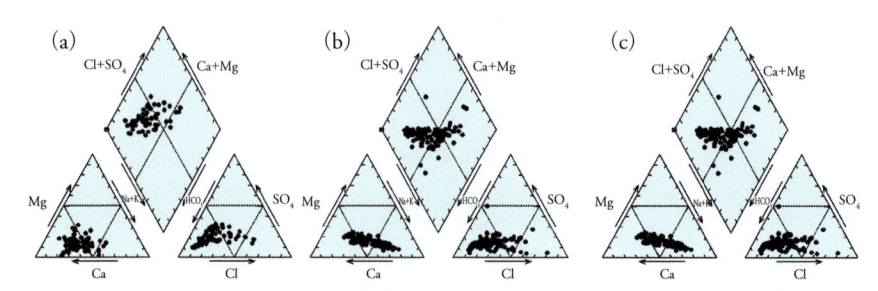

図 2-20 琵琶湖流入河川水, 淀川, 大和川およびその周辺河川水のトリリニアダイアグラム
(a)：琵琶湖流入河川, (b)：淀川・神崎川及びその周辺河川, (c)：大和川およびその周辺河川

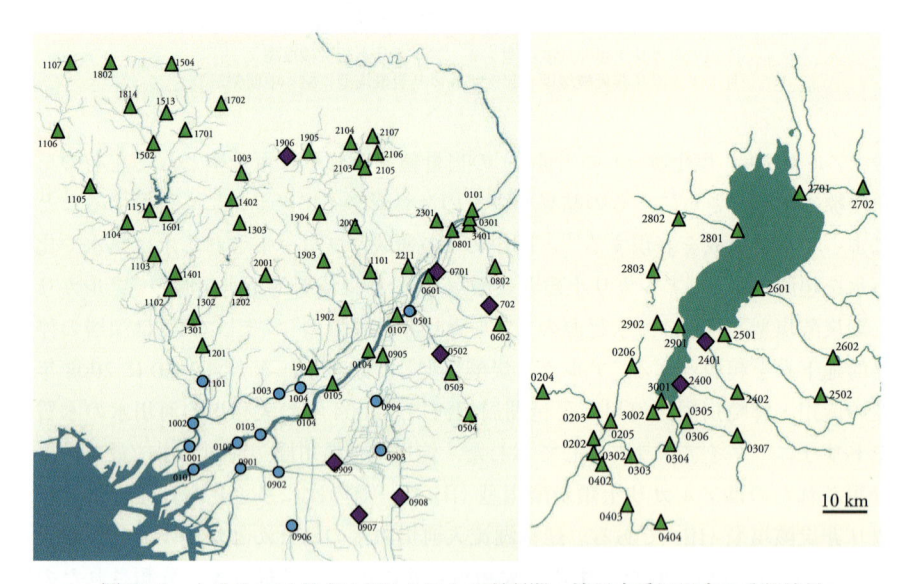

図 2-21 トリリニアダイアグラムによる琵琶湖・淀川水系河川水の分類結果
■：I アルカリ土類炭酸塩型（化石水・温泉），▲：II アルカリ土類炭酸塩型（浅層地下水），●：III アルカリ非炭酸塩型（海水・温泉），▽：IV アルカリ炭酸塩型（深層地下水），◆：V 中間領域型．

以外の起源に由来すると考えられる．その起源として最も可能性が高いのは生活排水である．つまり，調味料としての，食塩に由来しているものである．ナトリウムや塩化物は，単に海水起源の指標物質となるだけでなく，市街地では生活排水の指標とも考えることができる．一方，最も多くの河川水はアルカリ土類炭酸塩型（II）に分類された．このタイプに分類された河川水は上流の山岳部や森林地帯を流下しているものに多い．大阪北部の低山岳地帯（猪名川，余野川，大路次

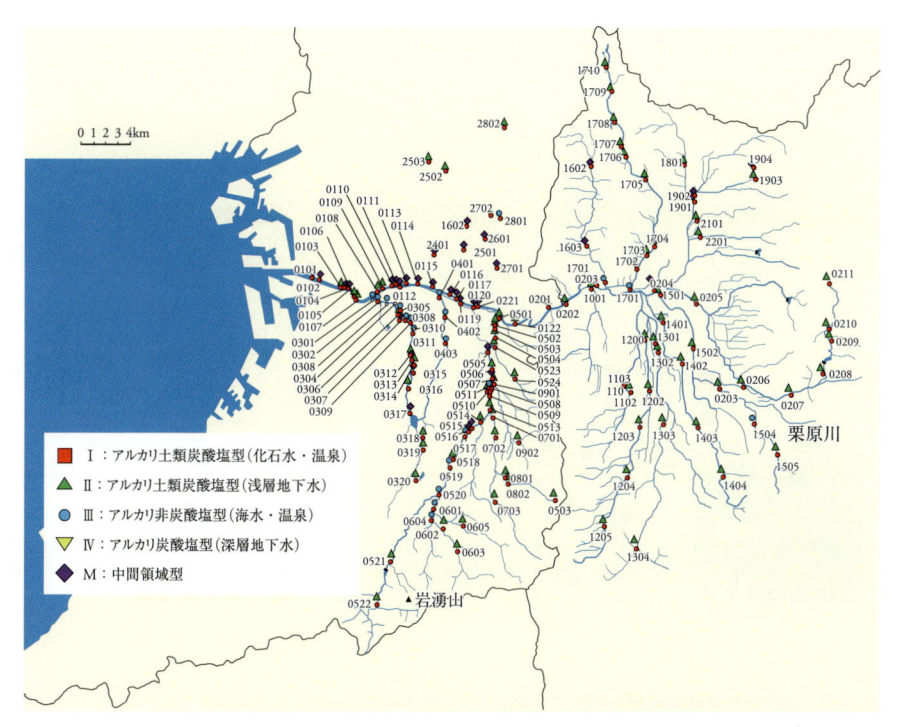

図 2-22　トリリニアダイアグラムによる大和川水系の河川水の分類結果[21]
■：Ⅰアルカリ土類炭酸塩型（化石水・温泉），▲：Ⅱアルカリ土類炭酸塩型（浅層地下水），●：Ⅲアルカリ非炭酸塩型（海水・温泉），▽：Ⅳアルカリ炭酸塩型（深層地下水），◆：Ⅴ中間領域型．赤丸は試料採取地点．

川，山辺川，芥川流域）には中・古生代の堆積岩（砂岩～頁岩が多い）と花コウ岩質岩が分布する．また，北東部の天野川や穂谷川の上流には花コウ岩が分布する．これらの河川の底質はほとんどが自然底であり，河川水の多くは河床から地下水を集めている．そのため，流域の地質体からの岩石成分を反映しているのであろう．淀川本流，桂川，木津川，天野川，船橋川，寝屋川，神崎川そして安威川の上流では，河川水の大部分はアルカリ土類炭酸塩型（Ⅱ）である．しかし，河川水は下流に向かって人口密集域の市街地を流下するため，ナトリウムや塩化物を含む生活排水が付加される．このように，自然起源成分に人為起源成分が加わった結果，中間領域型の水質を持つものが多くなる．

　図 2-22 に大和川水系の河川水の分類結果を示した．大和川水系の河川水は上流では山間部の森林地帯を流れており，河床も自然底であることから，その地質

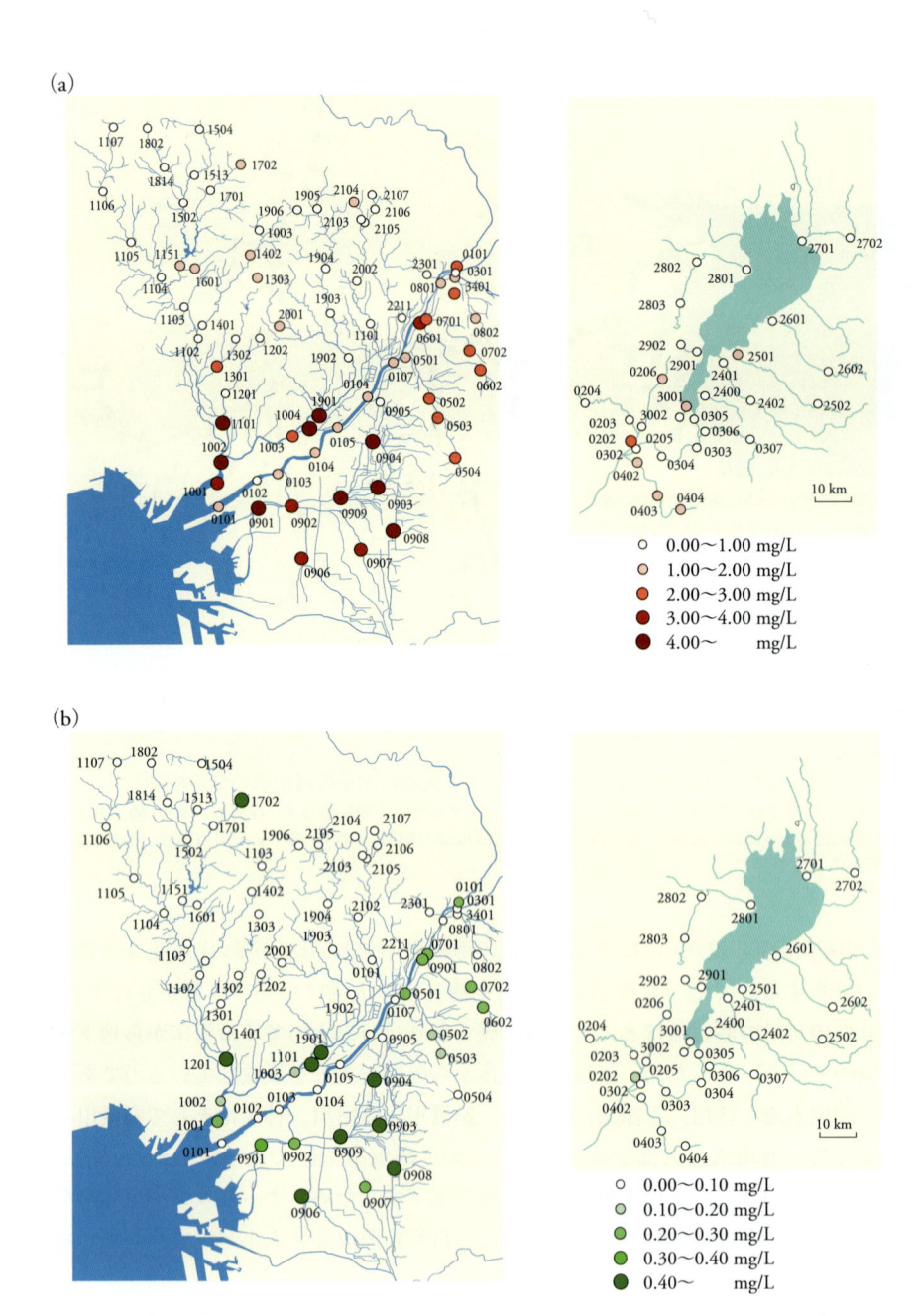

図 2-23　淀川水系の河川水中の全チッ素・全リン・溶存ケイ酸の濃度分布[34]
(a) 全チッ素, (b) 全リン

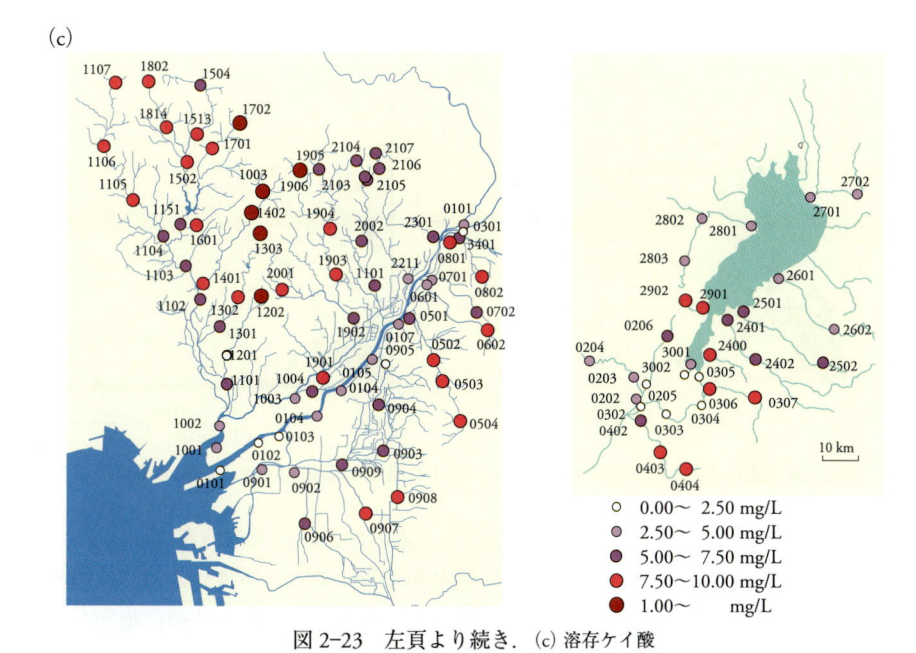

図 2-23　左頁より続き．(c) 溶存ケイ酸

を構成する花コウ岩の化学的風化作用の影響を反映している．石川の上流，東除川，西除川の河川水はアルカリ非炭酸塩型（III）に分類された．これは淀川の場合と同様に生活排水の影響を強く受けている河川と考えることができる．石川や東除川と合流した後の大和川は中間領域型に分類された．これも，淀川と同様に，自然起源の成分に人為起源の成分が加わった結果であろう．

　チッ素やリンは炭素とともに水棲微生物の細胞を構成する元素であり，水中では水棲微生物の栄養素となる．またケイ酸は植物プランクトンの殻を作る元素である．そのためチッ素，リンそしてケイ酸は栄養塩と呼ばれているが，これらの元素が多量に環境に放出されると，富栄養化状態となり，その結果，赤潮に代表される植物プランクトンの異常増殖が起こる．

　図 2-23 に 2008 年 11 月の淀川水系の全チッ素・全リン・溶存ケイ酸の濃度分布を示した．図 2-23 a) に示されるように，淀川本流より南に位置する河川では，堂島川，寝屋川，平野川，第二寝屋川，恩智川，穂谷川，淀川本流より北に位置する河川では，神崎川，安威川，猪名川で全チッ素は比較的高い濃度を示した．淀川水系で全チッ素が高濃度を示した試料採取点の河川水の多くは，アルカリ非炭酸塩型（III）に分類される．淀川本流の汽水河口域では全チッ素はそれほど高

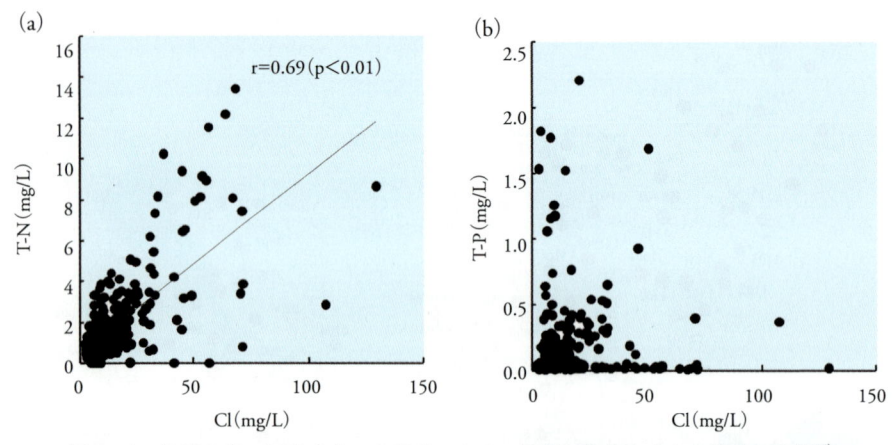

図 2-24　淀川水系の河川水中の全窒素，全リン濃度と塩化物イオン濃度の関係[34]

い濃度を示さなかったことから，市街地のチッ素の供給源は大阪湾海水ではなく，主に生活排水に由来するものであった．猪名川では上流から下流にかけて比較的濃度が低い（0.24〜0.74 mg/L）．しかし，最下流の地点では濃度が急激に増加した（6.12 mg/L）．この採水点の上流には下水処理水場がある．下水処理場では排水基準（チッ素含有量 120 mg/L 以下，日平均 60 mg/L 以下）をクリアした処理水が猪名川に放流されているが，この処理場からは 1 日当たり 300,000 トンが放流可能である．渇水期には放流水量に比べて河川水量が少ないため，下水処理水の影響が顕著に表れたのであろう．

　全チッ素が生活排水を起源とするならば，同様に生活排水起源と考えられるナトリウムや塩化物イオンとよく似た傾向を示すことが予想される．そこで，2008年度に調査した河川水の塩化物イオンと全チッ素の濃度の相関関係を調べた．ここでは，海水の流入による影響を除外するため，河川水の分類の際アルカリ非炭酸塩型（III）に分類された試料は除外し，アルカリ土類炭酸塩型（II）および中間領域型（M）に分類された試料のデータのみを用いた．その結果を図 2-24 a）に示す．塩化物イオン濃度と全チッ素濃度の間には有意な正の相関関係（r＝0.69，p＜0.01）が認められ，河口域を除き，淀川のチッ素は生活排水に由来する可能性が高いことがわかる．

　図 2-23 b）に 2008 年 11 月の全リンの濃度分布を示した．淀川本流より南に位置する堂島川，寝屋川，平野川，恩智川や，淀川本流より北に位置する神崎川や安威川で濃度が高い．全リンは全チッ素とよく似た分布傾向を示すことから，全

チッ素と同様に全リンも生活排水からの寄与が大きいと推定される．また猪名川の下流において急激な濃度増加が認められたが，これも全チッ素と同様に下水処理水の影響が顕著に表れたものであろう（排水基準：リン含有量 16 mg/L 以下，日間平均 8 mg/L 以下）．山岳部の田尻川では全リンのみが高濃度を示した．この河川の周辺には水田があり，肥料として施布されたものの一部が流出したと考えられる．この河川を除けば，源流に近い大阪府北部の森林地帯や琵琶湖流入河川中では，全リン濃度は比較的低濃度である．

全チッ素と同様に全リンについてもアルカリ土類炭酸塩型（II）および中間領域型（M）に分類された試料のデータのみを用いて全リン濃度と塩化物イオン濃度との相関関係を調べた．図 2-24b に示されるように，全リンは全チッ素とは異なり，有意な相関関係を示さなかった（r＝0.05，p＝0.30）．淀川水系のリンは生活排水のみならず，水田，畑に散布される肥料等によっても供給されるためであろう．

図 2-23c に 2008 年 11 月の河川水中のケイ酸の濃度分布を示した．ケイ酸は森林地帯や山岳部で高濃度を示す．箕面川（1303），栢川（1906）の河床は砂岩，余野川（1402，1403）は頁岩である．ケイ素はこれらの岩石中の鉱物の溶解により河川に供給される．また同じ河川では上流の方が高い値を示しているが，これは下流の流れが緩い場所ではケイ藻などにより溶存ケイ酸が消費され減少するためである．

(4) 重金属類の分布および農薬の影響

ヒ素や重金属類は人間に対して急性または慢性毒性を示す元素である．そのため，ヒ素（As），カドミウム（Cd），鉛（Pb）の排水基準は 0.1 mg/L，クロム（VI）（Cr^{VI}）の排水基準は 0.5 mg/L とそれぞれ定められている．1 章で説明したように，1989 年以降，都道府県知事は水質汚濁防止法に基づき地下水の水質汚濁状況把握のため水質調査を実施している[18]．その結果から重金属等で超過件数が多かったのは，ヒ素，フッ素，鉛，総水銀，六価クロムなどである．ここでは 2009 年 8 月に採取された淀川水系の河川水試料のヒ素・カドミウム・クロム・鉛の分析結果を紹介しよう．

図 2-25 に淀川・猪名川水系のヒ素・カドミウム・鉛・クロムの濃度分布を示した．ヒ素はほとんどの採水点で 2.0 μg/L 以下だったが，千里川においてのみ

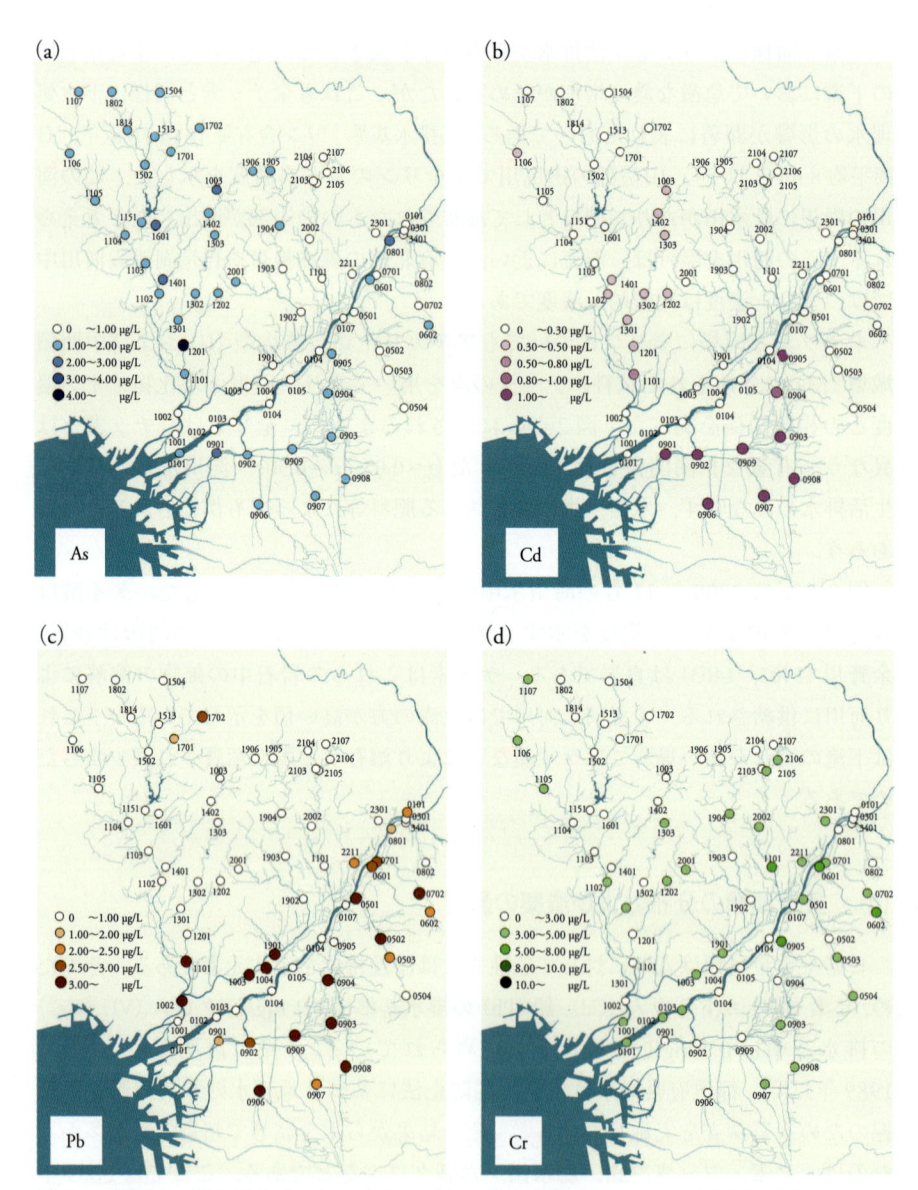

図 2-25 淀川・猪名川水系の河川水中の (a) ヒ素，(b) カドミウム，(c) 鉛，(d) クロムの濃度の地理的分布[34]

6.0 μg/L, と基準値以下ではあるが高い値が見られた．周辺では濃度が低いので，この地点だけ偶発的に高かったのであろう．猪名川の上流にヒ素が検出される地点が多い．このヒ素は古生代の泥質岩の化学的風化作用によりもたらされていると推定される[19]．低濃度ではあるが，人為的な影響がない条件下で地質体が河川水に有害元素を流出させている例と言える．カドミウムは堂島川，寝屋川，平野川，第二寝屋川，恩智川など，淀川本流より南に位置する大阪市内の市街地域で比較的高い値を示した．このような分布傾向は先に示した全チッ素や全リンとよく似ており，これら地域のカドミウムの起源は主に生活排水によるものだと判断される．最も高い値を示したのは寝屋川で 1.35 μg/L であった．この濃度は排水基準（10 μg/L）を下回っているので，今のところは問題とならないが，このまま蓄積される可能性もあるため，継続的な分析が必要である．鉛はどの試料採取点においても排水基準は下回っているが，淀川本流の南に位置する寝屋川，恩智川，天野川下流，船橋川，淀川本流より北に位置する，神崎川や猪名川下流域では比較的高い濃度を示す．これらは住宅密集域であり，鉛の起源は主に生活排水によるものと考えられる．クロムは三価と六価の合計量を分析したため，イオン価は不明である．クロムは全ての試料採取点で 8.0 μg/L 以下であり，あまり特徴のある分布傾向は示さなかった．しかし，北摂山地では安威川など大阪府域の東側に検出地点が多い．原因物質は不明であるが，ヒ素同様に地質体に由来する可能性が高い．

　新たな微量有害物質としてゴルフ場等に散布される殺虫剤，殺菌剤，除草剤の影響が懸念されている．淀川水系5か所の浄水場（豊野，村野，香里，庭窪，三島）の取水口で採取した河川水試料について 10 種類の殺虫剤，18 種類の殺菌剤，17 種類の除草剤の分析が行われている．2007 年度の調査結果[13]では，2種類の農薬を除いて全て検出された．その濃度は指針値以下であり，現在までのところ問題となってはいないが，注視し続ける必要がある．

3　大阪平野の地下水の水質

　ここでは，水質の面から大阪平野の地下水を見ていこう．その結果に基づいて，大阪平野の地下水盆の様子を理解しよう．

図 2–26　交野市内の掘り抜き井戸

庭や菜園の散水（a, c），洗濯などの雑用水（b）などに用いられている．（d）では井戸の中の礫岩層に帯水しているようすが見える．光っているのが水面．

(1) 涵養域の地下水

　北河内地区では，家庭用の雑用水や貸し農園等で，掘り抜き井戸がよく用いられている（図 2–26）．ここでは，枚方市，交野市，四条畷市で行った地下水調査

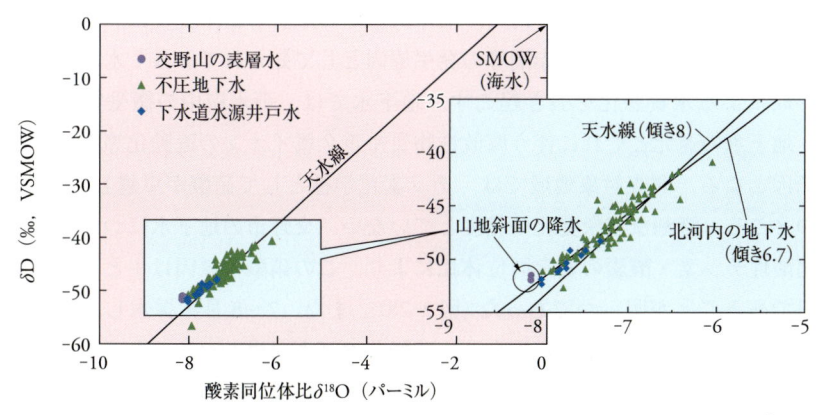

図 2-27　北河内地域 3 市の地下水の酸素と水素の安定同位体比の関係[35, 36, 37]

の結果を用いて，地下水涵養源となる周辺山地山麓の丘陵地の地下水の流れを考えたい．

　井戸を所有する民家は，古くから続く集落にあることが比較的多い．そのため，交野市内で特徴的に見られるように，周辺より少しだけ標高の高い場所に井戸が掘られていることが多い．山麓に広がるこのような微高地は，おおむね更新統の地層からなっている．井戸の掘削深度は 10 m 程度までで，水位は 1～2 m 程度である．酸素と水素の安定同位体比から，これらの水は周辺の降水を起源とすることは明らかである（図 2-27）．また，同時期に採水された場合や近隣の井戸であっても，同位体比のばらつきが大きいことから，相互の井戸の間での地下水の流動はほとんどない，すなわち側方流動性の小さい帯水層であることがわかる．言わば，降った雨が溜まる水溜まりのようなものだと考えられる．したがって，水質は井戸周辺の土地利用に大きな影響を受ける．一般的には，山の斜面や山麓に位置する井戸から得られた地下水は，溶存成分が低く，清浄であると言える．水質はカルシウム—炭酸水素型（前項のアルカリ土類炭酸塩型（II型）に対応する）であり，流動性の高い地下水の性質を保持している．地下水中の微生物検査を行っていないため，生物汚染の程度がどの程度であるかは明らかでないが，無機成分に関しては比較的水質のよい地下水が多いと言える．一方で，住宅密集地を中心に，わずかではあるが，地下水の富栄養化が進んでいることに注意を払っておく必要はあろう．

　地下水の富栄養化とは，主として，チッ素・リン等の栄養塩となる無機成分に

富む水の形成である．湖沼や河川，沿岸海域等の水質の富栄養化は，植物プランクトンを増殖させアオコや赤潮等の発生原因として知られており，水域の還元環境形成による水質悪化を引き起こす．地下水では，帯水層中の微生物活動により，地下水の還元とそれに伴う腐敗性物質や重金属イオンの流動化等を引き起こす原因となる．調査対象地域では，チッ素化学種として硝酸が卓越しているが，今のところ，深刻な富栄養化は発生していない．交野市の地下水について分析した硝酸性チッ素・酸素の安定同位体比により，この硝酸の原因は主として，有機肥料であることが明らかであった（図2-28）．また，7〜8月に採水した枚方市を中心に，溶存成分が高くなる場合に，硫酸とマグネシウムが多くなる水質の傾向が顕著である．イオウの安定同位体比を分析していないため，イオウの起源については明言できない．しかし，これも肥料に由来する可能性が高い．なぜなら，マグネシウムは，家庭排水に多い食塩（塩化ナトリウム）とは相関を持たず，硫酸イオンと比較的よい正の相関を持つからである．葉物野菜を育てる場合に，易溶性のにがり（硫酸マグネシウム）を肥料として与えることがある．その影響が地下水に表れていると推定される．畑地と住宅地が混在する地域では，最上位の地下水水質は，畑地からの影響を強く受ける傾向があるらしい．淀川水系は，北摂山地を流れる支流や水量の豊富な本流では，水質は比較的良好である．その中では例外的に交野市と枚方市を流れる天の川・槙尾川・藤野川はBODが高く，栄養塩類の濃度も比較的高濃度である．しかし，2市の下水道普及率は70％を上回っており[20]，生活排水のみが汚染源とは言えない．地下水だけでなく，表流水にも畑地からの涵養の影響が現れていると推定される．

　大和川の水質調査では，硝酸性チッ素，硫酸イオン，リン酸イオン等の富栄養化物質は周辺が畑地である地点で特に高濃度であった[21]．平野の表層や比較的浅い地下の水域では，採水地点の近傍の土地利用が水質に影響を与えていると一般的に言える．地下水が主に涵養され得る地表部分は，一般に植生被覆地や裸地である．府域では，郊外のそのような場所は畑地が多く占めていることが，地下水水質に肥料の影響が大きく表れる原因だと言える．

　交野市は水道水源の一部に自家水源として深度200〜300m程度の地下水を用いている．これらの地下水は比較的一定の酸素・水素同位体比を持っており，この深度の帯水層では，年間を通じて涵養された水が比較的よく混合されている．また，その値は，生駒山地の斜面で降った水よりも少し小さい．つまり，山地ではなく山麓の降水が涵養源であることを示している．取水深度には大阪層群の上

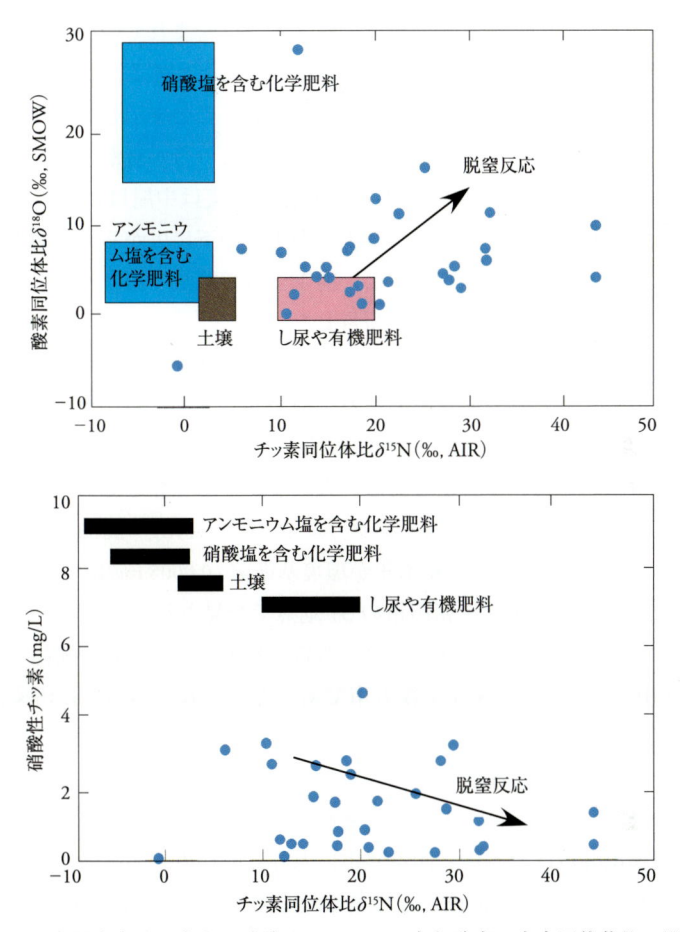

図 2-28 交野市内地下水中の硝酸イオンのチッ素と酸素の安定同位体比の関係[35]
有機肥料の脱窒反応により，チッ素と酸素の同位体比が大きくなり，チッ素濃度が減少することがわかる．

半部の地層が分布している．後述するように，この地層は，生駒断層の活動に伴う盆地沈降に併せて堆積しており，山側から盆地側へと傾斜している．そのため，山麓に露出するこの地層の上に降った雨水が取水深度まで流動しているのであろう．このことは，大阪平野の地下に伏在する同様の堆積層を帯水層とする地下水の涵養域の広がりを考える上で重要な事実である．つまり，大阪層群の上半部の地層（田中累層）中の帯水層の涵養源は，上町台地も含めた台地や丘陵地で更新統の地層が露出している地域である．さらに，水道水源井戸が山麓から離れ

て市街地に向かうにつれて，この深度の地下水には含まれていないはずの硫酸イオン濃度が高くなり，硝酸性チッ素が検出されることもある．このことは，帯水層中に鉛直に近い方向の地下水浸透が起こっていることを示しており，表層水の漏水が疑われる．これらのことは，府域全体で，この帯水層からの地下水利用制限を考える上で重要な観察事実である．同様な事実は中屋ほか[22]で指摘されている．彼らは，丘陵地で涵養された地下水が平野の下に広がる大阪層群上半部の地層からなる帯水層中に存在すること，府下全域で硫酸・硝酸イオンを含んだ地下水がこの帯水層に見られることを報告した．

　図2-29に北河内地区の3市で行った水銀汚染井戸調査の結果を示す．水銀は標準状態で液体である唯一の金属である．揮発性があるため，地熱地帯や活断層等の地下深部からの物質供給が行われる場所で，しばしば検出される．そのため，断層探査に用いられることもある．大阪府が中心となってデータのとりまとめを行っている地下水質の定期モニタリングでは，1989〜2008年までの間に，延べ4513地点で分析を行い，総水銀が環境基準値（0.0005 mg/L）を超える井戸が高槻市，枚方市，交野市，岸和田市の31地点で発見された．また，2006〜2008年度にかけて行われた災害時協力井戸の水質分析の結果，水銀が検出された井戸が1383件中36件あり，18件が枚方市であった．これらの中には汚染源が明らかに人為起源であるものもあったが，枚方市も含めた北河内地区では，汚染源となる水銀を発生させる事業所や廃棄物の投棄等の記録はなく，自然由来である可能性が疑われた．そのため，地下水と断層周辺の土壌ガス調査を行った[36]．その結果，水銀検出井戸は枚方市と四条畷市にあり，断層直上かその西側に集中していることがわかる．総水銀濃度は環境基準値を超えることはほとんどない．また，総水銀と無機水銀の濃度がほぼ一致することから，ほとんどが無機水銀であると判断された．次に土壌ガス中の水銀蒸気を集め，濃度分析を行った．その結果，水銀が検出された地点は，地下水と同様に断層直上かその西側が大部分であった．本調査地域の断層は活断層である生駒断層の延長部にある．活動度はあまり高くはないが，四条畷市で行われたトレンチ調査で1200〜1600年前に動いたことが確認されている[23]．また，交野市内での温泉開発のためのボーリング調査で，生駒山地を形成する花コウ岩が断層により大阪層群下部層に乗り上げる一方で，断層の活動とほぼ同時に堆積していた大阪層群上部層が花コウ岩の上に撓曲構造をなしていることが確認されている[24]．この調査によって得られた断層のモデル断面に，水銀の上昇経路を加筆した（図2-30）．水銀は，地下深部から断層を通っ

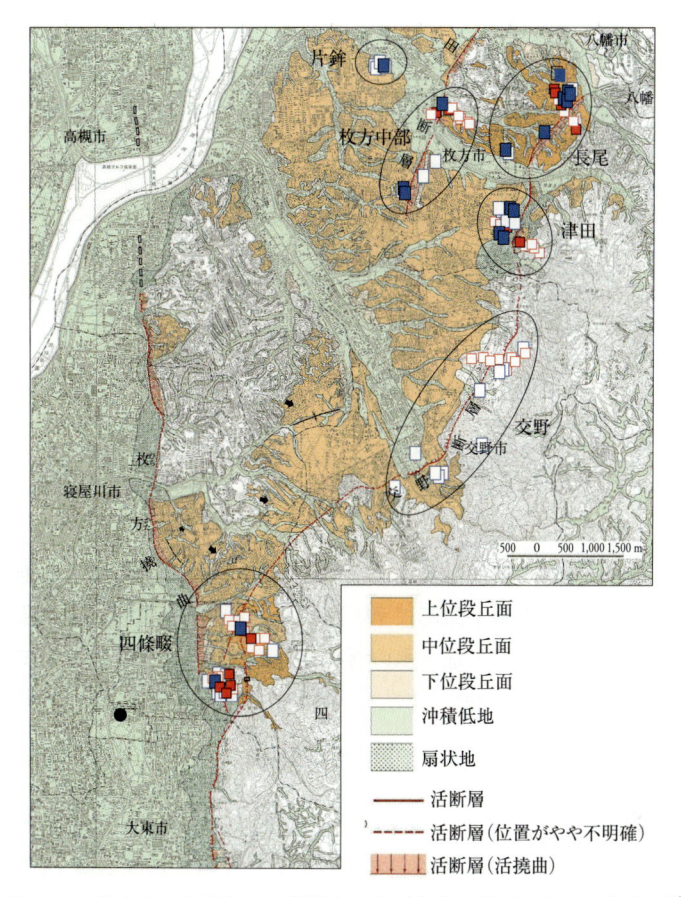

図 2-29　枚方市・交野市・四條畷市の井戸水と土壌ガス中の水銀分布[37]
地質図は中田ほか[38]から引用した．
青四角は地下水，赤四角は土壌ガスの採取地点を示し．ぬりつぶしたものは水銀検出試料である．

て上昇する．しかし，地表に近い大阪層群上部層の下部では，堆積基底面である花コウ岩と上部層の境界ではなく，上部層中に断層を延長した方向に上昇し，不圧地下水の帯水層で捕獲されたと推定される．

　地下水と土壌中水銀の分布は，地下深部からの物質が活断層（つまり，地下の新しい割れ目）を通って上昇することを示している．また，そのことは，同時に，活断層が深部地下水の涵養経路となり得ることも示している．大阪平野の北端は有馬─高槻構造線で北摂山地と接しており，東は生駒断層系で生駒山地と接して

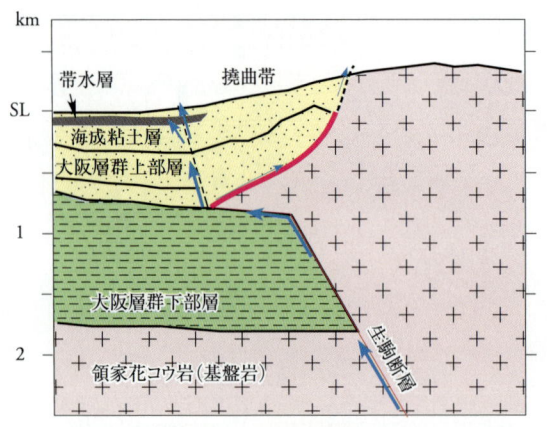

図2-30 北河内地区地下水中の水銀の地下深部からの上昇モデル[37]
青い矢印が水銀の上昇経路を示す.

いる．南の泉北丘陵から葛城山系にかけてはきわだった境界線となる断層は発達していない．このような地下深部に至る断層系や地層の連続性は，大阪平野の中央部に位置する堆積盆深部の地下水の涵養源と流動を考える上で重要であろう．

(2) 大阪平野中央部の300 m より浅い地下水

大阪平野中央部では，上町台地を除く低地部における不圧地下水と掘削深度300 m までの被圧地下水の水質はおおむねナトリウム—炭酸水素（重曹）（前項のアルカリ炭酸塩型（Ⅵ型）に対応する）に富むものである．水質の点から大阪平野の中央部の地下水は流動性に乏しいといえる．

河内平野には，化石海水があることが以前から知られていた．それは，東大阪市，門真市，守口市から高槻市にかけて分布していた．たとえば，東大阪市では，掘削深度350 m までの井戸で塩化物イオンの最高濃度が800 mg/L を超す高塩濃度地下水が知られていた[25]．これは，Ma6 層までの地層に対応する．河内平野は7000 年前に縄文海進が海退に向かうまで，内湾であった．したがって，この時期の海水が取り残されているのであろう．最近の研究[22]では，塩水の分布の南端は守口市付近にあり，塩濃度も薄くなっている．このことは，化石塩水が徐々に希釈されながら南から北に向かって流出しつつあることを推定させる．さらに北側の高槻市で最も塩濃度の高い地下水が見られる．これはこの地域の地

下が地質構造状の凹地になっているため，あるいは，地下水の揚水量が多いために古い地下水が流動して集まってきているためであろう．

　沿岸部で地下水を過剰に利用すると，海水侵入による塩水化が発生する．塩水化現象は 1950 年以降，全国で顕在化した．大阪市内の西部臨海地区では 1950 年から 10 年以内で 80〜150 m の深度の井戸で塩化物イオン濃度が 200 から 1,130 mg/L へ，あるいは 1,500 から 4,300 mg/L へと 3〜4 倍の増加を示した記録がある[26]．塩水化は浅い帯水層から進行したため，浅い帯水層ほど塩水くさびが内陸に侵入している．塩水くさびの形状がその後どのように変化しているかは興味のある問題である．

　図 2-31 に，最近，大阪市内を中心として行った水質分析の結果を示す．上町台地とそのごく近傍にある 20 m より浅い地下水は塩濃度の低いカルシウム―炭酸水素型の水質を持ち，流動性の高い地下水であることがわかる．都市域にある地下水は汚れていると思いがちであるが，涵養域である上町台地の水は比較的きれいである．また，上町台地より西側の低地では，深度 100 m より浅い井戸で，海抜 0 m 地帯を中心として海水が浸入している．図 2-32 には，大阪府域で得られた地下水の酸素と水素の同位体比を示した．このうち，300 m までの深度のものが，大阪市域とその周辺の平野の地下水である．西大阪平野での涵養源となる降水の推定値は，上町台地で得られた地下水の値に相当すると推定される．これらは，水素同位体比が −48〜−42‰，酸素同位体比が −7.4〜−6.5‰ である．また，淀川河川水は遡上する海水の混入率により同位体比が異なるが，海水の影響を無視できるものについては，それぞれ −48〜−42‰，−7.2〜−6.6‰ で，上述の値とほぼ同じである．したがって，西大阪平野の 100 m より浅い地下水の淡水の涵養源は周辺で降った雨であるといえる．50 m 以浅の 2 地点の地下水（図 2-32 の右にずれた三角の 2 点）は海水の影響によると考えられる高い同位体比を示すが，それを除けばほぼ全ての試料の値が日本における天水線 $\delta D = 8\delta^{18}O + 10$ に近い位置にプロットされている．しかし，丁寧に見ると，傾きは 5 に近い．したがって，これらの起源となる降水は大阪平野をその一部として包含する大阪堆積盆地内での蒸発による動的同位体効果による影響を受けて，同位体比が変動している．温泉水として用いられている 500 m 以深の地下水の大部分も同様な同位体比を示すことは，温泉水の涵養源を考える上で重要であろう．この点は後述する．

　図 2-31 に示した大阪市内の地下水は，2 地点を除き，VOC（揮発性有機炭素）

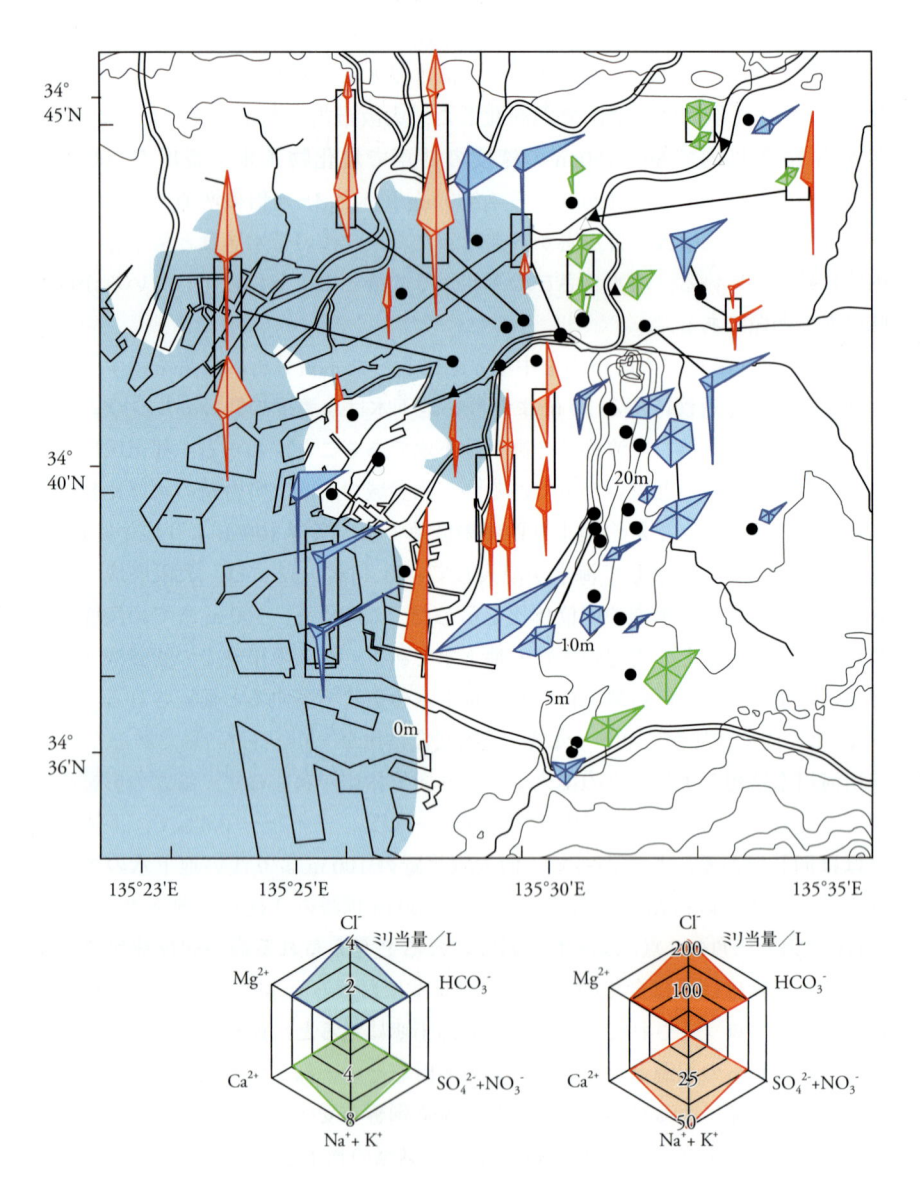

図 2-31　大阪市内の 300 m より浅い地下水の主成分化学組成をローズダイヤグラムで示す[39, 40)]

地図上の青くぬりつぶした部分は海域と海抜 0 m 地帯である．西大阪平野の 100 m より浅い地下水の多くが海水浸入により塩化ナトリウム型の水質を示す．

第 2 章　大阪平野の水

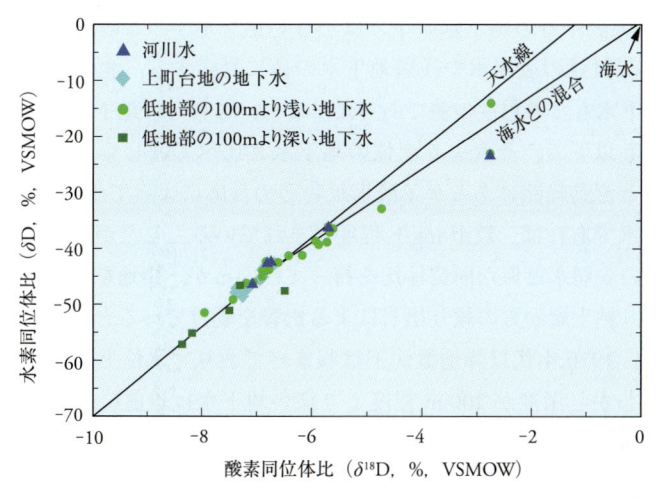

図 2-32　大阪市内地下水の酸素と水素の安定同位体比の関係[39, 40]

を全く含まないことから，涵養された時期は 20 年よりは若いと推定される．また，水素・酸素の安定同位体比の性質も海水の混入を裏付けている．したがって，高度成長期の塩水化の影響が残っているのではなく，沿岸では大阪湾から，内陸では河川に沿って遡上する海水が浸入していると推定される．また，塩水化の程度は，同一地点では 50-80 m 深度で，それ以浅よりも大きくなっている．

中屋ほか[22]が府域のおおむね深度 300 m より浅い地下水について行った研究では，トリチウムを用いた年代測定に基づき，不圧帯水層と最上位の被圧帯水層は 30 年以前より新しい雨水により涵養されていることを示した．この研究では大阪市域でのデータが少ないため，海水による涵養に気付くことはできなかった．不圧地下水と最上位の被圧地下水は上町台地とそれより東側の丘陵部や低地では，周辺の降水あるいは河川水を涵養源とし，上町台地より西側低地ではそれに海水が加わると言える．また，どちらも涵養が始まったのは地下水取水があまり行われなくなった 1980 年代以降である．つまり，20～30 年程度でこの深度の地下水の水位は，建設構造物への揚圧力が心配されるまで回復した．また，彼らの研究では平野部において 50～200 m までの帯水層は，平野周辺部の丘陵地や山麓の降水で涵養されている．低山地の降水は 300 m の深度の帯水層を涵養していた．大阪湾の沿岸地域にある掘削深度が 357 と 192 m の井戸水が，海水の影響が全くないナトリウム—炭酸水素型の水質を持ち，酸素同位体比が−8.1 と

−8.3‰と西大阪平野の地下水の中では小さい値を示す．この同位体比は府下では標高 400 m 付近の表層水や浅層地下水の値に対応する．北河内地区の低山地の山麓の地下水もこの程度の値であった．また，これらの地下水は溶存ケイ酸濃度が 10 mg/L 以下で，それより上位の地下水と比べて著しく低い．溶存ケイ酸は，地下水と流動経路にあるケイ酸塩鉱物との反応によって生じる成分であり，通常の地下水であれば，数十 mg/L 程度含まれている．したがって，この地下水は周辺山地の表層水と似た同位体比を持ってはいるが，山地を涵養源としているのではなく，粘土層からの絞り出しによる影響を受けていると推定される．西大阪平野では，1970 年代以降地盤沈下は収まっており，水位上昇が見られる井戸さえある．しかし深度が 200 m 程度より深い地下水は以前に絞り出された地下水が残っているか，今も絞り出しが続いている可能性があり，継続監視する必要がある．

(3) VOC から見た地下水の流れ

VOC は水圏にあると長時間安定な物質である．多種類の化合物が産業利用されてきたが，発がん性等の有害性が認識され，1988 年に土壌地下水汚染防止法により排出が規制され，1989 年に施行された．ここでは，VOC の中で，比較的よく利用されていたテトラクロロエチレンとその副生成物を例に挙げて，地下水中の汚染物質の残存状況と地下水の流動の様子を検討したい．

図 2-33 にテトラクロロエチレンの分解過程を示す．テトラクロロエチレンは生物化学作用により分解されてトリクロロエチレンに変わる．トリクロロエチレンはそれ自身がテトラクロロエチレンと同様に洗浄剤として用いられていた．これらの物質は，1989 年から公には環境中に廃棄されなくなった．それと同時に，地下水概況調査（環境項目に関する水質分析）の対象となった．また，シス-1, 2-ジクロロエチレンは 1993 年から調査項目になった．大阪府内では，2007 年までに 3000 以上の井戸の分析が行われている．これらの成分を検出した井戸の分布を 2007 年まで追跡した結果を図 2-34 に示す．検出井戸は山間部も含めた府域全体に広がっているが，環境基準値を超えて検出される井戸の分布は，兵庫県境に近い池田市周辺，高槻市から枚方市にかけて，八尾市から橿原市にかけての大和川流域，大阪市内の上町台地周辺，泉佐野市や和泉市などの泉南の沿岸地域の 5 か所にあることがわかる．これらの地域には，排出規制される以前に大規模な汚染

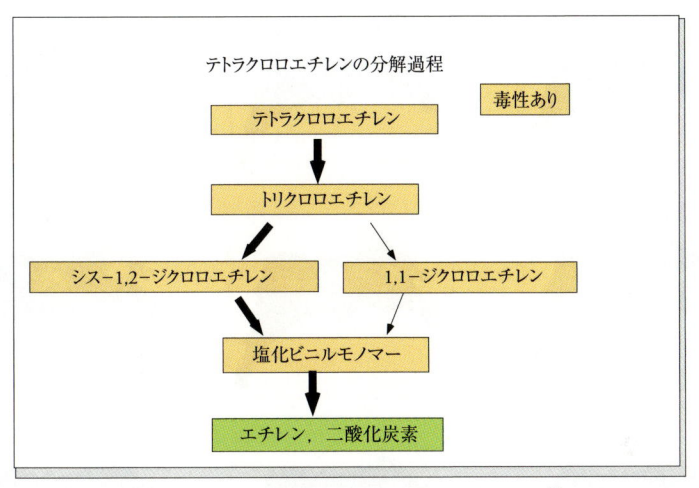

図2-33 テトラクロロエチレンの分解過程[41]

源があったと考えられる．副生成物である1,1-ジクロロエチレンとシス-1,2-ジクロロエチレンがテトラクロロエチレンやトリクロロエチレンとほぼ同じ地域で見られることは，これらの汚染物質が，汚染源から鉛直方向に帯水層中に移動し，側方へほとんど移動せずにとどまっていることを示している．図2-35に高槻市と枚方市周辺の汚染井戸の深度分布を示した．計測を開始した頃には，北側まで広く分布していた汚染井戸が時間経過とともに，南の淀川に近い場所に集中する傾向が見られる．このことは，鉛直方向に移動した汚染物質が帯水層中を側方に移動して取水を続けている狭い地域に集中したことを示している．高槻市では水道などの利用のために地下水を大量に揚水しているが，そのことが地下水流動を活発にし，涵養による清浄な表層水の浸透と汚染物質の揚水地域への集中をもたらしている可能性がある．

トリクロロエチレンとテトラクロロエチレンは，2000年頃までは，概況調査による調査地点が増加するにつれて環境基準値を超える井戸は増加するが，その後減少する．しかし，シス-1,2-ジクロロエチレンの環境基準値を超える井戸は年を経るごとに増加し，2006年でも減少の傾向が見えない．一方で，3種のVOCがどれも検出されなくなる地域がある．特に上町台地とその西側の大阪市内を中心とした平野中央部でその傾向が明瞭である．また，北摂丘陵と泉北丘陵〜葛城山系に至る大和川より南の丘陵地では，50〜100mの深度の井戸からだけVOCが検出されなくなる．これらの地域では，100mより浅い地下水は，帯水

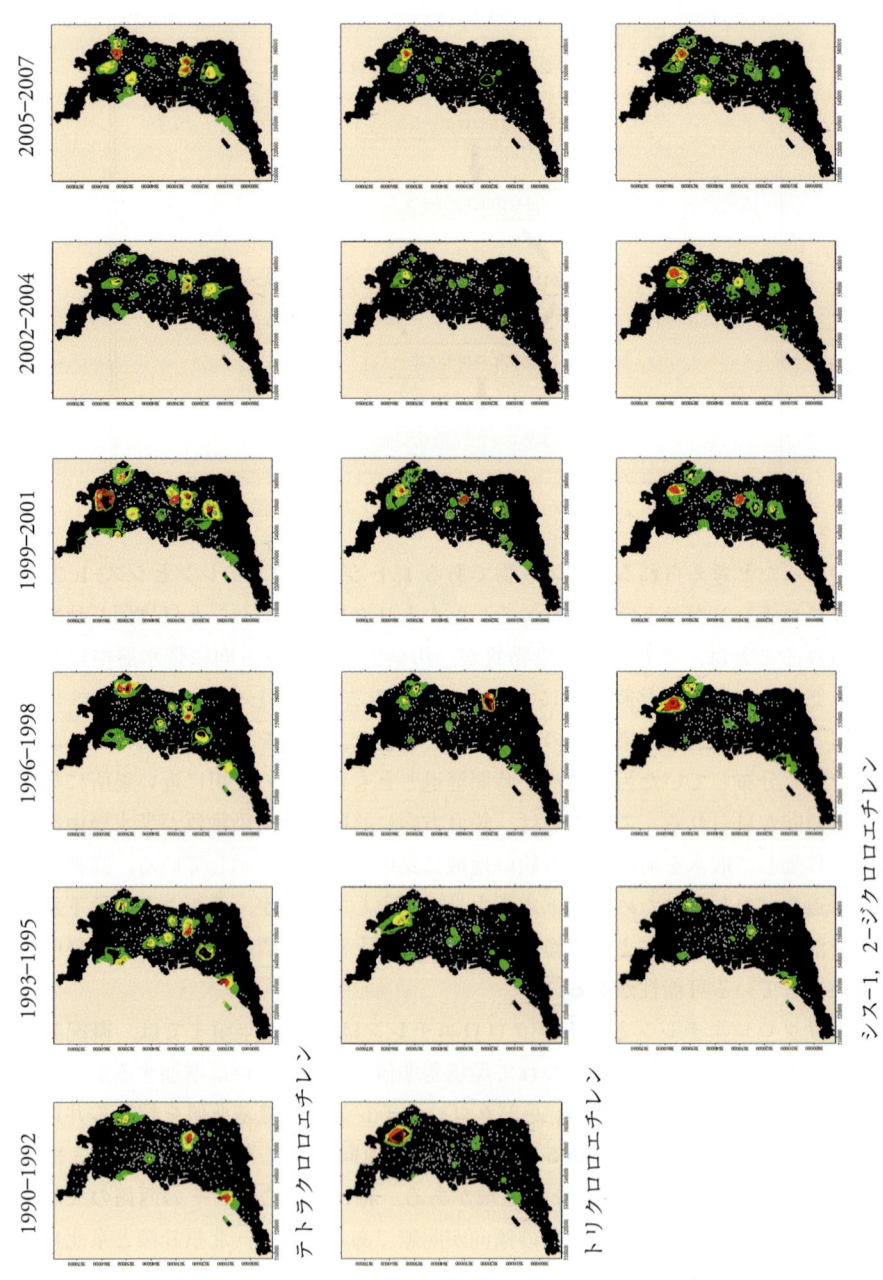

図 2-34　大阪府下地下水中の VOC の分布経年変化[40]
赤は環境基準値を超えて検出される井戸の出現地点を示す．黄，緑はそれ以下の井戸の出現地点である．

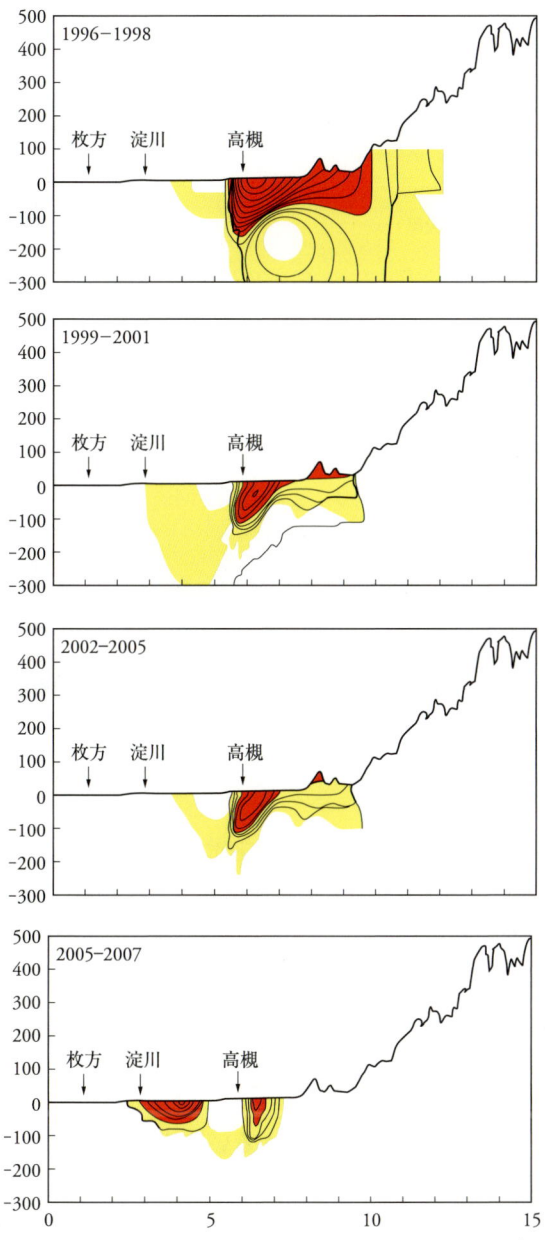

図 2-35　高槻市と枚方市周辺の VOC の分布断面図[40]
赤は環境基準値を超えて検出される地下水の広がりを示す．1996-1998 の断面に現われた円は計算上のエラーによるもので意味はない．

表 2-1 温泉の定義

1　温泉（源泉から採取されるときの温度）摂氏 25 度以上
2　物質（下記に掲げるもののうち，いずれかひとつ）

物質名	含有量（1 kg 中）
	mg 以上
溶存物質（ガス性のものを除く）	総量 1,000
遊離二酸化炭素（CO_2）（遊離炭酸）	250
リチウムイオン（Li^+）	1
ストロンチウムイオン（Sr^{2+}）	10
バリウムイオン（Ba^{2+}）	5
総鉄イオン（$Fe^{2+}+Fe^{3+}$）	10
マンガン（Ⅱ）イオン（Mn^{2+}）（第一マンガンイオン）	10
水素イオン（H^+）	1
臭化物イオン（Br^-）	5
ヨウ化物イオン（I^-）	1
フッ化物イオン（F^-）	2
ヒ酸水素イオン（$HASO_4^{2-}$）（ヒドロヒ酸イオン）	1.3
メタ亜ヒ酸（$HASO_2$）	1
総硫黄（S）{$HS^-+S_2O_3^{2-}+H_2S$ に対応するもの}	1
メタホウ酸（HBO_2）	5
メタケイ酸（H_2SiO_3）	50
炭酸水素ナトリウム（$NaHCO_3$）（重炭酸ソーダ）	340
ラドン（Rn）	$20*10^{-10}$Ci=74Bq 以上（5.5マッヘ単位以上）
ラジウム塩（Ra として）	$1*10^{-8}$mg 以上

層に沿って地下水が流動し，移流拡散によって汚染物質が除去されていると推定される．中屋ほかによるトリチウムの年代測定によっても，これらの帯水層の地下水の年齢は 30 年よりも若い．したがって，環境中への汚染物資の投棄が規制され始めて以降の降水の涵養によって地下水環境も浄化されていることがわかる．

(4) 温泉として用いられている地下水

　温泉とは水温が 25℃ 以上であるか，あるいは特定の溶存物質を温泉法で規定されている量以上に含んでいる地下水のことを言う（表 2-1）．図 2-36 に近畿地方において利用されている温泉の位置を示す．この図には，地名が同じものはひとまとめにプロットされているので，高密度に温泉が分布する地域での源泉の数は正確に示されていない．しかし，温泉の泉質と温度に地理的な偏りがあること

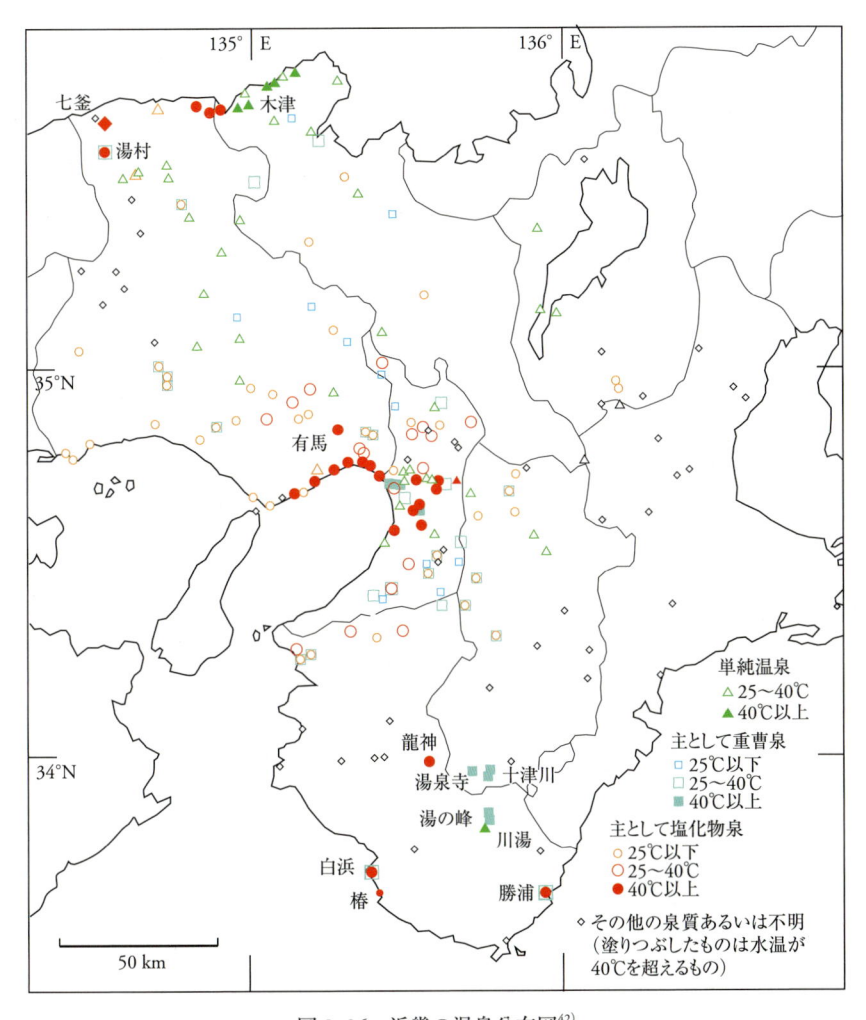

図 2-36 近畿の温泉分布図[42]

は明確に見える．近畿地方には活火山がないために，いわゆる火山性温泉は存在しない．したがって，高温の温泉はそれほど多くはない．高温泉が分布する地域は大きく3か所に分類できる．紀伊半島中央部の山間部から西南部の海岸線に沿った地域と日本海に面した地域では，湧出温度が70℃を超える高温の温泉が分布している．それらの多くが古くから観光の拠点や湯治場として知られていた．図から大阪湾周辺にも高温の温泉が分布していることがわかる．しかし古く

(a) 平面分布

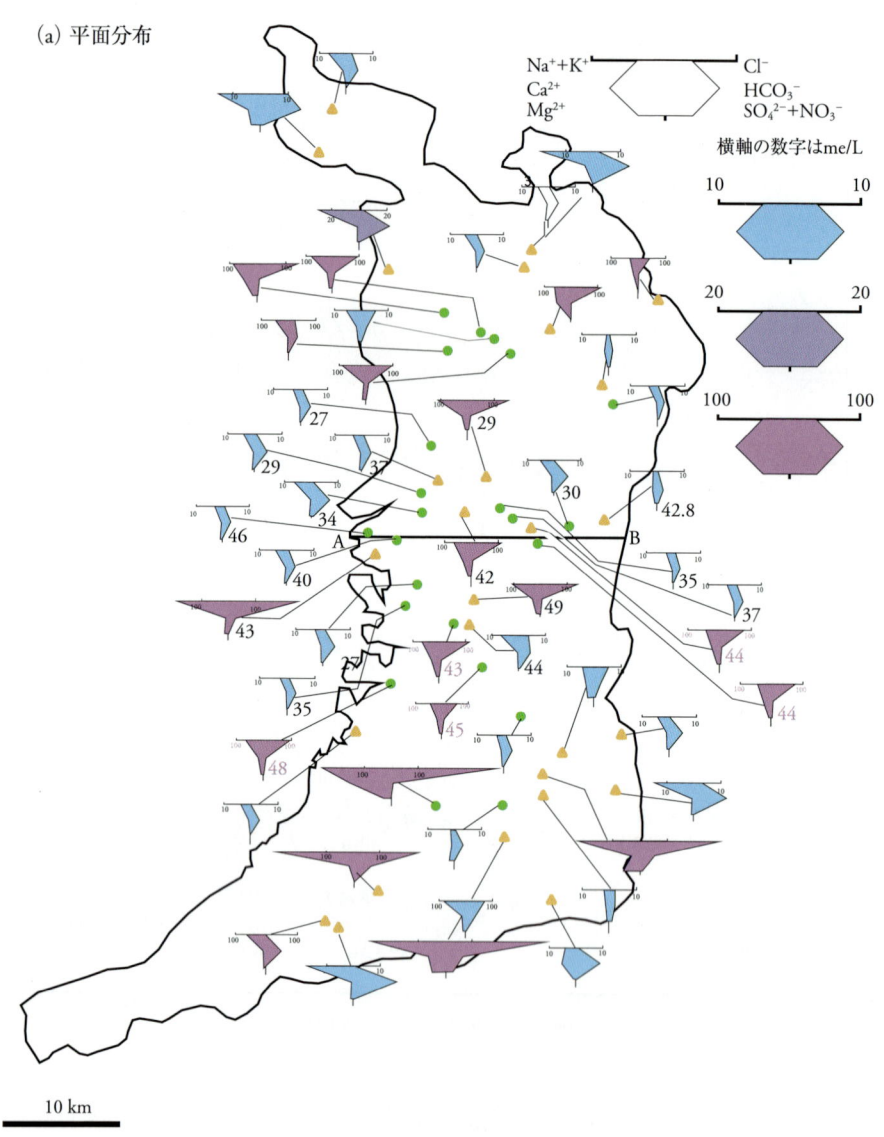

図 2-37 (a) 大阪府下の温泉の主成分化学組成[43)]
(a) 右下の数字は採取時の水温 (℃) ● は大阪層群堆積物中の帯水層から, ▲ は基盤岩中あるいは大阪層群最下部と基盤岩の両方から採水している。A-B は 23-7b の測線。

第 2 章　大阪平野の水

図 2-37 (b)　大阪府下の温泉の主成分化学組成[43]
(b) 縦線はストレーナーの設置深度の幅を表す．地質断面は図 3 の測線 A-B に沿ったもの．内山地，2001 による．

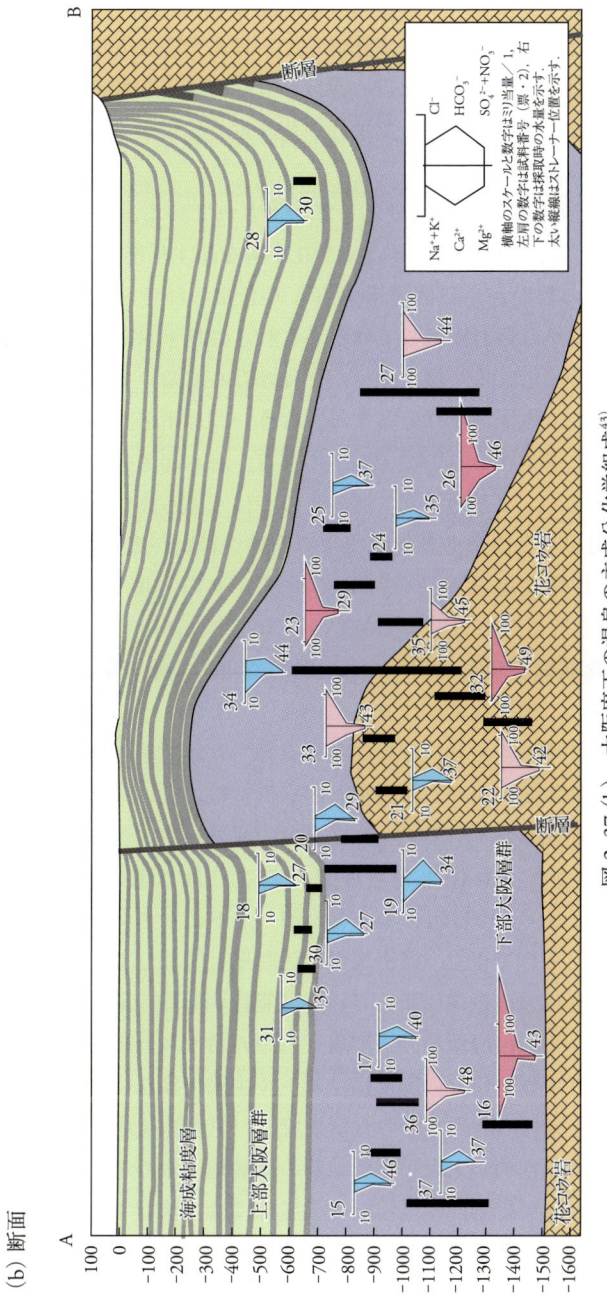

から高温泉が湧出していた有馬温泉を除いて，全てが深層ボーリングにより得られた温泉である．近年の温泉ブームに呼応して，日本全国で大深度掘削による温泉の開発が盛んになった．大阪湾周辺の温泉井もそのようなものが多い．掘削により，これまでに知られていなかった平野の基底近くに帯水する深層地下水の存在状況や水質が明らかになった．

図2-37（a）に大阪府内で温泉施設として利用されている地下水の水質調査の結果を示す．2010年4月現在で府下には140か所を超す程度の温泉施設がある．山間部では，岩石の裂かから自然湧出するものも知られているが，平野部では600mより深い深度から動力揚水している．これらの地下水は帯水層と水質から大きく次の三つに分類できる．塩化物泉が2種類存在する．一つは明らかに海水を起源とするもので，大阪湾岸に分布する．もう一つは下部大阪層群の最下部と基盤の花コウ岩中に帯水するもので（図2-37（b）），海水起源のものよりカルシウムに富んでいる．また，平野の深部にあるものでは水温も高い傾向がある．山間である河内長野市の石仏周辺や豊能町などの花コウ岩類が広く分布する地域に，二酸化炭素を含む強食塩泉が湧いている地域がある．塩化物イオン濃度は20,000 mg/Lを超えることがある．兵庫県の有馬温泉に湧出する「金泉」として知られる高温の含鉄強食塩泉は明らかに200℃以上の高温で岩石と反応しており，ガスには大量の二酸化炭素が含まれている[27]．このような含鉄炭酸食塩泉は有馬型塩水と名付けられており，有馬高槻構造線，六甲断層，山崎断層などの北摂山地から中国山地東部にかかる断層帯と中央構造線に近い基盤岩が露出する地域に点在することが知られている[28]．有馬温泉の温泉水中に含まれる希ガスの分析から，ガス成分がマグマ由来のものであることは以前から指摘されていた[29,30]．この地域には活火山は現れていないが，地下にマグマだまりが伏在しているのだろうと考えられてきた．湧出地点が活断層と関係していることから，地下深部の流体が溶存成分の一部になっている可能性がある．最近では，大阪湾岸に立地する阪神間から大阪府域の大深度地下水中の希ガス分析により，これらの地下水中の少なくともガス成分の一部はマントル由来ではないかと考えられている[31]．上町台地より東側の河内平野の食塩泉では，気ガス組成が大気中の組成に近いが，上町台地より西側の大阪平野低地部の深層地下水の希ガス組成は有馬温泉のそれに近く，大阪平野第四紀堆積層の基底部には，伏在するマグマあるいはマントルに起源を持つ流体が流入している可能性がある．このことは，大阪平野地下深部の塩水が有馬温泉や石仏などの食塩泉と類似の起源を持っている可能性

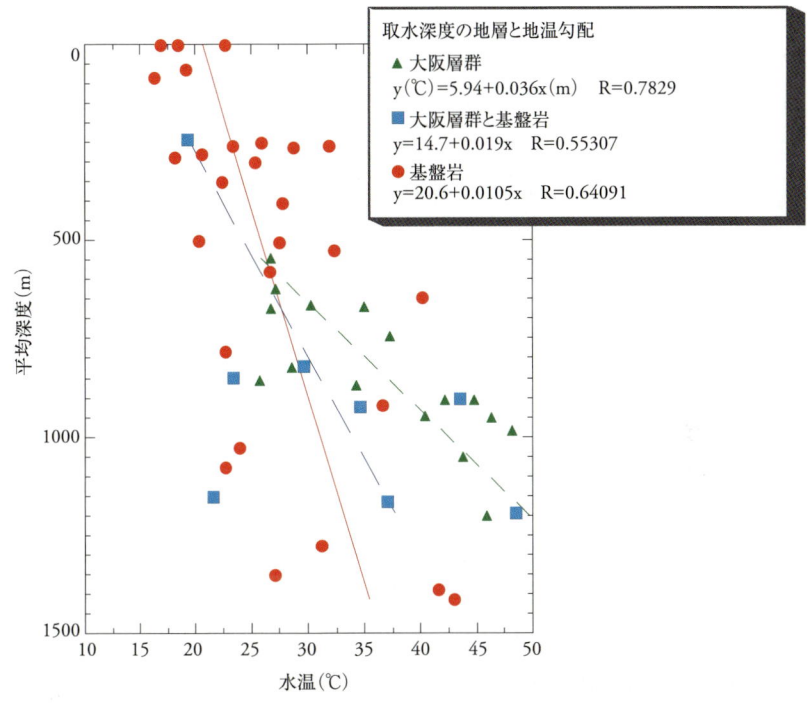

図 2-38　大阪府下の温泉水の水温と深度との関係[43]

取水深度の地層と地温勾配
▲ 大阪層群
　y(℃)=5.94+0.036x(m)　R=0.7829
■ 大阪層群と基盤岩
　y=14.7+0.019x　R=0.55307
● 基盤岩
　y=20.6+0.0105x　R=0.64091

を示唆する．また，高濃度の希ガスは，西大阪平野の深層地下水が河内平野のものほど表層から流入する水によって希釈されていないことを示している．一方で，これらの食塩泉は，使用開始した後に時間が経過するほど塩濃度が低下する傾向が見られることが多い．また，大量に揚水すると短時間で枯渇することもしばしばある．これらのことは大阪平野地下最深部の食塩泉は化石水あるいは化石水的な性質を持つものであり，多量に供給され続けることが期待できないことを示している．

　平野の温泉となるもう一つの地下水は大阪層群下半部の上部（都島累層上部）に帯水するものであり，ナトリウム－炭酸水素型の水質を持ち，水温が25℃以上の地下水である．全ての地下水がホウ酸を規定濃度以上含んでおり，ホウ酸と水温だけが温泉法の規定を満たす．地温は地表から深度を増すにしたがって上昇する．図 2-38 に温泉の調査を行った際の水温の計測結果とストレーナ深度との関係を示す．大阪層群中に掘削された井戸では，ストレーナの深度と水温に比較的

よい直線関係が得られることがわかる．約 25 m 掘削するごとに温度が 1℃ ずつ上昇する．この地温勾配と恒温層での温度などを考慮すれば，大阪平野では 250 m 程度掘削すれば 25℃ を超える水温の地下水が得られる可能性がある．このような温度のみが適合する地下水も温泉と呼ぶことについては，科学的な観点からはあまり意味がない．帯水層の地温と平衡温度にある通常の地下水である．ホウ酸は粘土質の堆積物では濃度が高いため，そのような岩石と反応して水質形成が起ったのであろう．また，炭酸水素ナトリウム型の水質は，これらの地下水が堆積層中に長くとどまっていたことの証拠であり，流動速度が遅いことを示している．このような泉質を持つ地下水では，経年変化によりアルカリ度が増加することが多い．アルカリ度の増加は，一見温泉水として水質がよくなるように感じるが，移動しにくい細粒の堆積物からの絞り出しが起こっているためであるかもしれない．注意して水質監視を行うべきであろう．

(5) 大阪堆積盆の水循環

本章で述べてきた地下水の水質や年代測定の結果などを整理して，大阪平野全体での地下水の性質や流動系などを見ていこう．

図 2-39 に大阪平野の南北断面と水の流れや性質を簡略化して示した．不圧帯水層と第一被圧帯水層（天満礫層とその相当層）の最上位にある地下水は，主として局所的な降水により涵養されている．天満礫層は近辺の丘陵地や台地からも涵養を受けている．これらの帯水層は，30 年前よりは新しい降水や海水で涵養されており，水位も回復している．大阪層群上半部（難透水層となる海成粘土層と帯水層である淡水成層からなる田中累層に相当）は，平野部では 500 m 程度の厚さを持ち，周辺の低山地山麓に広がる丘陵地や上町台地に露出しており，主な涵養地域となっている．地下水利用は事業所の専用水道としては 100〜200 m 程度の深度の井戸からが多く，自治体の水源として用いられるものは 200〜300 m 程度の深度の井戸からが多い．それより深い深度のものはほとんど使われていない．また，府下の深度 50〜100 m 程度の帯水層は，比較的透水性が高い傾向が見られる．泉北丘陵の標高 −50〜−100 m 付近の地下水は比較的流動性に富んでいる．この流動性の高さは，泉北丘陵の地下水中の VOC の汚染を解消するのにも役立っている．千里丘陵の西側周辺も，東側に比べると汚染が早い時期に解消されていた．泉南地域では，この地下水は海底湧水として海中に直接流入している．また，大

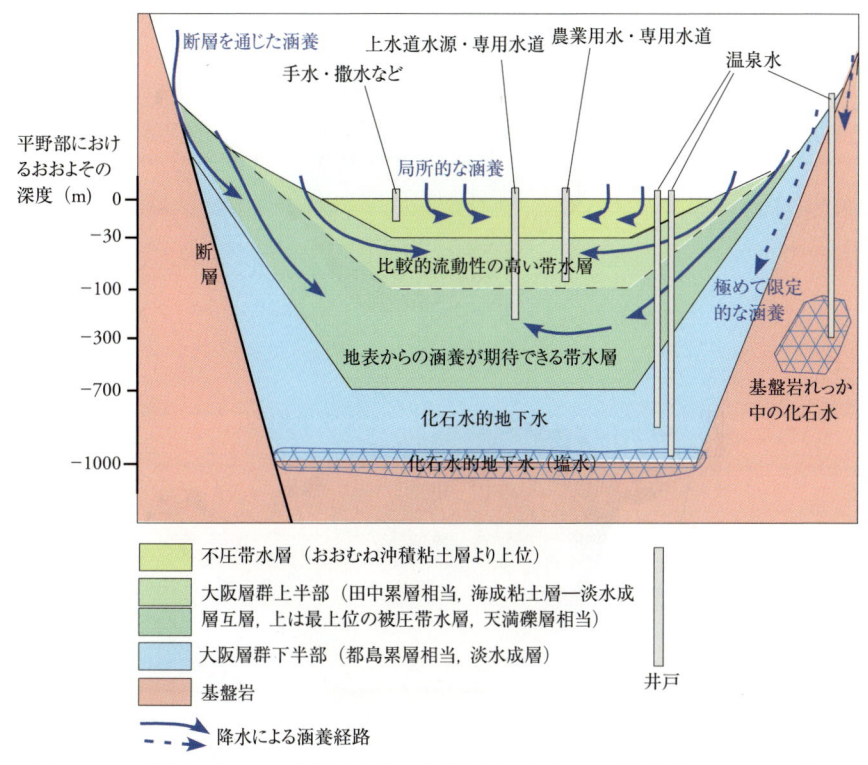

図 2-39 水質と深度による大阪平野地下水帯水層の大まかな分類と循環セルの大きさ

阪市内の西側低地で海水の割合が高いのも，この深度の帯水層である．

　深度が 200〜300 m 程度の井戸からの地下水に，本来であれば含まれることのない硫酸イオンや硝酸イオンをしばしば含んでいることがある．このことは，帯水層の鉛直方向に上位の帯水層からの漏水があることを示している．すなわち，帯水層を側方流動する速度を超えて地下水を揚水していることを示唆しており，過剰揚水の可能性がある．水質と年代測定値から，3層の被圧帯水層の流動方向を三次元的なモデルとして図 2-40 に示した．上町台地より東の低地では，南の泉北丘陵からの地下水が流入する．また，生駒山地と平野部は生駒断層で境されているが，この断層は，生駒山地の降水の涵養経路となっている．ただし，生駒山地は東に向かって傾動しているため，より多くの降水は奈良盆地側を涵養している．上町台地も東に向かって傾動しているため，東側低地に流入する地下水の方が，西側低地に流入するものより多い．このことは，西側低地の比較的高深度

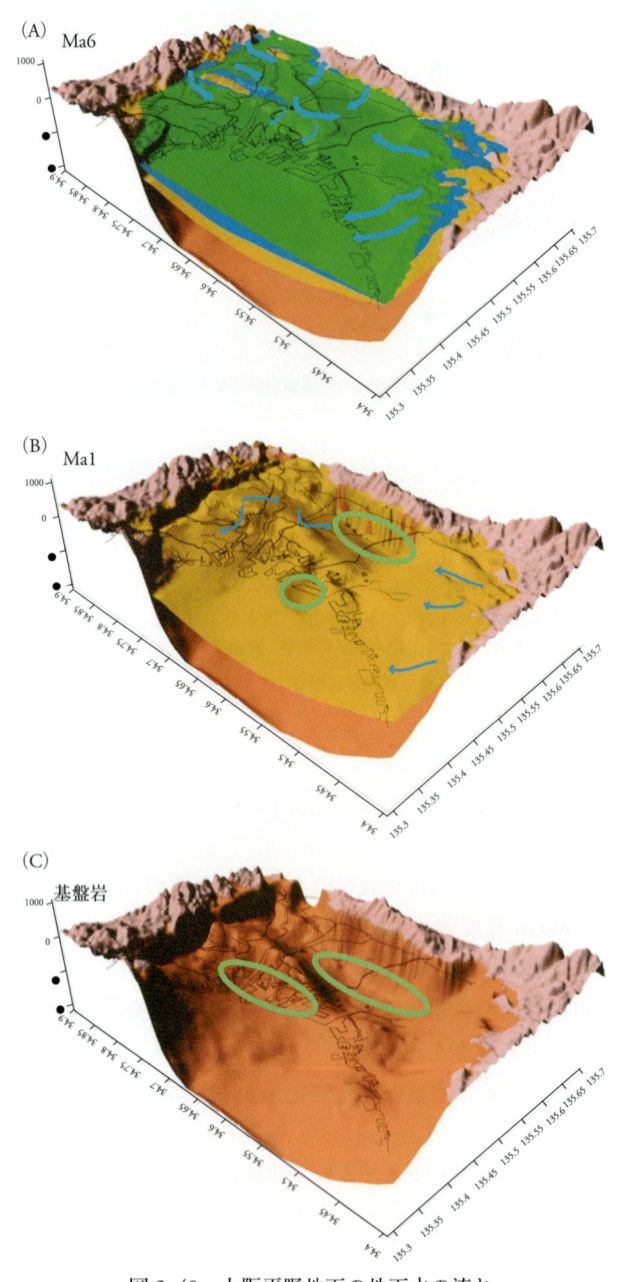

図 2-40 大阪平野地下の地下水の流れ
(A) Ma6 より上位．平野中央部でおおむね 300 m までの深さ．
(B) Ma1 の上位．平野中央部の田中累層最下部付近．緑で囲った部分は停滞的な地下水域．
(C) 基盤岩直上．緑で囲った部分は停滞的な地下水域．図は三田村により作成．

の地下水の涵養量が少ないことを示唆している．

　300 m 程度より深い大阪層群の帯水層には，周辺低山地の降水と同程度かそれより軽い水素・酸素同位体比を持つ地下水が存在する．

　高深度の炭酸水素イオンに富む地下水の酸素安定同位体比は，上位の帯水層で観察された同様の水質を持つ地下水の同位体比より明瞭に小さい値を持つ．このような地下水は，平野中央部の田中累層の最下部付近に当たる 600 m から大阪層群下部層（淡水成層からなる地層で都島累層に相当）の中央付近に当たる 1300 m 程度の深度で特によく見られる．また，この深度では地下水の酸素同位体比は -8.3 ～ -8.7‰ の比較的一定の範囲にある．この範囲の同位体比を持つ降水が得られる 400 m より高い周辺山地は限定的であり，-8.5‰ より小さい地下水は現在の降水を直接の起源としてはいないと考えられる．この場合，地下水の起源には二つの可能性が考えられる．

　一つは，元々同位体比の小さい降水であった可能性である．林・安原[32]は関東平野中央部の深度 150～430 m にある酸素・水素安定同位体比が小さい被圧地下水の炭素同位体年代から，1 万年以上前の温暖多雨の時代の降水がその起源ではないかと推定している．氷河期には海退に伴って陸域が広がる一方で，その後の温暖期に陸域で大量の地下水涵養があったこと，さらに時間が経過して海水準の上昇とともに地下水流動が遅くなり，その当時の水が堆積盆中に停滞したという筋書きはあり得ない話ではない．関東平野や大阪平野だけでなく，濃尾平野などにも被圧地下水に酸素・水素安定同位体比が小さい地下水があることが知られている．日本各地に同時期に発達した地下水盆で共通の性質を持った地下水が出現することは，同時代的かつ同一の原因を伺わせる．

　もう一つは，帯水層あるいは地下水流動の過程で同位体の分別が起った可能性である．粘土鉱物を多く含む地層を地下水が通過すると，粘土鉱物は重い同位体を選択的に吸着する．そのため，粘土層を通過した地下水の酸素・水素安定同位体比は，通過前に比べると小さくなることが知られている．これを限外ろ過という．このとき，塩化物イオンも粘土層中に取り残されて，ろ液の塩濃度は低くなる．東大阪の田中累層から採水している温泉水で -9.1‰ の酸素同位体比を持つものがあるが，これは限外ろ過が起っている可能性を強く示唆している．同様に，西大阪平野の 200～300 m の深度や，大阪層群下部・基盤岩の炭酸水素ナトリウム型の希薄な地下水の小さい安定同位体比はこの作用によって説明されるのかもしれない．淡水成層からなる都島累層は圧密が終了しており，粘土層の連続

性も悪いことから，絞り出しは起こらないで，わずかな同位体分別作用だけが見られるのかもしれない．あるいは，堆積盆内部での続成作用による粘土鉱物の形成によって同位体比が変化することも考えられる．粘土鉱物の形成に伴っては，鉱物中に重い酸素と軽い水素が選択的に取り込まれるため，残された水の同位体比は，酸素については小さく，水素については大きくなる．これは，大阪層群下部と基盤岩中の炭酸水素ナトリウム型の地下水で酸素同位体比が−8‰より小さい水の天水線からのずれが上方向に大きくなることと整合的である．

小さい同位体比を持つ淡水組成の地下水の起源については，現時点では明確でない．地下水の年代測定や同位体分別作用の可能性などを丁寧に分析していく必要がある．しかし，ここで大切なことは，田中累層の下位や都島累層に帯水する地下水がたいへん古いものであるか，そうでなければ，帯水層に負圧が生じる条件下で鉛直方向の流れが生じて帯水層へ移動したものであることである．このような帯水層は揚水量が増加することにより環境が激変する可能性がある．

上町台地の東側低地には，深度が300 mまでで，Ma6層より上位の帯水層に化石海水であると考えられる塩水が報告されている．さらに，大阪平野の第四紀層基底部と基盤岩には，しばしば食塩泉がある．このことについては，すでに前述した．大阪平野の食塩泉には，地下深部の火成活動に関係していると考えられるガス成分も含まれることがあり，起源を明確にすることができない．国内外の多くの堆積盆の底部には，塩濃度の高い地下水が存在することが知られている．周辺に火成活動が見られない場所では，明らかに化石塩水であることが特定できることもある．すでに述べたが，このような化石塩水は，最初から塩水である必要はなく，低濃度の地下水が限外ろ過を繰り返して塩分が濃縮されてできることもある．化石水は，停滞的な地下水環境で長時間保持されていた地下水である．新たに供給されることがないため，揚水を続ければ枯渇する．東側低地の塩水は，南からの地下水流動により，高濃度地域が北上し，かつ希釈により塩濃度が減少しつつある．また，基盤岩付近の塩水も，温泉として利用している間に，塩濃度が減少したり，枯渇した例も多い．

▶引用文献

1) 市原実 (1993)『大阪層群』創元社.
2) 吉川周作・三田村宗樹 (1999)「大阪平野第四系層序と深海底の酸素同位体比層序との対比」『地質学雑誌』105：332-340.

3) 市原実（2001）「続・大阪層群——古瀬戸内河湖水系」『アーバンクボタ』クボタ，No. 39.
4) Mitamura, M. (2003) Evaluation of regular depth distribution and geologic structural mapping of Quaternary marine clay beds in the Osaka Plain, Japan. *Geoinformatics*, 14: 5-11.
5) 三田村宗樹・吉川周作・石井陽子・貝戸俊一・長橋良隆（1998）「大阪平野のODボーリングコアの岩相」『大阪市立自然史博物館研究報告』52：1-20.
6) 内山美恵子・三田村宗樹・吉川周作（2001）「大阪平野中央部，上町断層の変位速度と基盤ブロックの運動」『地質学雑誌』107：228-236.
7) 三田村宗樹・橋本真由子（2004）「ボーリングデータベースからみた大阪平野難波累層基底礫層の分布」『第四紀研究』43：253-264.
8) 国土交通省水資源局国土調査課：水基本調査（地下水調査）データベース http://tochi.mlit.go.jp/tockok/tochimizu/F9/download.html
9) 三田村宗樹（2007）「大阪平野帯水層構造と深井戸データベースからみた水理特性」『地下水地盤環境に関するシンポジウム2007発表論文集——流域圏の水循環再生と地下水利用』pp. 109-114.
10) 三田村宗樹（1998）「大阪平野西部の天満層に関わる問題」『地下水技術』40(6)：41-50.
11) 澤田有希・三田村宗樹（2009）「平野表層の人工構造物による地下水障害の評価」『都市問題研究シンポジウム「沖積平野の地盤・環境特性」講演論文集』pp. 17-20.
12) 滋賀県立琵琶湖博物館（1998）「琵琶湖・淀川水系における水利用の歴史的変遷」『琵琶湖博物館研究調査報告』6号：11-18.
13) 大阪府（2009）大阪府域河川等水質調査結果，水質測定計画に基づく水質測定結果（大和川以北水域）http://www.epcc.pref.osaka.jp/center_etc/water/keikaku/index1.html
14) 国土交通省ホームページ：平成18年度末の下水道整備状況について http://www.mlit.go.jp/kisha/kisha07/04/040823_3/01.pdf
15) 国土交通省ホームページ：淀川下流地域の下水処理場の概要 http://www.mlit.go.jp/crd/city/sewerage/info/seisaku_kenkyu/mizujunkan/04_2.pdf
16) 大阪府ホームページ：大和川下流流域下水道 http://www.pref.osaka.jp/gesui_jigyo/ryuiki/yamato.html
17) 日本地下水学会（2009）『新・名水を科学する——水質データからみた環境』技報堂出版，7-12頁．
18) 環境省（2009）『平成18年度環境白書』
19) 益田晴恵・伊吹祐一・殿界和夫（1999）「大阪府北摂地域における浅層地下水の天然由来ヒ素汚染メカニズム」『地下水学会誌』41：133-146.
20) 社団法人日本下水道協会：下水道の普及率と実施状況 http://www.jswa.jp/05_arekore/07_fukyu/index.html
21) 益田晴恵・中条武司・李暁東・大阪市立自然史博物館大和川研究グループ水質班（2007）「大和川の水質と富栄養化の状態に関する調査報告」『大阪市立自然史博物館紀要』No. 61：21-51.
22) 中屋眞司・三田村宗樹・益田晴恵・上杉健司・本舘佑介・日下部実・飯田智之・村岡浩爾（2009）「環境同位体と水質より推定される大阪盆地の地下水の涵養源と流動特性」『日本地下水学会誌』51：15-41.
23) 石川達也（2003）「大阪平野下に伏在する上町および生駒断層帯の地質学的断層——褶曲

モデル」『活断層・古地震研究報告』第3号：145-155.
24) 太田明 (1991)「交野断層と温泉開発」『日本地質学会　第98回学術大会講演要旨』：473.
25) 鶴巻道二 (1967)「東大阪地域の地下水の水質（その2）塩素イオンの分布」『日本地下水学会誌』9(2)：11-23.
26) 鶴巻道二 (1992)「大阪平野における被圧地下水の塩水化について」『地下水技術』34(10)：37-50.
27) Masuda H., H. Sakai, H. Chiba, Y. Matsuhisa and T. Nakamura (1986) Stable isotopic and mineralogical studies of hydrothermal alteration at Arima Spa, Southwest Japan. *Geochimica et Cosmichimica Acta*, 50: 19-58.
28) Masuda H., H. Sakai, H. Chiba and M. Tsurumaki (1985) Geochemical characteristics of Na-Ca-Cl-HCO_3 type waters in Arima and its vicinity in the western Kinki district, Japan. *Geochemical Journal*, 19: 149-162.
29) Sano Y. and H. Wakita (1985) Geographical distribution of He3/He4 ratios in Japana: Implications for arc tectonics and incipient magmatism. *Journal of Geophysical Research*, 90(B10): 8729-8741.
30) Nagao K., N. Takaoka, O. Matsubayashi (1981) Rare gas isotopic compositions in natural gases of Japan. *Earth and Planetary Science Letters*, 53: 175-188.
31) Morikawa N., K. Kazahaya, H. Masuda, M. Ohwada, A. Nakama, K. Nagao and H. Sumino (2008) Relationship between Geological Structure and Helium Isotopes in Deep Groundwater from the Osaka Basin: Application to Deep Groundwater Hydrology. *Geochemical Journal*, 42: 61-74.
32) 林武司・安原正也 (2008)「地下水から見た関東平野の地下環境」『第四紀研究』47：203-216.
33) 森野祐助・三田村宗樹・熊井久雄・大阪府環境衛生科 (2008)「大阪平野地下深部帯水層の区分と分布」『第18回環境地質シンポジウム論文集』pp. 5-10.
34) 大阪市立自然史博物館編著 (2010)『みんなでつくる淀川大図鑑――山と海をつなぐ生物多様性』(第41回特別展解説書)
35) 岡林岳紀 (2009)「大阪府交野市における地下水の涵養源と流動系」大阪市立大学理学部2008年度卒業論文.
36) 松井敬介 (2010)「大阪府北河内地区における地下水中の水銀とその起源」大阪市立大学理学部2009年度卒業論文.
37) 大阪府 (2010)「大阪府北河内地区における水銀に係る地下水共同調査報告」.
38) 中田高・岡田篤正・鈴木康弘・渡辺満久・池田安隆 (2009) 1：25,000 都市圏活断層図，大阪東北部及び大阪東南部．国土地理院技術資料 D・1　Nos，524，502.
39) 牧野和哉・益田晴恵・三田村宗樹・貫上佳則・陀安一郎・中屋眞司 (2010)「水質から見た大阪市内とその周辺の地下水の涵養源」『日本地下水学会誌』52：153-167.
40) 吉岡秀憲 (2010)「大阪府域における VOC の地下水汚染の流動経路と経年変化に関する3次元解析」大阪市立大学理学部2009年度卒業論文.
41) 環境省 (2008)「モニタリングの手引き」1-21.
42) 益田晴恵・鶴巻道二 (2009)「近畿地方の地下水と水質」日本地質学会編集『近畿地方』(日本地方地質誌 5) 朝倉書店，367-375 頁.
43) 大阪府 (2008)『大阪府温泉資源保護に係る検討委員会報告書』.

Column 1

水温上昇と水循環

服部 幸和

大阪府環境農林水産総合研究所

　IPCC 第 4 次評価報告書では，世界中で温暖化の影響が現われている主な影響の 1 つに，「多くの地域の湖沼や河川における水温上昇」が挙げられている．大阪府域における河川の水温についても多くの地点で，この 30 年間の平均で 1〜2℃程度上昇傾向にある（図 1）．水温上昇は，地球温暖化に起因する部分と，それ以外の要因による部分が考えられる．河川や湖沼の水温は，水源となる湧水など地下水の温度に起因し，地表と接する大気の気温との熱伝導や平衡により決まると考えられる．地域的にみると山間部で低く，平野部で高い水温分布を示している．水源から流出した地下水が地表に出た後は，気温との平衡や日射などの影響を受け，山間部などでは，周辺の山林や田畑などの分布状況，また，都市部になると下水処理場の放流水や生活雑排水などの流入状況に少なからず影響をうけるものと考えられる（図 2）．下水処理場の放流水流量は，河川の流量のかなりの部分を占める地点も多い．大阪府下における下水処理場放流水の平均的な温度は，放流地点の河川の温度に比較して，夏場では大きくかわらないが，春，秋で 4〜5℃程度，冬場で 10℃程度高く，特に冬場の温度差が大きい傾向がみられる．活性汚泥処理など生物分解のためにある程度の温度を確保しなければならないであろうが，省エネルギーの点から見ても，もう少し低い設定温度でもいいのではないかと思われる．また，放流後の河川水温の上昇による生物相の変化なども一部でみられるようであり，まだ，十分明らかではないが生態系への影響も心配されるところである（図 3）．

ガスクロマトグラフ質量分析計で作業中の服部幸和さん

133

Column 1

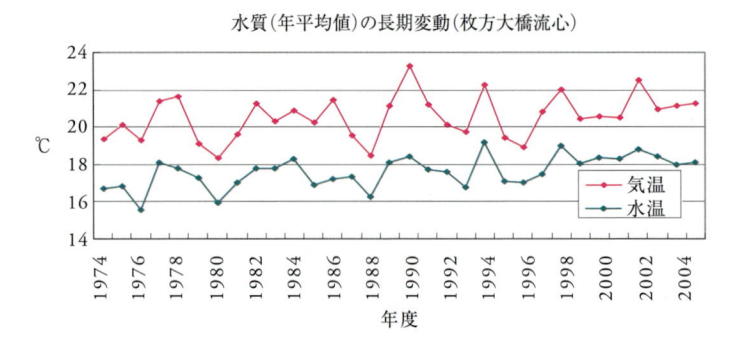

水質(年平均値)の長期変動(枚方大橋流心)

水質の長期変動(大和川　河内橋)

図1　大阪府域における河川水温分布と下水処理場（2006年度）

　一方，河川水質の面からみると，BODなど有機性汚濁については下水処理場の普及により大きく改善されたが，大腸菌など細菌面での安全性や有機フッ素化合物，医薬品などの有害化学物質問題など，まだまだ泳げる川にはほど遠い状況である．大阪府域の下水処理場には合流式が多く，大量の降雨時には，未処理で放流されることにもなる．
　温暖化の問題にはじまり，水の安全性，省エネルギーの問題，あるいは水利用の点から考えると，もう少し地域単位である程度処理をして，処理水量を減少させたのち，最終的に高度処理をしたり，有効な水利用するなど総合的に水循環システムを見直すことが必要な時期にきているのではないかと考えられる．

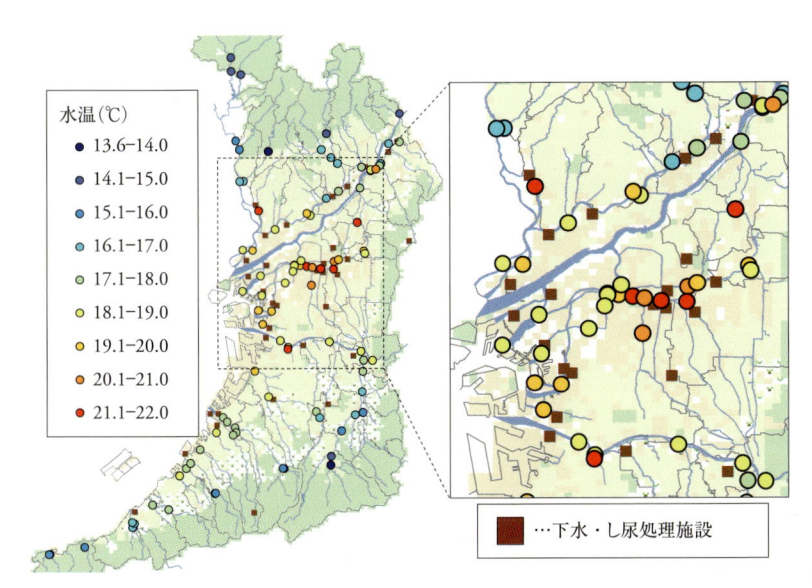

水温上昇と水循環　　　　　　　　　　　　　　　　　　　　　　　　　　　　Column 1

図2　河川水温の長期変動（大阪府公共用水域水質データベースより作成）

水温（℃）
- 13.6–14.0
- 14.1–15.0
- 15.1–16.0
- 16.1–17.0
- 17.1–18.0
- 18.1–19.0
- 19.1–20.0
- 20.1–21.0
- 21.1–22.0

■…下水・し尿処理施設

図3　淀川左岸のワンド群（写真左側の水域）
オランダ人技師デレイケが明治時代に構築した河床維持のための施設であったが，現在では淀川の生態系にとって重要な環境となっている．写真右側は淀川本流．大阪市旭区付近．（三田村撮影）

135

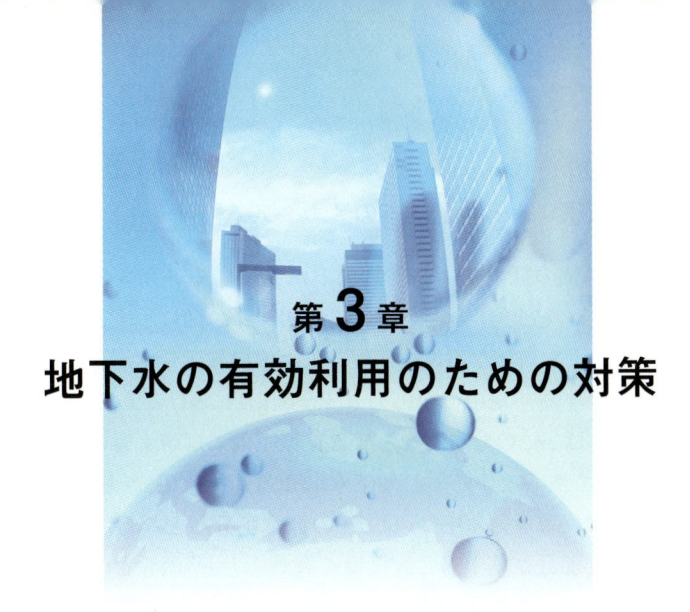

第3章
地下水の有効利用のための対策

　第2章では大阪平野の地下水の現状を示した．深層の地下水を揚水し続けることに注意を払う必要はあるが，地下水は有用な水資源であり，有効利用すべきであろう．地下水は表層水と異なり，渇水期にも安定供給できる．大阪平野のような停滞的地下水盆では，適切な地下水利用により地下水流動を促すことで浅層の帯水層の汚染物質を除去し，地下環境の浄化が行える．また，本章で述べるような地盤災害の軽減にもつながる．ここでは，やや専門的な記述となるが，浅層の地下水を利用して災害を避ける方法や地下水を有効利用するために浄化を行う方法など，私たちが行ったいくつかの試みを述べよう．

1 地下水揚水可能量の予測

　地下水位変動に伴う地下水・地盤災害の問題は，水位低下による地盤沈下と塩水化，水位上昇による浮力増加と，砂地盤の液状化，さらに地下水汚染などがある．これらについてはすでに1章4節〜1章6節で述べた．ここでは，地盤沈下に対象を絞り，まず水位低下による地盤沈下のメカニズムを説明する．次に災害を予防しつつ利用できる地下水量について説明する．

(1) 地下水位低下による地盤沈下のメカニズム

　帯水層の地下水位の低下により地盤沈下が発生するメカニズムを，図 3-1 の沖積粘土層（最上位の粘土層）の例を用いて説明する．図に示すように沖積粘土層の上・下面が不圧帯水層となる沖積砂層と最上位の被圧帯水層となる洪積砂礫層に挟まれているとする．地中の全応力 σ（ある深度における土と水の重さによって生じる全体の応力）は abc の分布となる．水位低下前の両帯水層の地下水位が同じ（図中の破線位置）であるとすると，地下水による間隙水圧 u（ある深度における間隙水のみの重さによって生じる圧力）は def の静水圧分布となる．σ と u を示す直線に挟まれる bcfe 部分が粘土層に直接働く有効応力 σ' の分布であり，実質的に粘土粒子に作用している応力である．間隙水圧は粘土層内部の等方圧であるので，粘土層の骨格構造に作用しない．

　もしも，この二つの帯水層から地下水を揚水して，それぞれの地下水位が二つの矢印↓で示す位置まで低下したとすると，間隙水圧の分布は最終的に ghi になる．ghi が直線にならずに上に凸の曲線となるのは，下の洪積砂礫層の地下水位の方が低いので，粘土層内部には下向きの浸透力が発生するためである．地下水位が低下した沖積砂層の湿潤単位体積重量 γ_t が変わらないとすると，全応力 σ（abc）は変わらないが，図の斜線部 defihg で示される分だけ間隙水圧が減少し，粘土層の有効応力は efih だけ増加する．これが粘土層を圧密沈下させる力となる．ただし，粘土層は瞬時に有効応力の増加を保持できないため，初期には過剰な間隙水圧が生じる．その後，間隙水を排水する過程で，過剰間隙水圧が消散し，有効応力に転化していく．最終的に有効応力の分布は bcih となる．地下水位が 1 m 低下すると，9.81 kN/m^3（水の単位体積重量）$\times 1 \text{ m} = 9.8 \text{ kN/m}^2$ の有効応力の増加が生じる．したがって，例えば 10 m 水位低下（98 kN/m^2）すると，地表面に 5 m 程度の盛土を載荷するのと同じ効果となる．沖積粘土層の体積の約 70％ は水なので，有効応力の増加を受けて間隙水を排水する過程で大きな体積収縮，すなわち沈下が生じる．

　1970 年以前に国内各地で発生した地盤沈下は，帯水層に挟まれた粘土層が上記のメカニズムで圧密されたことが原因である．大阪市近辺の地盤沈下の例を図 3-2 に示す．現在では帯水層の地下水位は回復しているので，粘土層は過圧密状態（過去に現在よりも大きな荷重を受けたことのある状態）である．しかし，過去の水位低下による有効応力増加（図 3-1 の斜線部 efih）で完全に圧密が終了したわけ

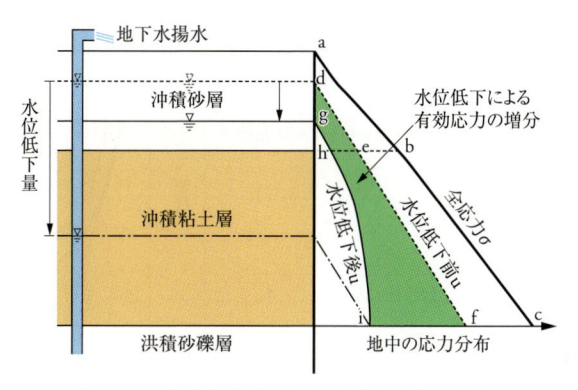

第3章　地下水の有効利用のための対策

図 3-1　地下水位低下による地中応力の分布

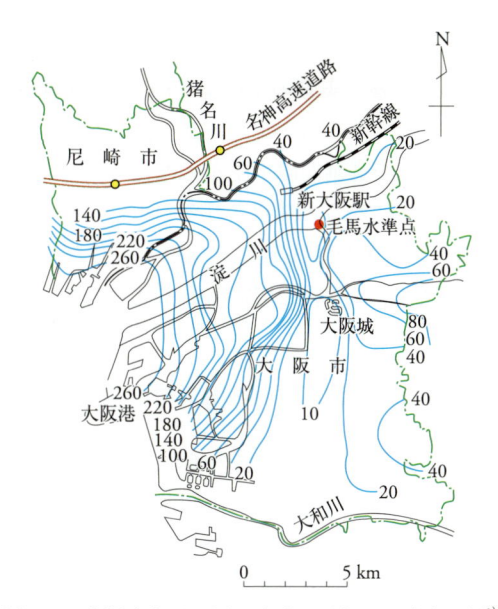

図 3-2　大阪市とその周辺地域の地盤の累計沈下量[1]

(a) 時間−沈下曲線　　　　　　　　　　　　(b) 圧密応力の深度分布

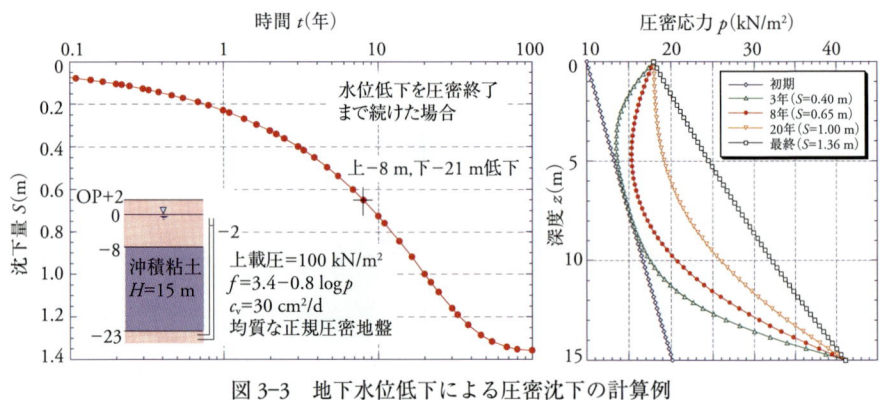

図 3-3　地下水位低下による圧密沈下の計算例

ではない．粘土層内の圧密進行は，上・下面の帯水層に近いほど早いが，中央部では遅れるため，粘土層中央部では過圧密性は低いと考えられる．その状態を予測した計算例を図 3-3 に示す．図 3-3 (a) は，沖積粘土層上位の帯水層が 8 m，下位の帯水層が 21 m，一気に水位低下した場合を想定して，圧密終了までの時間―沈下量曲線を表している．実際の水位は 15 年程度かけて徐々に低下し，その後回復しているので，この図では 8 年程度まで沈下を示す計算結果に近似できる．このとき，粘土層内部で過剰間隙水圧から転化された有効応力は上下で大きく，中央で小さい弓形分布になると推定される（図 3-3 (b) の─●─（8 年）で示した曲線）．これが現在の粘土層の圧密降伏応力 p_c（過去に受けた最大の有効応力）に相当し，それを粘土層は履歴として保持していると考えられる．

(2)　地下水位再低下による沈下予測と揚水可能量

1 章 4 節 (4) で述べたように浅層帯水層の地下水位上昇（高位化）によって地下構造物への浮力増加や地震時の液状化などの問題が生じる．これらの諸問題を解決するためには，地下水位を制御して適正なレベルに再低下させる方策が有効であろう．この時揚水した地下水は，散水によるヒートアイランド対策，ヒートポンプによる熱利用，災害時の緊急水源などに利用できる．しかし，無計画に水位を下げると再び地盤沈下が生じるため，水位低下による沈下量が最小限にとどまるように地下水位を適正なレベルにコントロールしなければならない．そのため

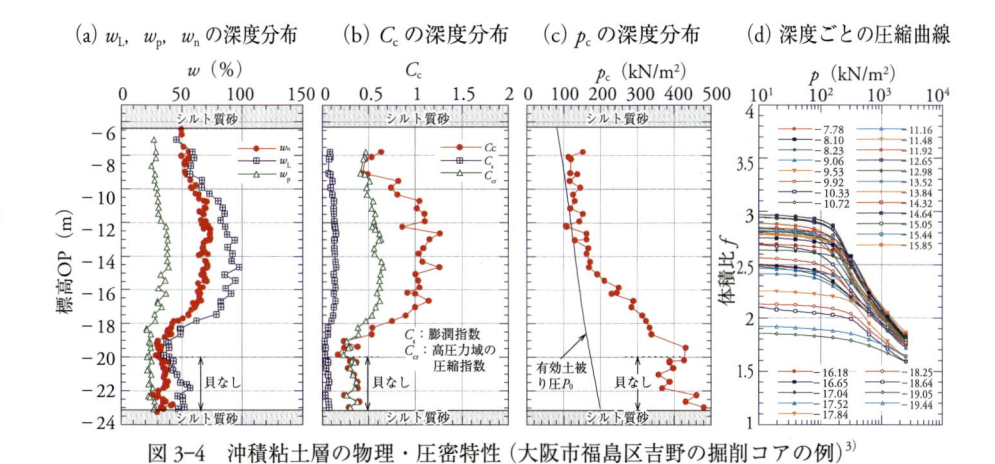

図 3-4 沖積粘土層の物理・圧密特性（大阪市福島区吉野の掘削コアの例）[3]

に，現在の粘土層の性状，特に，過去の水位低下による圧密の進行度合いと過圧密性を詳しく調べ，その結果に基づいて最小限の沈下量にとどまる揚水可能量を予測しなければならない．ここでは，大阪地域の浅層帯水層（不圧帯水層）に分類した沖積砂層（沖積層の上部に分布する砂層）と第一洪積砂礫層（第一被圧帯水層，おおむね天満礫層に対応する）を対象として揚水可能量を予測した方法と結果について，大島ほか[2]に基づいて説明しよう．

まず，沖積粘土層の物理・圧密特性を明らかにする．実際に連続サンプリングした沖積粘土層の物理・圧密特性を分析した例として，大阪市福島区吉野（図3-4）で得られた試料について測定した結果を示す[3]．図には液性限界 w_L・塑性限界 w_p・自然含水比 w_n，圧縮指数 C_c，圧密降伏応力 p_c，の深度分布および圧縮曲線と深度との関係が示されている．図 3-4 (a) の w_L の分布は海水準変動に伴う堆積環境の影響を受け，海退時に当たる上下の層準で低く，海進時の中央部で高い弓形分布を示す．堆積環境の影響は図 3-4 (b) の C_c の分布にも反映される．一般に，大阪地域の沖積粘土層（Ma13層）はこれらの物理・圧密特性が深度に伴って連続的に変化することから，この堆積物層は不均質地盤であることがわかる．図 3-4 (c) の p_c の分布は，現在の有効土被り圧 p_0 に比べて，下位に向かって大きくなる．上位に向かっても，下位ほどではないが，p_0 より大きくなる傾向がある．図 3-3 (b) に示したように，この分布から過去に起こった水位低下に伴う圧密の進行程度と現在の過圧密性を知ることができる．特に粘土層の下部で圧密が進行していることがわかる．図 3-4 (d) の圧縮曲線は，粘土層の不均質性を反映

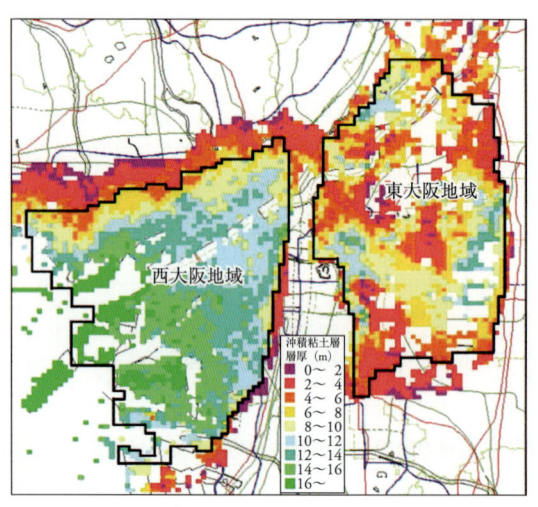

図 3-5　大阪平野の大阪市とその周辺地域の沖積粘土層の 250 m メッシュ範囲で区切った層厚分布[2)]

して深度方向で大きく変化するが，圧力が高くなると 1 点に収束する傾向が見られる．この圧縮曲線を用いて沈下量を求めることができる．

大阪府域の十数か所で採取した沖積粘土層について上述の分析を行った結果を整理し，調査地域全体の地盤の特性を図化した．以下に示すのは「関西圏地盤情報データベース」を基にして作成した 250 m メッシュごとにおける平均モデルである．図 3-5 に沖積粘土層の層厚と分析対象範囲（黒枠内の 3,343 メッシュ）を示す．白地の領域は沖積粘土が存在しない地域（上町台地や丘陵地）であるが，黒枠内のそれはボーリングデータ不足によってモデル化できないメッシュである．ただし，西大阪の臨海部は埋立以前の自然地盤のデータを用いているため，主に力学的性質などの二次的に得られる物性については臨海部のみのデータで補間している．なお，後述する揚水可能量の予測では臨海部は除いた．

図 3-6 に，250 m メッシュごとの液性限界 w_L，圧縮指数 C_c，圧密降伏応力 p_c を上部（無次元深度 $Z=0～0.3$），中部（$Z=0.35～0.65$），下部（$Z=0.7～1.0$）ごとに平均した平面分布を示す．図 3-6 (a) に示す液性限界 w_L は，粘土層の上・下部で低く，中部で高い．液性限界値は海水準変動による堆積環境の変化に対応している．西大阪地域の方が東大阪地域よりも w_L は高い傾向がある．図 3-6 (b) の圧縮指数 C_c は w_L との相関性が高く，上・下部で低く，中部で高い．しかし，w_L と異なり，C_c には西大阪地域と東大阪地域の違いがあまり見られない．したがっ

第3章　地下水の有効利用のための対策

(a) 液性限界 (w_L)

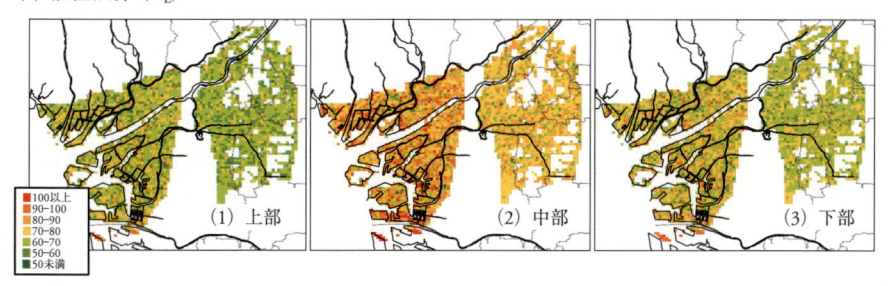

(1) 上部　　(2) 中部　　(3) 下部

(b) 圧縮指数 (C_c)

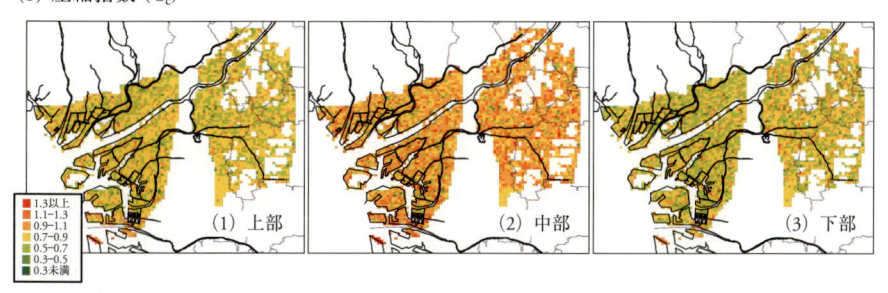

(1) 上部　　(2) 中部　　(3) 下部

(c) 圧密降伏応力 (p_c)

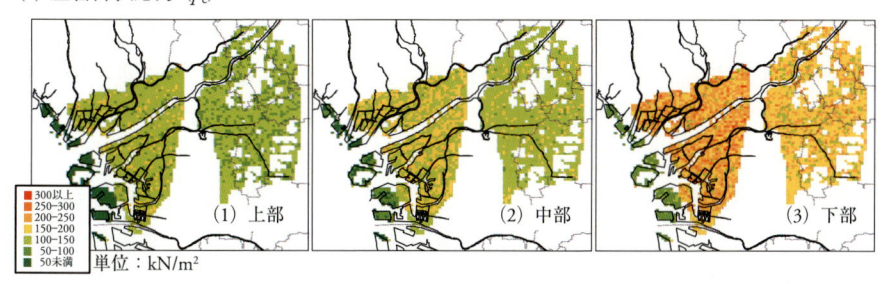

(1) 上部　　(2) 中部　　(3) 下部

単位：kN/m²

図 3-6　大阪平野の大阪市とその周辺地域の沖積粘土層の物理・力学特性[2].

て，東大阪地域の C_c の方が相対的に大きい（圧縮性が高い）と言える．図3-6 (c) に圧密降伏応力 p_c は，深度方向に増加しているのがわかる．深度が増加すると圧密が進行するので当然ではある．臨海域・内陸域ともに同じ傾向を示すが，東大阪地域よりも西大阪地域の方が p_c は大きく，過圧密性が高い．下部で特に大きいのは，地下水位が低下した時期が西大阪地域の方が早かったためと考えられる．

次に，不圧帯水層の揚水可能量を見積る．ここで言う揚水可能量とは許容沈下

量以下にとどまる地下水位低下量である．許容沈下量は日本建築学会の建築基礎構造設計指針などに基づいて 5 cm と仮定した．ただし，水位低下による沈下は広範囲で生じるため，不同沈下は起こしにくいので，参考のため，沈下量 10 cm の場合も求めた．地下水位低下は沖積砂層単独，第一洪積砂礫層単独，両層同時に起こる 3 ケースを想定した．また，沈下量は大島ほか[2]で示した方法による実測値と推定圧縮曲線を用いて，粘土層を 20 層に分割して算定した．

　図 3-7 に帯水層の水位低下と揚水可能量を平面分布図で示す．図 3-7 (a) は沖積砂層のみが水位低下する場合の揚水可能量である．揚水可能量は西大阪地域の臨海部と東大阪地域の東南部で小さい．これはこの地域の沖積粘土層の過圧密性が低く，圧縮性が高く，層厚が厚いためである．この地域を除けば，揚水可能量は 2～3 m 程度といえる．ただし，沈下量を 10 cm まで許容すると揚水可能量はかなり大きくなる．図 3-7 (b) は第一洪積砂礫層のみで水位低下した場合の揚水可能量である．沖積粘土層は下方ほど過圧密性が高いため，沖積砂層のみで水位低下した場合よりも揚水可能量は大きくなる．揚水可能量は沖積砂層のみで水位低下した場合と同様，西大阪地域の臨海部と東大阪地域の東南部で小さいが，この地域を除けば，揚水可能量は 3～4 m 程度といえる．図 3-7 (c) は沖積砂層と第一洪積砂礫層が同時に水位低下した場合の揚水可能量である．水位低下による有効応力の増加量はこの場合に最も大きくなるため，水位低下量が同じ場合の沈下量も大きくなる．揚水可能量は全体に 1～2 m である．なお，第一洪積砂礫層の水位低下に伴ってその下位にある海成粘土層 Ma12 層も沈下するが，その量はわずかであることを確認している[1]．

　許容沈下量は構造物にもよるが，ここで計算した許容沈下量 5 cm 程度をその値と仮定する．計算結果から西大阪地域の臨海部と東大阪地域の東南部を除けば，沖積砂層では 2～3 m，第一洪積砂礫層では 3～4 m の水位低下が許容できる最大値である．この程度の水位低下は地下水位の上昇に伴う諸問題の解決に有効である．沖積砂層の水位低下は地震時に発生する液状化の予防対策として有効である．また，両層から揚水した地下水は散水によるヒートアイランド対策，ヒートポンプによる熱利用，災害時の緊急水源などで有効利用できる．ただし，沖積砂層，第一洪積砂礫層を同時に水位低下させると水位低下は 1～2 m に制限されるので注意が必要である．

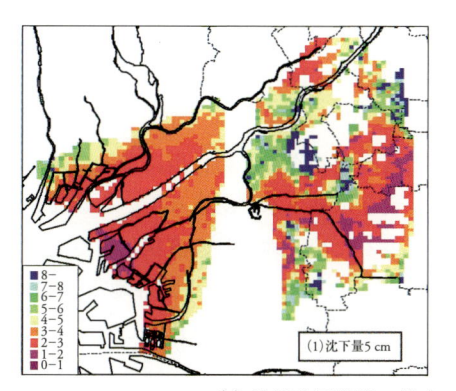

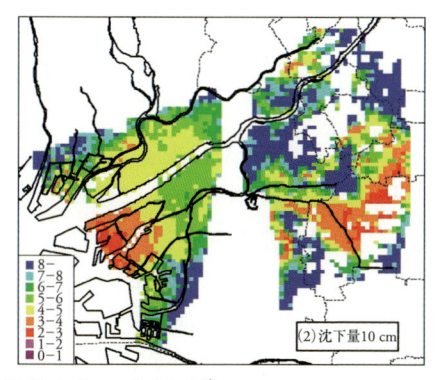

第 3 章　地下水の有効利用のための対策

(a) 沖積砂層単独の揚水可能量 (m) の平面分布[3]

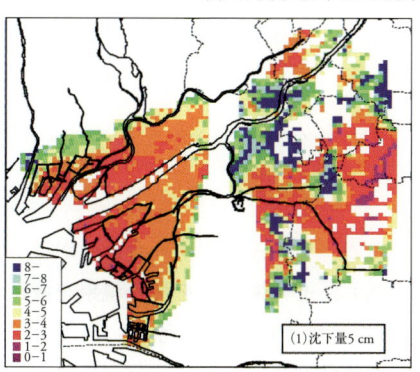

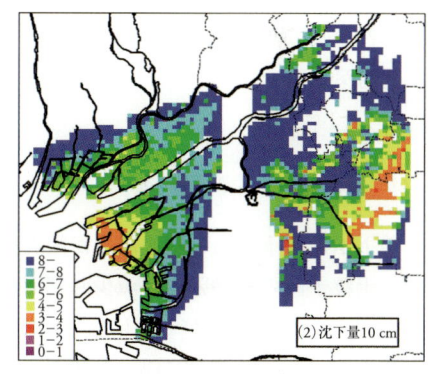

(b) 第一洪積砂礫層単独の揚水可能量 (m) の平面分布[3]

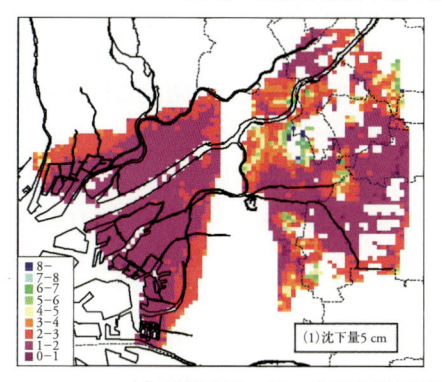

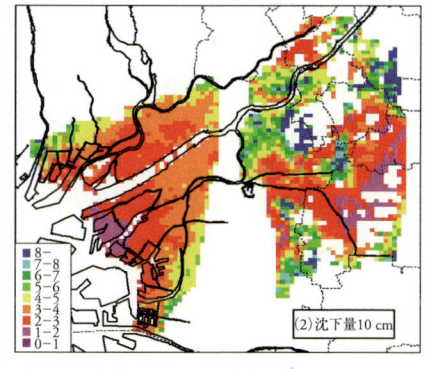

(c) 沖積砂層・第一洪積砂礫層同時の揚水可能量 (m) の平面分布[3]

図 3-7　大阪平野の大阪市とその周辺地域の 5, 10 cm の地盤沈下量を許容した場合の揚水可能量[2].
(a) 沖積砂層のみで揚水した場合, (b) 第一洪積砂礫層のみで揚水した場合, (c) 沖積砂層と第一洪積砂礫層から同時に揚水した場合. 揚水可能量は, それぞれの帯水層の地下水位の低下量 (m) として表す.

2 液状化危険度の予測と地下水位低下による対策効果

　一般に，沖積平野の表層は縄文海進以降の河川デルタなどの作用によって緩く堆積した砂（上部沖積砂層）で覆われている．現在は地下水があまり用いられなくなった結果，沖積砂層の地下水位が上昇しているため，地震時に液状化する危険性が高くなっている．2011年3月11日に発生した東北地方太平洋沖地震（東日本大震災）では，関東地方の平野・埋立地で大きな液状化被害が発生した．その原因にはやはり地下水位が高かったことが考えられる．

　ここでは，まず液状化のメカニズムを説明する．次に大阪地域の沖積砂層の土質特性を基に予測した液状化危険度の平面分布を，最後に地下水位低下による液状化対策効果を示す．

(1) 液状化のメカニズム

　地下水位以下にある緩い砂層が地震を受けると，土粒子間のかみ合わせがはずれ，土粒子間の有効応力が減少してゼロまで達し，せん断強さを失う現象を液状化と呼ぶ．有効応力がゼロになる時，地盤の自重圧（全応力）に等しい間隙水圧が発生し，土粒子が水に浮いた状態，すなわち液体状になる．液状化が生じるためには，次の3条件がそろわなければならない．1) 間隙が水で飽和している．つまり，液状化する堆積物が地下水位より下位になければならない．2) 砂層は緩い状態にある．緩い砂層はせん断を受けると体積が収縮しようとする性質を持つ（これを負のダイレイタンシーと呼ぶ）．粘土層は液状化を起こさない．3) 地震が発生する．地震によって揺すられることにより，短時間に砂層は繰返しせん断される．短時間のせん断では透水性の高い砂層でも間隙水の出入りが許されない状態となる．負のダイレイタンシーを持つ砂層が繰り返し揺すられると有効応力が減少し，最終的にはゼロに達する．

　液状化が発生すると，地盤の支持力機能がなくなり，かつ地盤の自重圧（全応力）に対応する大きな水圧が発生するため，地中内の軽い構造物は浮き上がり，重い構造物は沈み傾く．また，地盤が側方流動するために構造物が破壊される．あるいは，斜面崩壊が起こるなどの大きな被害が生じる．図3-8に液状化による地中構造物の浮き上がりの例を，図3-9に液状化の側方流動による護岸破壊

第 3 章　地下水の有効利用のための対策

(a)

(b)

図 3-8　液状化による地中構造物の浮き上がりの例（2011 年東日本大震災）
(a) マンホールの浮上（千葉県浦安市），(b) ボックスカルバートの浮上（茨城県潮来市）

(a)

(b)

図 3-9　液状化の側方流動による護岸破壊の例（1995 年阪神淡路大震災）
(a), (b) 神戸市ポートアイランド．

の例を示す．

(2) 沖積砂層の土質特性

沖積砂層の液状化危険度の予測には，層厚，標準貫入試験によるN値，細粒分含有率F_cなどの土質特性に関するデータが必要である．大阪地域の沖積砂層についてこれらを「関西圏地盤情報データベース」を基にして250 mメッシュごとに平均モデルとして求めた．

表層の盛土も含む沖積砂層の250 mメッシュごとの層厚，平均N値，平均F_c値の平面分布三つの土質特性について得られた平面分布図を図3-10に示す[4, 5]．なお，図3-10(a)に示した14の地域は沖積砂層の層厚，平均N値，埋立地，河川の堆積作用などの堆積環境の情報を基に区分した．また，図内の空白域は，メッシュ内にボーリングデータがないためモデル化できないか，沖積砂層が存在しないものである．図3-10(a)より，上部沖積砂層は大阪地域の広範囲に分布しているが，特に③西大阪埋立地域，⑥上町台地西縁地域の北部天満砂州地域，⑦上町台地地域，⑧都島地域，⑨吹田砂州地域，⑬東大阪南部地域，⑭生駒山地西縁地域で10 m以上の厚さがある．③西大阪埋立地域で厚いのは，盛土層が沿岸部ほど厚く存在するためである．後に行う液状化危険度の予測のために，砂質土系の盛土層は上部沖積砂層に含めた．図3-10(b)に示されるように平均N値は，西大阪地域（図3-10(a)の③～⑤）では10前後を示すが，東大阪地域（同⑩～⑬）では上部沖積砂層の中に粘性土を挟むため，5以下の地域も多く，全体的に緩く分布している．一方，①，⑥，⑦，⑨地域（⑬の一部も）ではN値が20以上で比較的良く締まっている．図3-10(c)に示した平均F_c値分布は，西大阪地域では20%前後である．東大阪地域では全体的に値が大きく，50%以上の地域も見られ，沖積砂層の中に粘性土を挟んでいることがわかる．N値が小さかったのもこの理由である．N値が大きい①，⑥，⑦，⑨地域では10%以下と小さい．

(3) 液状化危険度の予測

前述した土質特性を用いて大阪地域の液状化危険度を予測した．なお，この計算では沖積砂層だけでなく，液状化する可能性が高い埋立地を含む深度20 mま

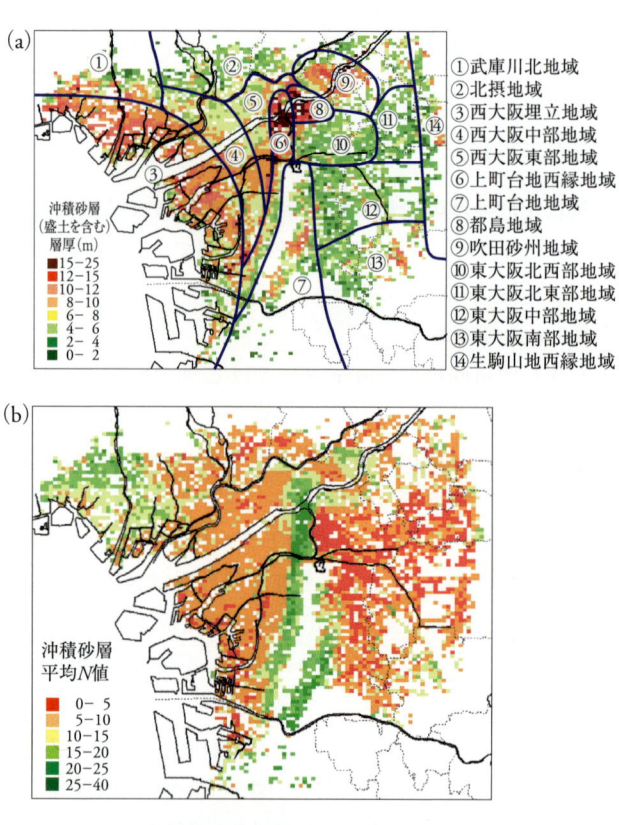

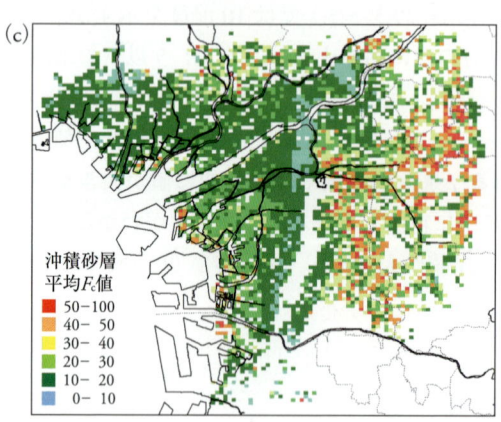

図 3-10 250 m メッシュに区切った大阪平野の大阪市とその周辺地域の沖積砂層の性質[4), 5)]
(a) 層厚と地域区分，(b) N 値，(c) F_c 値．

①武庫川北地域
②北摂地域
③西大阪埋立地域
④西大阪中部地域
⑤西大阪東部地域
⑥上町台地西縁地域
⑦上町台地地域
⑧都島地域
⑨吹田砂州地域
⑩東大阪北西部地域
⑪東大阪北東部地域
⑫東大阪中部地域
⑬東大阪南部地域
⑭生駒山地西縁地域

表3-1 地盤の P_L 値と液状化程度の関係[7]

P_L 値	液状化の程度
0～5	液状化はほとんどなし，被害なし
5～10	液状化の程度は小さい，構造物への影響はほとんどない
10～20	液状化は中程度，構造物によっては影響の出る可能性がある
20～35	激しい液状化，噴砂が多く，直接基礎の建物が傾く場合あり
35以上	非常に激しい液状化，大規模な噴砂と構造物の被害

での粗粒土を対象とした．まず，道路橋示方書[6]の予測式を用いて，海溝型地震（タイプⅠ）と直下型地震（タイプⅡ）が発生した場合の液状化安全率 F_L を250mメッシュごとに深度1m刻みで求めた．海溝型，直下型地震の水平震度はそれぞれ0.4, 0.6（加速度400, 600 gal相当）とし，地下水位は250mメッシュごとの各ボーリング孔の平均水位を用いた．F_L は次式で定義される．

$$F_L = \frac{R}{L} \tag{3-1}$$

ここに，R は地盤の液状化強度比，L は地震による繰返しせん断応力比である．
次に，F_L を深さ方向に積分して，次式で定義される液状化指標 P_L を算出する．

$$P_L = \int_0^{20} F \cdot w(z) \, dz \tag{3-2}$$

ここに，$w(z)$ は深さ z に対する重み関数（$w(z) = 10 - 0.5z$），F は $F_L < 1.0$ の時に $1 - F_L$，$F_L \geq 1.0$ の時に0である．

P_L 値と液状化の程度の関係については，兵庫県南部地震における液状化噴砂分布データなどを基にして表3-1に示す関係が提案されている[7]ので，これを液状化危険度の指標とした．

図3-11に現況の地下水位を用いて，海溝型，直下型地震が発生したと仮定して計算した P_L 値を，上記指標に基づいて区分し，地図上に平面分布として示した．図中の空白域は N 値のデータが存在しないメッシュである．沿岸部では，沖積砂層のデータが存在しないために計算できない地域が多くある．図3-11 (a)より，東南海・南海地震のような海溝型地震が発生した場合に，激しい液状化が発生する危険のある地域は P_L 値が20以上である．このような地域は，西宮から西大阪地域に至る臨海の埋立地，大阪湾に近い住之江区，大阪市内内陸部の都島区と平野区，大阪平野の北縁に当たる伊丹台地・千里丘陵南縁部，大阪平野東縁

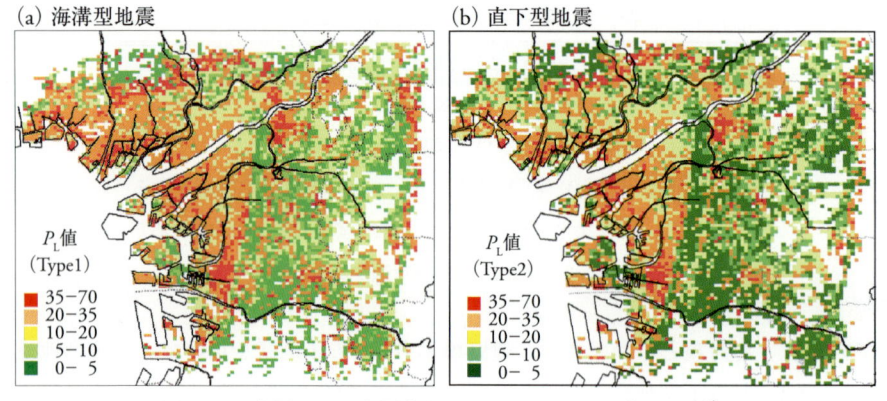

図 3-11　大阪平野の大阪市とその周辺地域の P_L 値の分布[5]．

の生駒山地西縁部である．これらの地域は沖積砂層の層厚が厚く，N 値が比較的小さい．埋立地である咲洲の P_L 値が低いのは，浚渫粘土で埋め立てられているためである．東大阪地域において局所的に P_L 値が高い地域があるが，これらはかつて河床や氾濫源があった場所であり，表層の N 値が小さいためである．図3-11 (b) より，直下型地震が発生した場合の計算結果は，海溝型地震に比べて全体的に P_L 値は少し小さいことを除けば P_L 値の分布はほぼ同様である．

(4)　地下水位低下による液状化対策効果

　液状化を予防するためには，2 節 (1) で述べた液状化が起こる 3 条件のうち，一つでも外してやればよい．砂地盤を密にする締固め工法が最も確実な方法であるが，大阪のような都市部では実用的ではなく，実質的に適用は困難である．一方，地下水位を人為的に低下させれば砂地盤を不飽和化できるので，結果として液状化の予防対策となる．すでに 3 章 1 節で，沖積砂層では構造物に大きな影響を与えることなく 2～3 m の水位低下が可能であることを示した．そこで，地下水位を現在の状態から 1～4 m 低下させた場合の P_L 値を，海溝型地震が発生した場合について再計算した．求められた P_L 値の平面分布を図3-12 に示す．図3-11 (a) の現況地下水位の結果と比較すると，地下水位を下げるにしたがって P_L 値が減少し，液状化危険度が高い地域が徐々に減少することがわかる．特に 3 m 以上低下させると，液状化危険度は平野全体で低くなる．地下水位低下が液

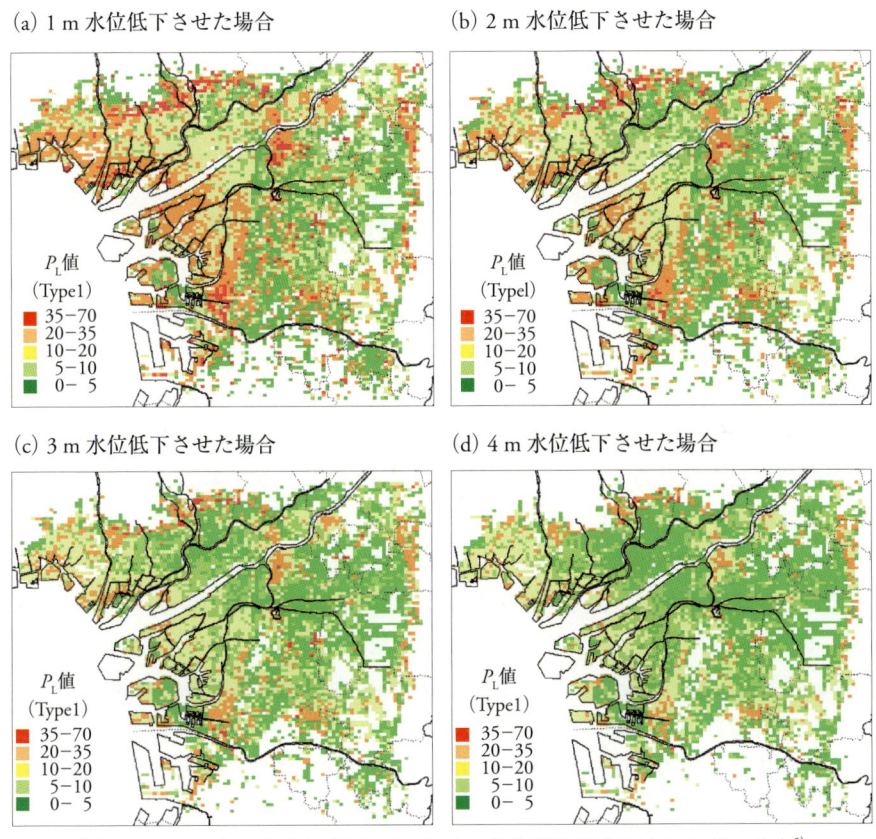

(a) 1 m 水位低下させた場合　　(b) 2 m 水位低下させた場合

(c) 3 m 水位低下させた場合　　(d) 4 m 水位低下させた場合

P_L 値
(Type1)
35～70
20～35
10～20
5～10
0～5

図 3-12　地下水の水位を低下させた場合の海溝型地震発生時の P_L 値の分布[5]

状化対策として有効であることがわかる．しかし，先述の都島区，住之江区，平野区，伊丹台地・千里丘陵南縁部，生駒山地西縁部の一部では，未だ P_L 値が 20 を超えている．これらの地域では砂層の層厚が厚く，N 値が低く液状化が起こりやすい地盤構成となっているためである．

大阪地域の液状化被害額の試算によると，3 m の地下水位低下により，海洋型地震で 100 億円～1,440 億円，直下型地震で 1.3 兆円～2.9 兆円の直接被害額低減が可能であることが報告されている[8]．

3 大阪平野深部帯水層における揚水評価

　大阪平野では，地盤沈下対策のため1960年代後半に地下水揚水規制が施行され，深度500～600 mより浅い地下水のくみ上げが大きく減少した．しかし，この深度より深い帯水層については，その規制対象とはなっていなかった．これは，沈下を生じるほど軟質な粘土層が存在しないこと，揚水対象の帯水層が深度300 m程度までであることがその理由である．2～3℃/100 mの地温勾配を見込んで，深度1,000 m前後の掘削を行うと40～50℃の地温が確保されることから，近年，このような深い帯水層に介在する地下水をくみ上げ，温泉水として活用する保養施設が増加している．大阪市域での温泉水としての深部地下水の揚水は，大阪府の資料から見ると，1980年代後半から始まり，2005年には日量9,000 m^{3}を上回る揚水が行われている[9]．

　大阪府では，平野部における温泉掘削および動力装置設置に関する許可申請に対する審議事項として，温泉井掘削制限距離（既設温泉井戸との距離）800 m以上，ストレーナ内径200 mm以下，ストレーナ総延長150 m以内，揚水量の上限500 L/分といった制限を設けている．このうち，温泉井掘削制限距離800 mについては，新設井戸の影響圏を配慮したものである[10]．井戸の影響圏については，本来，隣接井戸への水位影響がない距離が理想的ではあるが，現実的ではない．大阪府では，影響圏の計算を井戸水位降下の平衡式（帯水層内の水平方向のみから水の補給を受けて平衡が保たれる条件で算定）で計算され，影響水位が10 cm程度に達する距離を算定し，800 mとされた経緯がある．その後，「大阪府温泉資源保護に係る検討委員会」（2007年）[11]による調査が行われ，既存温泉井の揚湯試験結果などをもとにして，規制を再評価した．大阪府が示す水位低下量10 cmは，現状の水位観測手法で有意な差を持って示される値として妥当な指標であろう．

　2007年の大阪府の再評価では，揚水対象の帯水層の流動だけでなく，鉛直方向の漏水も加味された非平衡式を用いた検討が行われている．この報告書（大阪府健康福祉部環境衛生課, 2008）では，1年間の揚水で井戸中心から800 mで10 cmの水位降下をきたす揚水量は，48 L/分（69 m^3/日）～446 L/分（642 m^3/日）という評価結果が得られており，大阪の動力設置の申請が行われた温泉井での揚水量の範囲に相当している．さらに，上位の帯水層からの漏水についても評価結果が示され，一見，平衡に達していると見られる地下水位の状態は，そのような

漏水補給で保たれているということが判明した[11]．

　このことは，温泉水の経年変化からも明らかで，水温低下（相対的に浅い地下水で水温が低く，浅層地下水の混入が懸念される）が生じており，さらに深部に存在する高い塩化物イオンを含む温泉水のイオン濃度が減少している．いずれも，揚水量過剰による浅層地下水の混入を示唆する．また，アルカリ度が上昇傾向を示す点は，粘土層中に介在する高いアルカリ度を持つ間隙水が絞り出されていることを示している[11]．

　大阪平野の帯水層構造は2章1節（2）の通りで，多くの温泉井が揚水対象としている帯水層は第四紀層の下半部に当たる都島累層である．この層は千里丘陵や泉北丘陵にその相当層が直接露出しており，丘陵の崖で観察される．この地層中に挟まれる淡水成シルト・粘土層は，側方に向かうと砂層や礫層に粗粒化したり，その上面が侵食されて側方への連続性が悪い．平野地下で同じ層準の地層はボーリング調査から得られ，その積層状態と各丘陵でのそれとは類似しており，平野地下においても淡水成シルト・粘土層の側方連続性は良くないと判断される．このように，都島累層の淡水成シルト・粘土層は，側方連続性が悪く各所で欠落し，その欠落部分では上下の帯水層が直接接するため，地下水の上下方向の流動を大きく阻害しない．このことは，2007年の大阪府の再評価結果[11]で，鉛直方向の漏水が認められ，温泉井戸の揚水は，対象としている帯水層だけでなく，上下の帯水層にもその影響が生じているという結果とも矛盾しない．

　この半径800 mの影響圏で水位低下10 cmが与える影響が本来どの程度かを，揚水非定常解析法であるハンタッシュ・ヤコブ標準曲線法[12,13]での水位降下評価を以下に行ってみる．大阪平野の被圧地下水帯水層において温泉井戸資料で得られる平均的な透水係数と一般的に知られる貯留係数を与え，現在許可される最大揚水量・ストレーナ長を計算条件とする．帯水層の透水係数：5×10^{-5} m/sec，貯留係数：1×10^{-5}，ストレーナ長：150 m，透水量係数：0.45 m²/min，揚水量：500 L/分，揚水期間：1年間揚水の条件での半径800 mでの水位降下量は，鉛直方向の漏水がないとすると，ほぼ1 mの水位降下の計算結果が得られる．しかし，これまでの温泉井の揚水試験から鉛直方向の漏水が生じていることから，漏水条件を段階的に与える必要があり，井戸関数の漏水補給に関わる係数r/Bを段階的に与えて漏水条件を加味すると，半径800 mでの水位降下量は，$r/B=0.2$で31 cm，$r/B=0.5$で16 cmの水位降下，$r/B=1.0$で7 cmの水位降下が算定される．大阪府の動力設置の許可申請資料から再解析での漏水に関わる係数r/Bの多くが，

この範囲であることからすると，鉛直方向の漏水によって涵養量が保たれ，影響圏は漏水補給がない条件に比べて，大きくならない状況が生じていると見られる．このことは，温泉井の揚水によって，より上位の帯水層から水を引き込み，揚水される温泉水の水質・水温に対して影響を自ら与えるという状況にあるとも言える．

　より単純な評価をしてみることにする．揚水量500 L/分で1年間揚水する水量は，500 L/分×1,440分×365日＝262,800 m³/年となる．これを半径800 mの円筒の貯留槽から揚水したとするとその水位低下量は，262,800 m³÷((800 m)²×3.14)＝13 cmとなる．実際の帯水層からの揚水はこのような貯水槽からではなく，砂礫層の間隙水をくみ上げているので，水位降下は井戸に近づくほど大きくなり，さらに800 mの範囲を超えて生じ，しかも鉛直方向に波及している．この単純な貯留槽での水位低下量は上記の非定常解析での評価で示される漏水条件を$r/B=0.5$とした状態での評価結果に相当する．

　日本の地下水涵養量は，その土地の地質条件，地表の被覆状態，補給源となる降雨量や降雪量とも大きく関係するが，雨量換算で1日に平均約1 mmであるとされている[14]．つまり年間の地下水涵養量は約365 mmとなる．上記の単純な半径800 mの円筒の貯留槽からの揚水で考えても，年間の地下水涵養量の約1/3を揚水する水量として評価される．大阪平野の温泉井戸が揚水対象とする帯水層は500 mよりも深く，単に1 mm/日の涵養を受けておらず，長期の涵養の結果として温泉利用される地下水が賦存していることから，帯水層の水収支としては涵養量以上の水量を揚水しているものと考えられる．この評価は1本の井戸での結果である．半径800 m圏内に隣接井戸がある場合，隣接井戸間における帯水層に対する影響は，相互の井戸の揚水が関わるため当然のことながら加算されたものとして双方の井戸に現れる．

　表3-2に大阪平野西大阪における申請の出された温泉井について掘削時点での自然水位を示した．大阪平野の地盤沈下観測井が計測対象としている深度400 m以浅の帯水層の地下水位がほぼ海水面程度まで回復傾向を示しているのに対して，温泉井が設置される深度500 mより深い帯水層の自然水位は，標高－10 m前後あるいはそれより低い．堺市のものでは，標高－49 mと低い水位を示している．本来，このような深い帯水層における自然水位は，海水面より高い水位を示すものである．しかし，現状はそうではない．これは，深部帯水層での揚水の影響やより浅い帯水層の揚水影響が自然水位に現れていることを示してい

表 3-2　大阪平野の西大阪地域の温泉井戸の諸元（大阪府資料）

地点	所在概要	掘削長 (m)	ストレーナ区間深度 (m)	地表面標高 (m)	自然水位 (深度, m)	自然水位 (標高, m)
A	大阪市中央区	590	515- 585	4	28.3	-24
B	大阪市港区	1500	1330-1500	4	21.5	-18
C	大阪市港区	1200	688-1200	4	12.0	-8
D	大阪市港区	1013	885-1008	4	11.0	-7
E	大阪市大正区	804	672- 789	5	12.6	-8
F	大阪市大正区	1190	1135-1179	6	14.0	-8
G	大阪市浪速区	1000	906- 995	7	17.5	-11
H	大阪市浪速区	857	752- 852	4	26.4	-22
I	大阪市西成区	1300	1168-1267	6	23.0	-17
J	大阪市住之江区	700	640- 694	3	12.7	-10
K	大阪市住之江区	700	608- 636	2	12.0	-10
L	堺市堺区	1000	879- 989	6	24.8	-19
M	堺市堺区	1300	826-1294	3	24.1	-21
N	堺市堺区	1000	836.5-967.3	9	57.7	-49
O	堺市堺区	810	648.0-792.0	4	14.7	-11

る.

　このように，大阪府では井戸間の距離規制・ストレーナ・揚水量等の基準を設けて温泉井戸の揚水規制を行い，持続的な深部地下水の活用を図っているが，それが充分であるとは言えない．これは 2007 年大阪府の再評価結果でも指摘され，水質・水温の変化傾向が示されている．大阪府は，この報告書の中で，今後に残された課題として，温泉水の水収支を大阪地下水盆のより正確な帯水層定数・地下地質構造・浅層も含めた地下水揚水量の把握などから明らかにすること，温泉保護のための観測井の設置などを指摘している．

4 人為汚染物質の浄化

　人為起源を持つ地下水の主要な汚染物質は，1) 揮発性有機化合物（VOC），2)

重金属等,および3) 硝酸性窒素及び亜硝酸性窒素の3種類である (1章5節 (5) 参照).これらは各々の物性や汚染原因が異なり,土壌や地下水中での挙動も異なる.まず,それぞれの汚染物質に対する対策を述べよう.次に,野外で簡便な方法を用いて行った浄化実験の結果について述べる.

(1) VOC汚染地下水の浄化技術

VOC (揮発性有機炭素,Volatile Organic Compounds) はその名の通り揮発性を有する.粘性が低くて比重が1よりも大きい物質が多い.そのため,地表面から漏出されると,深部まで地下浸透して汚染が拡がる.地下水中では液状のままで存在していたり,ガス状で土壌粒子間隙の気相部に存在したりしている.そのため,浄化対策としては以下の方法が用いられている[15].

① 汚染地下水を揚水して処理する
② 汚染土壌ガスを抽出する
③ 現位置で浄化する
④ 地下水下流側に透過性浄化壁 (PRB) を設置する

具体的には,表3-3に示したような方法が考案されている.以下に主要な浄化技術について説明する.

1) 揚水処理法

VOCによる地下水汚染が発覚すると,図3-13のように揚水して地上で排水処理が行われる場合が多い.くみ上げた汚染地下水の処理法は,①揮散法,②吸着法,③促進酸化法などに分類される.

揮散法は,揚水した汚染地下水に空気を吹き込んで地下水中のVOCを気化させ,地下水から除去する方法である.曝気方法には,比表面積の大きいプラスチック製の充填材を詰めた処理装置の上部から汚染地下水を散水し,装置下部から空気を通して充填材表面でVOCを気化させる充填塔方式と,図3-14のようにトレイを上下に数段設置し,装置の下部から供給した空気をトレイ下部の微細孔から吹き上げる際に汚染地下水中のVOCを気化させる棚段方式の2種類に大別できる.前者は水量の多い場合に用いられ,後者は比較的少量の場合に採用されている.また,揮散法によって発生するVOCを含んだ排ガスは,後述する方法で排ガス処理された後,大気に排出される.

表 3-3　VOC 汚染地下水の浄化法

分類	物理化学的浄化法	生物学的浄化法
揚水処理法	揚水・揮散法 揚水・吸着法 揚水・促進酸化法	―
土壌ガス抽出法	ガス吸引法 エアスパージング法	―
現位置浄化法	酸化剤注入法（酸化分解） 鉄粉法（還元分解）	バイオオーギュメンテーション バイオスティミュレーション
地下水下流側への 浄化壁設置法	透過反応壁法（鉄粉法）	―

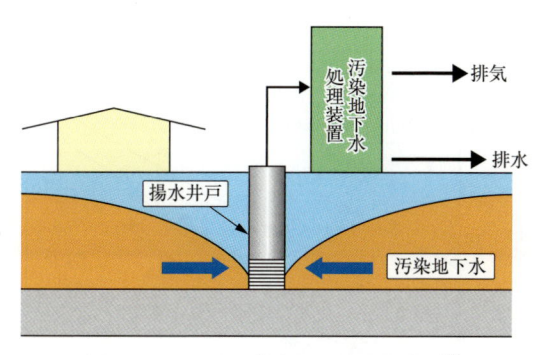

図 3-13　VOC の揚水処理法の概略図[21]

　吸着法は，揚水した汚染地下水中の VOC を活性炭で吸着除去する方法で，広く用いられている．通常，粒状活性炭を充填した処理装置に汚染地下水を通水して VOC を吸着させる．図 3-15 に主要な VOC の吸着等温線の一例を示す[16]．活性炭の単位活性炭当たりの VOC 吸着量があまり大きくないため，事前のトリータビリティ試験（処理性能確認試験）によって必要な活性炭量や通水速度などの処理条件を把握しておくことが不可欠である．また，揚水した汚染地下水に懸濁物や沈殿物が多く含まれていると，活性炭充填層の目詰まりが生じる可能性がある．このような場合には，吸着処理する前に砂ろ過や凝集沈殿処理などにより懸濁物や沈殿物が除去される．

　促進酸化処理法は，揚水した汚染地下水にオゾンあるいは紫外線，過酸化水素を組み合わせて供給することにより，反応性の高い OH ラジカルを発生させて

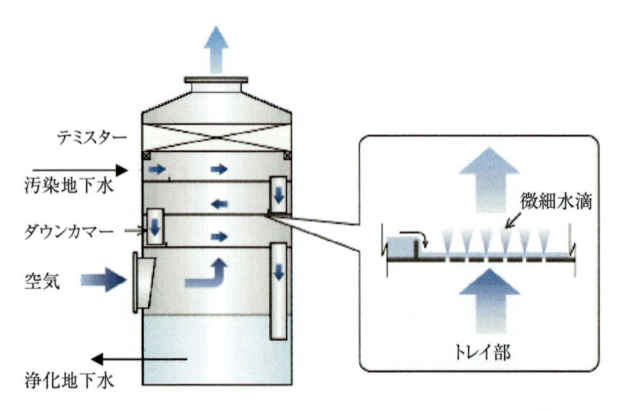

図 3-14　VOC の棚段式ばっ気処理装置の概略[22]

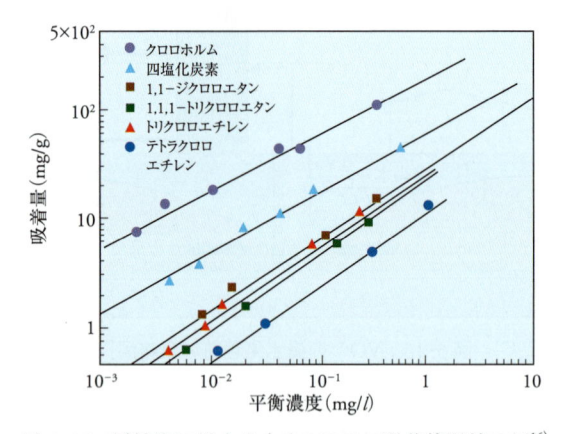

図 3-15　活性炭に対する水中 VOC の吸着等温線の例[16]

VOC を二酸化炭素と塩素イオンにまで酸化分解する方法である．オゾンを使用する場合には排オゾンガスの処理が必要になり，紫外線を用いる場合には事前に地下水中の懸濁物を除去することが重要になる．

2）　土壌ガス抽出法

　土壌ガス抽出法の代表的な方法である土壌ガス吸引法は，図 3-16 のように地下水面よりも上部の不飽和土壌（土壌粒子間隙に気相部が存在する土壌）を対象に処理が行われる．ガス吸引井戸を設置し，地上のポンプによって土壌間隙中のガスを吸引し，地上のガス浄化装置によって汚染物質を取り除く方法であり，

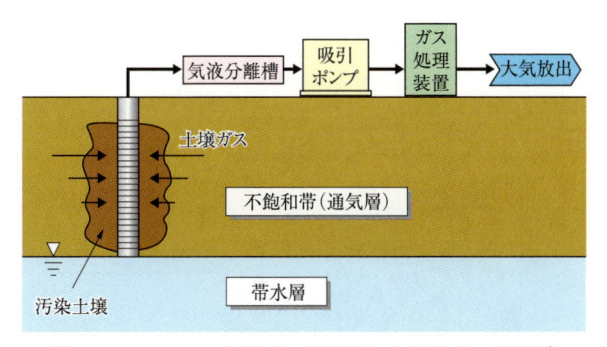

図 3-16　VOC の土壌ガス吸引法による処理の概略[21]

VOC の現位置対策技術として実績がある．

　汚染土壌中では VOC は気相部，液相部（間隙水に溶解した状態と，原液のままで存在している状態），および固相部（土粒子に吸着した状態）の 3 相に存在しており，各相間で平衡状態が形成されている．そのため，土壌間隙中のガスを吸引すると液相や固相の VOC がガス化して新たな分配が起こり，最終的には気相部を通じて各相の VOC を除去することができる．そのため，この方法は，VOC による汚染地下水を浄化する技術というだけでなく，VOC によって汚染された土壌をも浄化する方法として広く採用されている．ただ，一般的には浄化終了までにはきわめて長期間を要することが欠点である．

　汚染土壌から吸引されたガス中の VOC は，地上に設置した活性炭吸着塔や触媒燃焼装置，もしくは紫外線分解装置を用いて吸着除去するか分解する．これらのうち，活性炭吸着法は最も広く普及している方法であるが，上述の通り，用いる活性炭の吸着特性が活性炭の物性や排ガスの性状によって大きく影響を受けるため，事前のトリータビリティ試験が重要になる．特に排ガスの湿度が高い場合には活性炭表面に水分が凝縮して VOC の吸着量が著しく減少するため，気液分離装置などが必要になる．

　エアスパージング法は，図 3-17 のように地下水位以下の飽和地盤（土壌粒子間隙が地下水で飽和しており気相が存在しない地盤）に空気を圧入して地下水中の VOC の揮発を促進することで，効率的に汚染地下水から VOC ガスを除去できる．しかし，圧入した空気によって汚染地下水を周囲に拡げてしまう場合があるため，周辺への汚染地下水の拡散防止策を準備しておく必要がある．

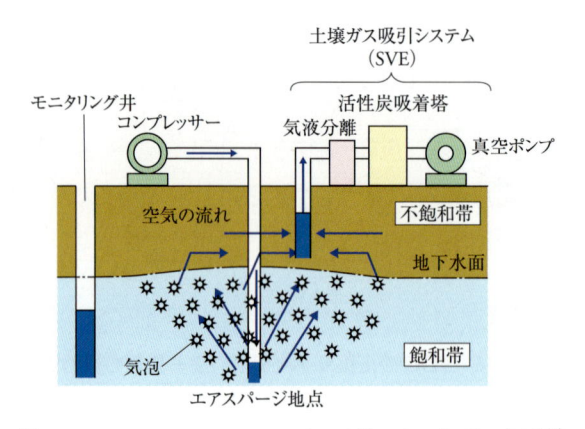

図 3-17　VOC のエアスパージング法による処理の概略[23]

3） 現位置浄化法

地下水をくみ上げずに現位置で VOC を浄化する方法として，VOC 分解のための酸化剤や還元剤（鉄粉），あるいは分解能を有する微生物などを地下水に注入する方法が用いられる．それぞれ酸化剤注入法，鉄粉注入混合法，バイオレメディエーション法（生物浄化法）と呼ばれている．

酸化剤注入法は，汚染地下水に過マンガン酸塩や過硫酸塩，あるいは第 1 鉄塩と過酸化水素水を注入した際に生成する OH ラジカルを用いる（フェントン法）ことで，地下水中の VOC を酸化分解する方法である．VOC はこれらの酸化剤によって短時間で二酸化炭素と塩化物イオンに分解される．過マンガン酸塩の分解速度は速いが，土壌に含まれる有機物も酸化分解するので，有機物含有量が少ない砂礫層に限って適用されることが多い．このとき反応によって生成される二酸化マンガンは溶解度が低いので，地下水のマンガンイオン濃度はほとんど増加しない．さらに，生成した二酸化マンガンは土壌に吸着され，地下水とともに移動することも少ない．したがって，酸化剤として好都合である．過硫酸塩は過マンガン酸塩ほど有機物とは反応しないが，反応速度が遅い．そのため，還元剤と併用することで酸化還元反応を促進したり，30〜50℃程度に加温して反応させるなど，効率化をはかっている[17]．フェントン法は，(3-3) 式で示されるように，第 1 鉄塩と過酸化水素水との反応で生成される OH ラジカルによる VOC の酸化分解を行うものである．

$$H_2O_2 + Fe^{2+} \longrightarrow Fe^{3+} + OH^- + \cdot OH \tag{3-3}$$

この反応を利用すると，常温で素早く，強力な酸化反応が期待できる．一方で，2種類の薬剤を当量ずつ注入しなければならないことと，過酸化水素が土壌に接すると一部が分解されることから，工事実施時には種々の工夫が必要になる．

鉄粉法は，金属鉄粉による還元反応を利用してVOCを脱塩素化し，無害な炭化水素に変換する方法である．地下水の浄化に用いる場合は透過反応壁（PRB）法として用いられることが多いが，重機を用いて現位置土壌と金属鉄粉を現位置で混合したり，液状のコロイド鉄粉を土壌に注入される場合もある．

バイオレメディエーションは，生物の有する分解能力や蓄積能力を活用して汚染土壌や地下水を浄化する方法である．汚染土壌中に存在しているVOC分解能を有する微生物の活性を高めるために有機物や栄養塩，酸素などを地上から供給するバイオスティミュレーションと，有機物や栄養塩とともに外部で培養した微生物も地上から供給して現位置でVOCを分解除去するバイオオーギュメンティションがある．いずれも，VOCを分解する微生物を効率よく機能させることができれば，安価に処理することが可能である．

4） 透過反応壁（PRB）法

図3-18に示すように，PRB法は，汚染地下水下流側の土壌内に鉄粉と砂からなる透過性の反応壁を設置し，汚染地下水がこの反応壁を通過する際にVOCをエチレンやエタンなどの無害な有機物質に還元分解する方法である．この方法では，VOCの還元材としての鉄粉と，基材として透水性の高い採石や砂を均一に混合してPRBを構築する．反応壁の設置費用は高いが，動力費やメンテナンスなしで長期間浄化することが可能であるといわれている．反応壁の設置後に地上に建造物が残らないことから対象地域の地上部を利用する際にも制限が少ない．このようなメリットのために汚染物質の系外流出防止技術として期待されている．

PRB法では，反応壁の透水係数と厚さが重要なパラメータとなる．特に反応壁の透水係数を周辺の帯水層の透水係数よりも大きな値に設定しなければ反応壁を迂回して地下水が流れるため，汚染地下水を浄化できないだけでなく，かえって汚染を拡大させてしまうことになる．これを回避するために，鉄粉の粒径を帯水層の砂の粒径よりも大きくしなければならない．また，効率的な還元反応を生

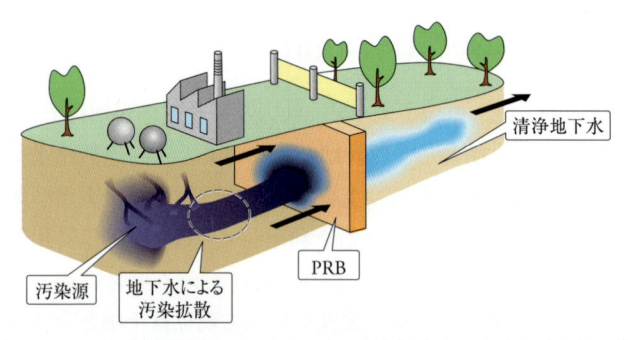

図 3-18 地下水汚染処理のための透過反応壁 (PRB) 法の概略図[15]

じさせるためには比表面積の大きな鉄粉を用いることが必要になる[17].

(2) 重金属等の汚染地下水の浄化技術

地下水や土壌を汚染している有害元素には，鉛や水銀，六価クロム，フッ素，ホウ素，シアン，カドミウム，ヒ素などがある．これらは通常金属や酸素酸塩などのイオンとして地下水中に含まれており，各々のイオンの特性によって浄化原理が異なる．重金属汚染地下水の浄化工法として表 3-4 のような方法が考案されている．ここでは，①陽イオン性重金属（鉛，カドミウム，および水銀），②陰イオン性元素（六価クロム，ヒ素），③シアン，④フッ素，⑤ホウ素，に分け，各々の揚水処理法と透過反応壁 (PRB) を用いた処理法について説明する．

1) 揚水処理法
①陽イオン性重金属（鉛，カドミウム，水銀）による汚染地下水の浄化

鉛やカドミウム，水銀などのように陽イオンとして存在している重金属を除去するには，揚水した地下水に塩化第二鉄や硫酸第二鉄，ポリ塩化アルミニウムなどの無機凝集剤を添加する凝集沈殿法が用いられることが多い[17]．これらの重金属は，水酸化第二鉄や水酸化アルミニウムのフロック（凝集した懸濁物や沈殿物）に吸着することで沈殿除去される．ただし，水銀の場合は他の重金属よりも排水基準値 (0.005 mg/L) が低いため，無機凝集剤を用いた凝集沈殿法だけでは微細なフロック（ピンフロック）が沈殿池から流出するために排水基準値以下まで処理することは困難である．そのため，硫黄化合物の添加による難溶性の硫化物を生成

表 3-4　重金属汚染地下水の浄化方法

分類	物理化学的浄化法	生物学的浄化法
揚水処理法	揚水・吸着法 揚水・イオン交換法 揚水・不溶化法 揚水・湿式還元法（六価クロム） 水・湿式酸化法（シアン）	揚水・鉄バクテリア法（ヒ素）
地下水下流側への浄化壁設置工法	透過反応壁法	－

させて固液分離したり，硫黄系のジチオカルバミン酸基やチオール基などを含むキレート樹脂を充填した充填塔に通水したりすることで水銀が排水基準値以下まで処理される．また，凝集沈殿処理の際にジチオカルバミン酸基を含む液体キレート剤を併用した液体キレート凝集沈殿法が用いられることもある．

②陰イオン性重金属（六価クロム，ヒ素）による汚染地下水の浄化

　毒性の高い六価クロムは酸性域でもアルカリ性域でも溶解度の高い塩を形成するため，沈殿除去することが困難である．除去する際には，アルカリ性で難溶の水酸化クロムを形成する三価クロムに還元した上で凝集沈殿処理する方法が一般的に用いられる．還元剤に二価鉄塩を用いると，生成した三価鉄イオンの水酸化鉄沈殿に伴う凝集効果も期待できる．

　ヒ素は地下水中では三価の亜ヒ酸塩として存在していることが多い．亜ヒ酸は吸着されにくいため，次亜塩素酸塩などを用いて五価（ヒ酸塩）に酸化してから水酸化第二鉄の沈殿を用いた共沈処理を行う．この方法は処理操作が煩雑であるため，濃度が低い場合はキレート樹脂やイオン交換樹脂による処理も適用されている．また，地下水中に棲息している鉄やマンガンを酸化する微生物（鉄バクテリア）を用いたヒ素汚染地下水の除去法も開発されつつある．この方法では，鉄バクテリアの作用によって生成した鉄マンガン酸化物にヒ酸イオンが吸着することで除去されると考えられている[18]．

③シアン汚染地下水の浄化

　シアンは地下水中では遊離シアンイオン（CN^-）あるいはシアノ錯イオンとして存在していると推定されている．シアン濃度が比較的高い場合は，地上に揚水

した後，鉄イオンや銅イオン，亜鉛イオンを加えることでシアノ錯イオンとの難溶性塩を形成させたのち，凝集沈殿処理することでシアンを沈殿除去している．特に鉄シアノ錯イオンを含む排水に対して鉄イオンを加える紺青法がシアン排水処理法としてよく知られている．紺青法では，鉄が過剰に存在すると以下の反応によって難溶性塩が生成する．

$$3[Fe(CN)_6]^{4-} + 4Fe^{3+} \longrightarrow Fe_4[Fe(CN)_6]_3 \text{（プルシアンブルー）} \quad (3\text{-}4)$$

$$2[Fe(CN)_6]^{3-} + 3Fe^{2+} \longrightarrow Fe_3[Fe(CN)_6]_2 \text{（ターンブルブルー）} \quad (3\text{-}5)$$

$$[Fe(CN)_6]^{4-} + 2Fe^{2+} \longrightarrow Fe_2[Fe(CN)_6] \text{（ベルリンホワイト）} \quad (3\text{-}6)$$

しかし，紺青法ではpHが6以下の弱酸性条件では，鉄シアノ錯イオンのみしか処理が行えない．したがって，重金属汚染地下水の処理法としての適用範囲が限定される．これに対して，銅イオンと還元剤とを併用すると，pHが8以下の中性域を含む広いpH領域で処理することができ，かつ鉄以外の金属のシアノ錯イオンや遊離シアンイオンとも反応して難溶性塩を形成する．

また，シアン分解能を持つ微生物を用いた原位置処理法も開発されている．生物に対して有毒なシアンでも，微生物が活性化する条件を保つことができれば，都市下水処理法として一般的な活性汚泥法で処理できることが知られている．活性汚泥法はもともと土壌に生息する微生物群を用いた生物処理法であることから，汚染土壌や汚染地下水層に存在するシアン分解能を有する微生物を活用したバイオスティミュレーションや，シアン分解能を有する微生物も新たに注入するバイオオーギュメンテーションが開発されている．

シアン濃度が低い場合は，活性炭や活性アルミナによる吸着法や，イオン交換樹脂による処理法も用いられている．

④ フッ素汚染地下水の浄化

フッ素は，地下水中ではほとんどがフッ化物イオン（F^-）として存在している．汚染地下水中のフッ素濃度が低い場合には，活性アルミナやイオン交換樹脂，あるいはフッ素吸着樹脂を用いた処理が適用される．特にフッ素吸着樹脂は選択性が高く，かつフッ素吸着能力が大きく，水酸化ナトリウムで繰り返し再生利用でき，性能劣化も少ないことから，今後の適用拡大が期待できる．

フッ素濃度が30 mg/L以上と高い場合は，前処理法としてフッ化カルシウム法が用いられる．この方法では，汚染地下水にカルシウム塩を添加して難溶性の

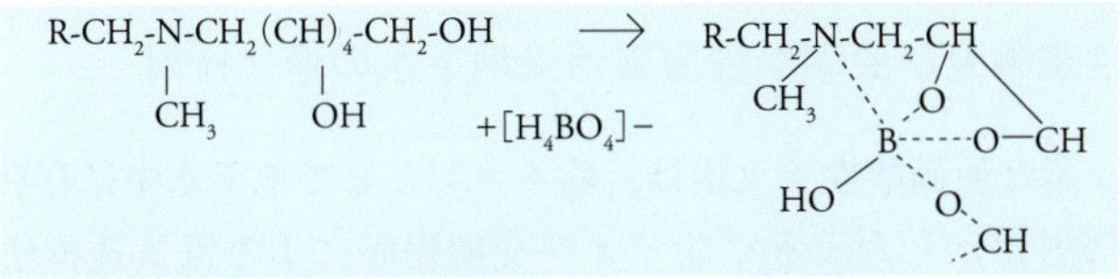

図 3-19　N-メチレングルカミン基を持つキレート樹脂によるホウ素の除去[24]

フッ化カルシウムを生成させて沈殿除去する方法である．このようにフッ素濃度をある程度低減した上で，残存したフッ化物イオンに対して，フッ素吸着樹脂を用いた処理が適用される．

⑤ホウ素汚染地下水の浄化

ホウ素は地下水中ではホウ酸塩（BO_3^-，$B_4O_7^{2-}$など）として存在している．ホウ素は，重金属やアルカリ土類金属と反応しても難溶性塩を生じないため，低濃度のホウ素汚染地下水の場合は，イオン交換樹脂やホウ素選択吸着樹脂を用いた吸着法が適用される．しかし，通常のイオン交換樹脂ではホウ素の選択順位が低いため，他の共存イオンが少ない場合に限って適用される．ホウ素選択吸着樹脂は，図 3-19 のような N-メチルグルカミン基を持つキレート樹脂で，pH が中性であっても基準値（1 mg/L）以下までホウ素を処理できる特徴がある．

フッ素汚染地下水の場合と同様，ホウ素濃度が高い場合は前処理法として凝集沈殿法が用いられる．この方法は，pH9 以上でアルミニウム塩と水酸化カルシウムを添加して生成するアルミン酸カルシウムにホウ素を吸着させて除去するものである．

2）　透過反応壁（PRB）法

VOC 汚染土壌と同様に，重金属汚染地下水の浄化にも PRB 法が適用される．この場合，汚染物質を酸化還元分解したり固定化したりする反応剤と，これらを PRB 内で均等に分散させ保持するための基材（採石や砂）とを混合して反応壁が構成される．重金属の場合は VOC のように分解除去することはできないが，長期間にわたってメンテナンスフリーで汚染地下水中の重金属を捕捉することが可能である．応用として，地下水下流側に反応剤と基材とで構成された杭の列を複数列設けることで，PRB と同様の重金属除去効果をもたらすマルチバリア工法も提案されている．

(3) 硝酸性窒素及び亜硝酸性窒素汚染地下水の浄化技術

硝酸性チッ素と亜硝酸性チッ素は，陰イオンとして地下水中に存在していることから，表3-5に示したように陰イオン交換樹脂による電気透析法やイオン交換法，もしくは生物学的脱チッ素法が適用される．

イオン交換法は，陰イオン交換樹脂を充填した反応装置内に揚水した汚染地下水を導水し，硝酸イオンや亜硝酸イオンを除去する方法である．高濃度の汚染地下水の場合は陰イオン交換樹脂の交換頻度が増えるため，低濃度汚染の場合に限って適用される．また，硝酸イオンと亜硝酸イオンともにイオン交換樹脂の選択性が低く，他の陰イオンも同時に除去してしまうことから，本法は共存する陰イオンの少ない場合に限って適用される．

電気透析法は海水淡水化技術として実績のある脱塩法であり，陽イオン交換膜と陰イオン交換膜とを交互に設置した反応槽内に揚水した汚染地下水を導水し，直流電圧を用いて汚染地下水中のイオンを分離除去する方法である．イオン交換膜の両端から直流電圧を付加すると，硝酸イオンと亜硝酸イオンが除去された浄化水（脱塩水）と濃縮水とに分離することができる．この場合も選択的に硝酸イオンと亜硝酸イオンのみを除去することができないため，共存する陰イオンが少ない場合に適用される．

生物学的脱チッ素法は，有機物が存在する嫌気性条件下で硝酸イオンや亜硝酸イオンを窒素ガスにまで還元する脱窒菌を用いた生物学的除去法で，都市下水や食品工場排水など，幅広い排水の処理に適用されている方法である．また，この脱窒菌による生物学的還元反応をPRB内で起こさせることにより，地下水が反応壁を通過する際に硝酸イオンや亜硝酸イオンを窒素ガスに変換させるPRB法も用いられている．

(4) 地下水浄化実験による汚染物質の除去

ここでは守口市立下島小学校に設置した井戸で行った水質浄化実験の結果を紹介する．これは，費用と手間をかけずに，鉄・マンガンやVOCなどを除去し，地下水利用を促すための実験である．鉄は嫌気的環境下で第一鉄イオン（Fe^{2+}）で存在するときは高濃度に地下水中に溶存する．しかし，好気的な環境で第二鉄イオン（Fe^{3+}）となるとpHが弱酸性〜アルカリ性の地下水中では，酸水酸化鉄と

表 3-5　硝酸性窒素及び亜硝酸性窒素汚染地下水の浄化法

分類	物理化学的浄化法	生物学的浄化法
揚水処理法	揚水・イオン交換法 揚水・電気透析法	揚水・生物学的脱窒素法
地下水下流側への浄化壁設置工法	—	透過反応壁法（生物学的脱窒素法）

して沈殿する．マンガンの挙動は鉄より複雑であるが，同様に嫌気的地下水ではマンガンイオン（Mn^{2+}）として高濃度に溶解するが，好気的かつ中性〜アルカリ性では，二酸化マンガンの沈殿を形成して地下水中から除去される．

鉄（Fe^{2+}）・マンガン（Mn^{2+}）の水道水水質基準値はそれぞれ 0.3 mg/L と 0.05 mg/L である．守口市立下島小学校に設置した井戸で汲みあげられる地下水中の鉄とマンガンの濃度は高く，鉄が春・冬に約 15〜20 mg/L，夏に 20 mg/L 前後の濃度になり，マンガンは調査期間（5〜12 月）を通して約 4〜5 mg/L であった．また，環境基準値以下ではあるが微量の VOC（1, 2-ジクロロエチレン（0.86 ng/L）・トリクロロエチレン（0.39 ng/L））を含んでいた．

簡易ろ過槽の構造を次ページの図 3-20 に示す．ろ材は鉄粉，礫径 2〜3 mm の礫，礫径約 5 cm の軽石，中空円柱状で約 5 mm のプラスチック製ペレット，5 mm の柱状の活性炭，径が 0.3〜0.45 mm の砂である．一つ目のろ過槽では VOC が鉄粉により還元されて分解する．また，二つのろ過槽を使用して緩速ろ過を行うことで上記の濾材表面に好気性バクテリアが繁殖し，ろ過槽中の水環境が好気的になり鉄・マンガンなどが酸化され沈殿する．さらに，ばっ気塔を通過させる時に分解され残った VOC が大気中に飛散するようになっている．低濃度の VOC は大気中では容易に分解されるため，環境への影響は小さい．

地下水とろ過槽を通した水に溶存する鉄・マンガンの濃度変化を経時的に観測した結果を図 3-21 に示す．6 月に第二ろ過槽から取水した水は，鉄・マンガンの濃度が上昇した．この当時，ろ過槽にばっ気塔は設置されていなかった．第一ろ過槽で好気性バクテリアが増殖し，溶存酸素を消費したため，第二ろ過槽が嫌気な環境になり，沈殿していた鉄・マンガンが還元されて溶出したためである．そのため，第一ろ過槽から流出させた水は第二ろ過槽に入れる前にばっ気塔を通過させることとした．

夏期と冬期では，鉄・マンガンの除去率が異なる．鉄は，夏期には低濃度まで

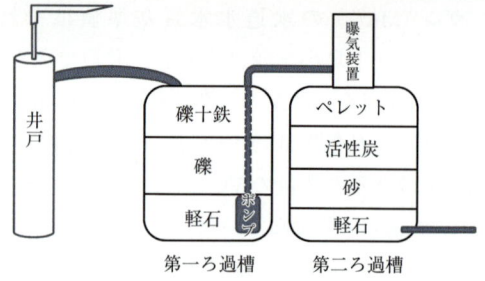

図 3-20　守口市立下島小学校に設置した簡易ろ過槽とその構造

除去されるが，冬期は夏期ほど低濃度にならない．一方，マンガンは夏期よりも冬期の方が低濃度まで除去されている．図 3-22 に示すように，ろ過槽内の水のpH と酸化還元電位は，夏期には第一鉄イオンが安定で，冬期には第二鉄イオンが安定な値の範囲を変動する．一方，マンガンは調査期間中を通じてマンガンイオンが安定な環境にある．生物ろ過膜を形成する好気性バクテリアは酸素を消費してろ過槽内の水をわずかに嫌気的にしている．冬期には生物活動性が下がるため，ろ過槽内は鉄が沈殿する環境に変わるが次の反応によりマンガンによる鉄の還元が行われて，鉄の溶解とマンガンの沈殿が起こるのであろう．

$$\text{Fe(OH)}_3 + \text{Mn}^{2+} \rightarrow \text{Fe}^{2+} + \text{MnO}_2 + \text{H}^+ + \text{H}_2\text{O} \tag{3-7}$$
　　沈殿　　　　　　　　　　　沈殿

井戸水に含まれていた 1, 2-ジクロロエチレンとトリクロロエチレンは，第一

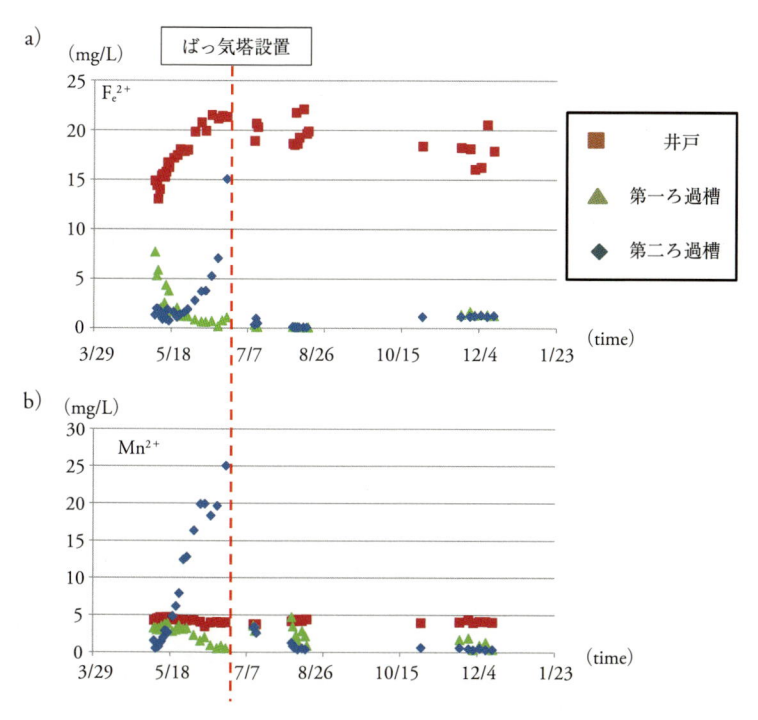

第 3 章　地下水の有効利用のための対策

図 3-21　守口市立下島小学校のろ過槽を通過する前後の地下水の鉄とマンガン濃度の季節変化．
6 月にばっ気塔を設置する以前に第二ろ過槽で還元的になり，溶存鉄・マンガンの濃度が高くなったが，ばっ気塔設置後は濃度が低下した．

ろ過槽を通した水からは検出されなかった．鉄粉は VOC を分解する役割を果たしていた．さらに，亜硝酸イオンが酸化されて硝酸イオンに変化していた．ナトリウムイオンのように井戸設置後に濾材からの溶出に起因して濃度が増加する主化学成分がある．しかし，濾材からの溶出がおさまり，生物ろ過膜の形成が安定してからは，ろ過槽を通した水の主化学組成に大きな変化はみられなくなる．その後は，ろ過槽で浄化された水はビオトープの水源として用いることができる水質を安定的に保っていた．今回試作した簡易ろ過槽は取り扱いが容易であり，消耗品のコストも安価であることから，教育現場で用いるには都合がよい．

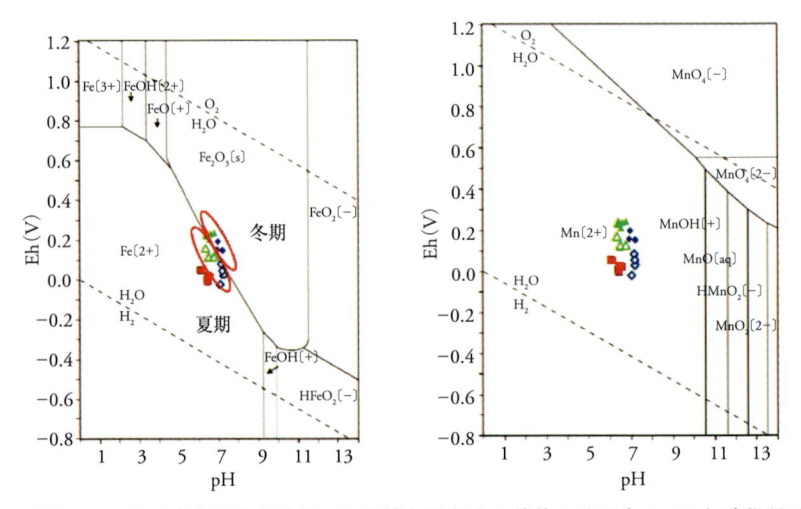

図 3-22　守口市立下島小学校のろ過槽を通過する前後の地下水の pH と酸化還元電位と鉄・マンガンの安定性．（■：井戸，▲：第一ろ過槽，◆：第二ろ過槽，白抜きは夏期，ぬりつぶしたものは冬期の分析値）

井戸水の状態は季節によらず安定している．一方，ろ過槽を通じた場合，マンガンは年間を通じて二価イオンが安定に溶存するが，鉄は夏期には二価イオンとして溶存するが，冬期には三価イオンとなり無機的に沈殿しやすい環境に変化することが明らかである．

(5)　地下水浄化槽中の微生物

前述の守口市立下島小学校に設置した簡易ろ過槽に用いたプラスチック製ペレットを季節ごとに採取し，SEM-EDS によって微生物と沈殿物の観察・分析を行った．微生物については種の同定も行った．ここでは，プラスチック製ペレット中の微生物生態系の変動について述べる．

プラスチック製ペレットは，浄水場で急速ろ過に用いたものを再利用した．形状は約 5 mm の中空円柱状で，プラスチック繊維でできており，繊維と繊維の間に微生物が住みついている．ろ過槽に入れる前は図 3-23 a) に示すように，プラスチック繊維や小さい球状の微生物が多くみられた．PCR（遺伝子増幅法，5 節 (1) で説明）による微生物同定では，ろ過槽に入れる前の微生物は石灰岩地帯の温泉水に近縁のバクテリア（δ-Proteobacteria や Acidobacteria や Nitrospira など）と Methylophilus に近縁のバクテリアが優勢であることが分かった．後者はメタン資化細菌と呼ばれて地球表層の至る所に生息している．特にメタンを発生させるが，酸素も存在する水田の表層土壌 1 g 中に 100 万匹も生息しており，トリクロロエチレン，ジ

第 3 章　地下水の有効利用のための対策

a) 実験開始前

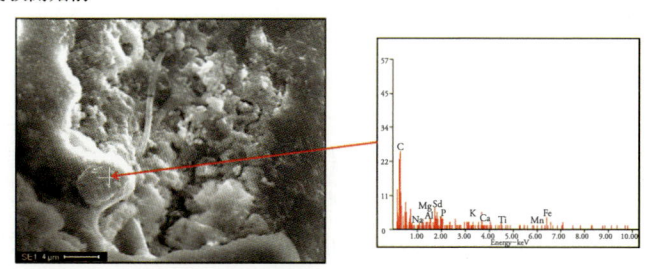

b) 6 月に採取した試料

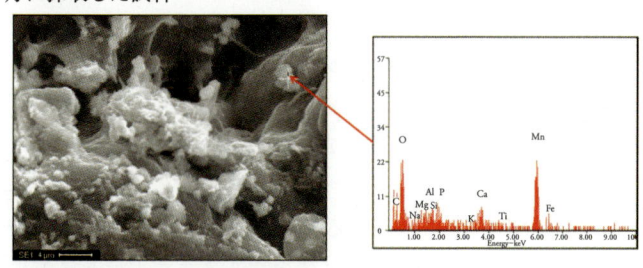

c) 9 月に採取した試料

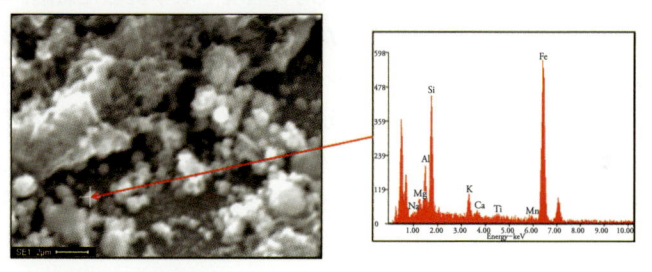

d) 11 月に採取した試料

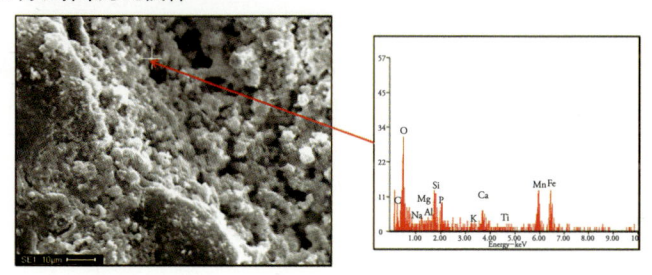

図 3-23　走査型電子顕微鏡と付設の EDS（元素分析装置）を用いて観察した簡易ろ過槽中のプラスチックペレット状のバクテリアとその化学組成．

クロロエチレン，クロロエタン等数百種の化学物質を分解することができ，地球の掃除屋さんと呼ばれている．

6月に採取したプラスチック製ペレットでは球状の微生物が成長しており，表面にはマンガンが濃縮していた（図3-23 b））．これは微生物起源のマンガンノジュールのようなものであると考えられる．マンガンノジュールとは，岩石や化石を核としてマンガンが沈着成長したものである．マンガンノジュールは海洋で生成されるものがよく知られている．前述のとおり，6月は第二ろ過槽の環境が嫌気的になったため，好気性の微生物が死滅した．この井戸の地下水は鉄・マンガンに富んでいるため，その微生物の死骸を核として鉄・マンガンが沈着し，似通った形状のものが形成されたのであろう．9月に採取したプラスチック製ペレットでは球状の微生物が増えていた（図3-23 c））．プラスチック製ペレットは第二ろ過槽の最上部にあるため，沈着成長したマンガンノジュールはろ過槽の下部へと流れたのであろう．表面を分析すると，鉄，ケイ素，アルミニウムが顕著に見られた．これは図3-21に示されるように，地下水中の鉄濃度が9月以降に減少していることと整合的である．ケイ素とアルミニウムはケイ酸塩に起因するものである．9月には第二ろ過槽が好気的な環境を取り戻したため，地下水を浄化する微生物生態系が新たに形成されたものであると考えられる．

11月に採取したプラスチック製ペレットは全体的に非結晶質で，微生物はよく成長していた（図3-23 d））．表面を分析すると鉄，マンガンなどが見られた．PCRによって，α-Proteobacteria，β-Proteobacteria，その他，汚泥に生息するバクテリアや温泉に生活するバクテリアなど，地球表層に生息するさまざまな微生物の近縁種が見つかったため，微生物が実験開始当初より多様化していたことを確認した．当初とは異なる微生物群集ではあっても，地下水中から鉄とマンガンを取り除くための役割は十分に果たしている．ただし，冬季には水温が低く微生物活動が弱まっているため，鉄とマンガンの沈殿はばっ気の効果により無機的に進行している割合が高くなっているかもしれない．

5 土壌地下水中の生物汚染の検出法

大阪平野の地下には，地下水が豊富にある．地震などの災害により上水道が遮断されるなどの不測の事態を考えると[19]，たとえ飲用不適の水であったとしても

身近に利用できる地下水が確保されていることは心強い．しかし，病原体による地下水の汚染は決して無視できない．また，地震により下水道が破損したり，地層にくい違いが生じたりして，平常時には混入しない汚染物質が地下水に運び込まれる可能性がある．汚染が起きても河川水などの表層水は一過性にすむことが多いが，地下水に入り込むと，汚染物質は長期間にわたって滞留する．生物汚染の状況を知るために地下水を定期モニタリングすることは重要である．しかし，モニタリングのわずらわしさを回避するために地層の堆積物からDNAを抽出し解析することで病原体による汚染の発生リスクを推定できないかと考えた．そこで，大阪市内の掘削井で採取した地下水内の衛生指標菌を調べるとともに，同じ井戸から得られたボーリングコアからDNAを抽出し，地層の汚染状況を遺伝子診断により推定することが可能かどうか検討した．

(1) 地下の病原微生物の分析方法

Kuskeらの方法[20]に基づいて，土壌サンプルの遺伝子増幅法（PCR）を用いた調査を実施した．PCRでは，目的の遺伝子だけを試験管内で増幅させるためにプライマーと総称されるオリゴヌクレオチド（短いDNA）を添加する．DNA合成酵素は試料中のDNAに結合したプライマーを起点としてDNAを増幅させるので，増幅の有無によって試料中に目的の遺伝子が含まれるか否か判定できるのである．真性細菌の識別にはP3MOD/PC5Bプライマー，真菌や原生生物および緑藻類のDNA検出にはNS1/2プライマーを用いた．また，糞便汚染の指標となる大腸菌を特異的に検出するためには，大腸菌が持つ乳糖分解酵素遺伝子をターゲットとするZL-1675/ZL-2548プライマーを用いた．

実験に先立ってこれらのプライマーセットが土壌中の菌を検出できることと，検出可能な菌数を調べた．予備実験で，微生物DNAの増幅産物が認められなかった土壌サンプル0.5gに対照菌（大腸菌・納豆菌・カンジダ）を添加した．その後，土壌DNA抽出キット（ISOL for Beads Beating，ニッポンジーン，富山）を用いて，界面活性剤により化学的に菌を溶かし，さらにビーズを用いて菌体を物理的に破砕した．それぞれの試料からDNAを抽出しPCRを行った．P3MOD/PC5Bプライマーは0.5gの土壌あたり1.8×10^4個以上の大腸菌が含まれれば検出可能であり，納豆菌では8.7×10^2個以上なら検出できた．同様にNS1/2プライマーはカンジダが3.7×10^4個以上あれば検出することができた．予備実験のPCRで得

られたバンドは添加菌量と菌種に対応して認めることができた．したがって，これらのプライマーセットによって，細菌と真菌のDNAを土サンプルから検出することができると判断した．ZL-1675/ZL-2548プライマーは，0.5gの土壌中に大腸菌が$1.8×10^6$以上あれば特異的に検出したが，その感度はP3MOD/PC5Bに比べて低い．菌を懸濁させた液体を試料とした場合には10^4/ml程度まで検出できたことから，現在の方法では土壌中の大腸菌からDNAを抽出あるいは回収する効率が低いのであろう．

　前述の，P3MOD/PC5B，NS1/2，ZL-1675/ZL-254プライマーセットを用いて，大阪市大正区で掘削し，地下2～30mから得た堆積物から145試料を分取し，PCRを行い，微生物DNAを調べた．PCR生成物を電気泳動により分離し，得られた増幅産物のバンド濃度を指標として試料中の微生物DNA量を見積もった．ターゲットの増幅量が多くあり泳動後のバンドが彗星のように尾を曳いているものを3点，明瞭なバンドが確認できたものを2点，不明瞭だが目的のサイズにバンドが確認できたものを1点，バンドの認められなかったものを0点とスコアリングした（図3-24）．

　上記の方法を用いて堆積物と微生物の分布との関係を検討した．堆積物試料を粒子の粒径分布に基づいて，砂（粒径2～1/16mm），シルト（粒径1/16mm～1/256mm），粘土（粒径1/256mm以下）の三つに分類し，粒径組成とDNA量のスコアリングの結果を対応させた（図3-25）．微生物DNAは深度の浅い堆積物により多く認められたことから，微生物の主な汚染源は地表にあると推定される．7mより浅い深度の砂や礫からなる層では，真性細菌や真菌・原生生物の存在を示唆するPCR産物が多量に検出された．微生物は地下水とともに粒子の間隙中を移動する．そのため，砂や礫など間隙の大きい層では微生物が比較的移動しやすいのであろう．一方で，採取深度が浅くても微生物が全く見られない堆積物もあった．表層近くでは降雨や乾燥などの影響を受けて堆積物の微生物量が変化しやすいために，検出量の変動が大きいのかもしれない．シルトや粘土質の堆積物からは真菌・原生生物や真性細菌の存在を示すPCR生成物のバンドが認められたが，堆積物の採取深度が深くなるにつれ，PCRの増幅反応は減少した．深度15から22.5mの粘土層からは真菌および原生生物のDNAは検出されなかった．地下水が流動しにくい粘土層では真菌・原生生物の浸潤も起こりにくいことを反映したものと考えられる．一方，これらの堆積物でも真性細菌のDNAは検出されていた．この結果は粘土層に自生する固有の細菌を検出したのかもしれないが，

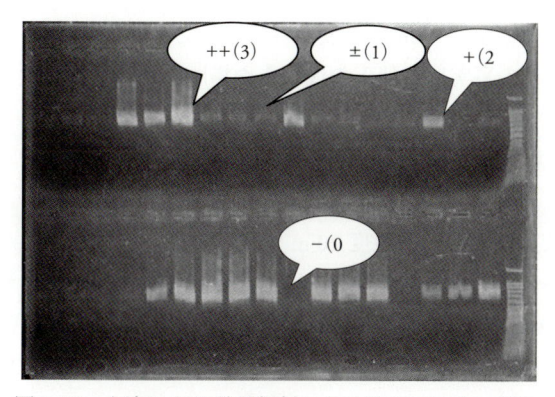

第 3 章 地下水の有効利用のための対策

図 3-24 土壌の PCR 結果解析におけるスコアリング例.
ターゲットの増幅量が多く泳動像にスメア状の影が認められたものを 3 点，明瞭なバンドが確認できたものを 2 点，不明瞭だが目的のサイズにバンドが確認できたものを 1 点，バンドの認められなかったものを 0 点とした.

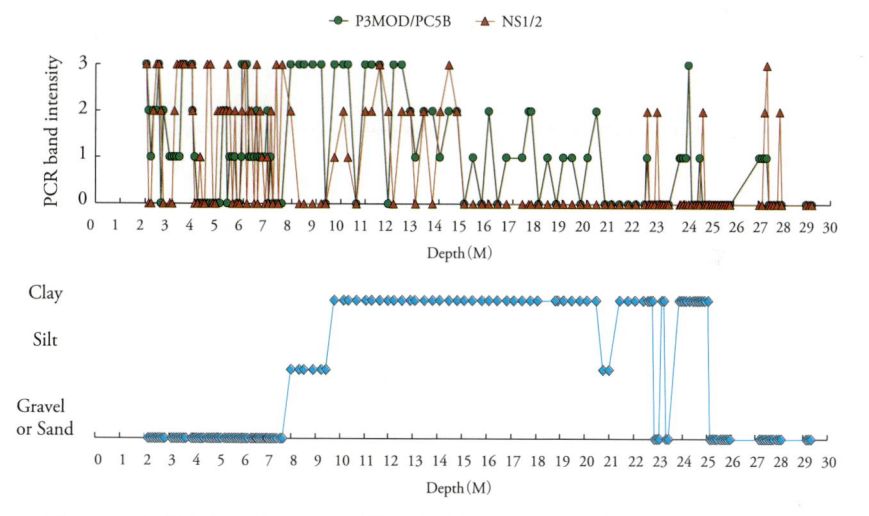

図 3-25 大阪市内のボーリング土壌から抽出した DNA 試料に対する PCR 反応.
細菌検出用の P3MOD/PC5B プライマーと，真菌，原生生物，緑藻類の DNA 検出用プライマー NS1/NS2 に対する反応を調べた.

現時点では判断できない．さらに深い深度から得られた砂質堆積物では真菌・原生生物の DNA を検出できたことから，むしろ，真菌や原生生物より小さい細菌だけが地下水から粘土層へ浸透した可能性が高い．

145土壌試料のうち，7.6mの深度から採取した1試料のみから大腸菌のDNAが検出された．この事実は，地下の浅からぬ場所や地下水にも大腸菌が含まれている可能性を示す．地下水の生物汚染の原因には下水道システムや浄化槽からの排水の漏出など種々の原因があるが，この試料の汚染源を特定することはできなかった．

　今回の結果は，地表からの深度20m以上の地層に病原性細菌が存在する可能性を示唆している．土壌からのDNA抽出法と回収率に改善の余地はあるが，地下深部に地表からの汚染が到達しているかどうかを判断する必要がある場合には，まずここで示したようなプライマーセットで微生物DNAの存在を確認し，その後に水系感染する病原細菌（*Shigella*属，*Salmonella*属，*Vibrio*属，下痢原性大腸菌，*Legionella*, *Leptospira*など）に特異的なプライマーセットを用いて検査することで迅速に汚染を検出できるであろう．

▶引用文献

1) 土質工学会関西支部・関西地質調査業協会（1987）『新編大阪地盤図』コロナ社，p. 31.
2) 大島昭彦・市村仁志（2010）「大阪地域の沖積粘土層の土質特性と浅層帯水層の地下水位低下可能量の予測」『地下水地盤環境に関するシンポジウム2010』pp. 51-60.
3) 大島昭彦・盛岡学・春日井真理・福本哲也（2008）「大阪地域の浅層地下水の水位再低下による地盤沈下量の予測」『地下水地盤環境に関するシンポジウム2008』pp. 35-44.
4) 春日井麻里・大島昭彦・濱田晃之・山本浩司（2009）「大阪地域の沖積砂層の液状化危険度と地下水位低下による対策効果の予測」『地下水地盤環境に関するシンポジウム2009』pp. 25-34.
5) 大島昭彦・林祐治・濱田晃之・春日井麻里・山本浩司（2010）「地盤情報DBに基づく大阪地域の沖積砂層の液状化危険度と地下水位低下による対策効果の予測」『日本材料学会第9回地盤改良シンポジウム論文集』pp. 57-62.
6) 社団法人日本道路協会編集（2002）『道路橋示方書・同解説　Ⅴ　耐震設計編』.
7) 大阪府土木部（1997）『大阪府土木構造物耐震対策検討委員会報告書』.
8) 地下水制御が地盤環境に及ぼす影響評価に関する調査研究委員会（2004）「地下水制御による地震災害リスク低減効果の経済的評価」『土木学会論文集』No. 777, Ⅵ-65, pp. 205-214.
9) 森野祐助・三田村宗樹・熊井久雄・大阪府環境衛生課（2008）「大阪平野地下の深部帯水層の区分と分布」『第18回環境地質学シンポジウム論文集』pp. 5-10.
10) 大阪府（2008）大阪府環境審議会温泉部会協議事項 http://www.pref.osaka.jp/kankyoeisei/onsen/bukaikyogi.html
11) 大阪府（2008）『大阪府温泉資源保護に係る検討委員会報告書』大阪府健康福祉部環境衛生課 http://www.pref.osaka.jp/attach/4094/00023472/onhoukoku_zentai%20.pdf

12) Hantush, M. S. and Jacob, C. E. (1955) Steady three-dimensional flow to a well in a two-layered aquifer. *Trans. Amer. Geophys. Union*, 36(7): 286-292.
13) 改訂　地下水ハンドブック編集委員会 (1998)『改訂　地下水ハンドブック』建設産業調査会.
14) 山本荘毅 (1986)『地下水学用語辞典』古今書院.
15) 平田健正ら (2008)『土壌・地下水汚染の浄化および修復技術 —— 浄化技術からリスク管理・事業対策まで』エヌ・ティー・エス.
16) 経済産業省監修 (2005)『公害防止の技術と法規 (水質編)』丸善, 164, 2463-2472 (1998).
17) 平田健正・前川統一郎監修 (2009)『土壌・地下水汚染 —— 現位置浄化技術の開発と実用化』シーエムシー出版.
18) 藤川陽子ら (2006)「X線吸収端近傍構造による鉄・マンガン酸化細菌および無機吸着材の砒素除去機構の検討」『環境衛生工学研究』20(3)：75-78.
19) 秋葉道宏 (2007)「上下水道システムに対する地震リスクとその対策」*J. Natl. Inst. Public Health*, 56: 9-15.
20) Kuske, C. R., K. L. Banton, D. L. Adorada, P. C. Stark, K. K. Hill and P. J. Jackson: Small-scale DNA sample preparation method for field PCR setection of microbial cells and spores in soil *Appl. Environ. Microbiol.*, 164, 2463-2472(1998)
21) 木暮敬二 (2004)『法に基づく土壌汚染の管理技術』技報堂出版.
22) ミウラ化学装置㈱ (2011) 一般排ガス処理装置
　　http://www.miura-eco.co.jp/kankyo_jigyo/general_purpose.html. を改変.
23) 地盤環境技術研究会 (2003)『土壌汚染対策技術』日科技連出版.
24) 三菱化学ホームページ　http://www.diaion.com/products/chelate_01.html

第4章
水循環を題材とした環境教育への取組み

　近年，自然環境への関心の高まりから，身近な自然を用いた活動が盛んになっている．河川は都市域であっても自然環境に満ちているため，それらの活動の格好の対象である．ボランティア意識の高まりもあり，清掃作業なども含めた都市の中の自然環境保全活動を行っている団体も多くある．一方，豊富な湧水地帯を除いては，地下水は直接目にすることが難しいため，自然環境の教材とすることが河川ほど簡単でない．本章では，小学校での総合学習や博物館の普及活動など，子どもや一般市民らと連携して行った河川水や地下水等の水環境を理解するための実践活動を例として，水資源に関する社会的関心を高める方法を考える．

1　流域住民による河川環境調査：大都市を流れる河川の環境調査

　私たち日本にすむ人が一般的に接する水環境（淡水）といえば河川であろう．実生活において，河川環境は飲用水を供給する場として，雨水や下水を流す場として関わっている．流れる水そのものだけではなく，河川敷や堤防での散歩やランニング，野球やテニスなどのスポーツ，水辺での釣りなど，レクリエーションの場としても活用されている．一方，連続した緑地帯と水域が広がる，ある種のビオトープといえる環境として，都市域における貴重な自然環境を提供している．

多くの面から私たちの生活に関わっている河川環境であるが，この身近な水環境が省みられることは少なくなっているように思われる．高度成長期のように河川の水質悪化が大きな問題となることは少なくなり，高度浄水の普及による飲用水の水質向上や下水の高度処理が進むことによって，河川の水質環境への関心はむしろ低下しているかもしれない．また，子どもたちは安全面や衛生面から水辺で遊ぶのを控えるように指導され，水際はコンクリートに護岸され，水辺の自然に触れる機会も減ってきている．国・自治体などの管理者から提供される河川に関する情報も，行政区分ごとに提供する資料やその基準が異なり，同一河川内でも地域ごとにデータの濃淡が見られることも少なくない．またその情報も，文章が専門的で具体性に乏しく，その環境指標が何を意味するのか，流域住民にとってどのような意味を持つのかが理解しにくいものとなっている．つまり，水環境の重要性が訴えられている反面，一番身近な河川という水環境でさえ，私たちはその様を知るには十分な機会が与えられていないといえる．

河川の環境情報を提供するのは，本来なら管理者（国・自治体）であるべきだが，現状では十分とはいえない．そんな中，管理者と連携してあるいは管理者に頼らず，流域住民やNPOによって水環境を調べようという動きが全国各地で見られる[1,2,3]．水環境の調査に流域住民が積極的に関わることにより，環境情報への理解が進み，自然環境保全への意識が高まるに違いない．しかし，流域住民が自ら環境調査を行う場合でも，その核となる組織や機関，適切な評価・助言を行う専門家などが必要である．自然史系の博物館は，地域の自然情報を収集・保管し，それを普及・教育していく役割を持っている．そのため，河川管理者でも自治体でもない中立的な立場として，このような活動において流域住民の中心となるべき機関としての役割を担うことができる．

大阪平野を流れる一級河川である淀川および大和川について，流域住民と大阪市立自然史博物館（以下，自然史博物館）が協力して，自然環境調査を2002年〜2010年にかけて行った．ここでは，淀川・大和川の自然環境調査の成果を紹介し，環境教育における意義について述べる．

(1) 淀川・大和川の自然環境調査「プロジェクトY」

第2章でも述べたように，大阪には淀川と大和川という2つの一級河川が流れている（図2-1）．

淀川は，日本最大の湖・琵琶湖を水系内に含み，大阪府，京都府，兵庫県，滋賀県，三重県，奈良県の6府県にまたがり，8,240 km^2 にもおよぶ流域面積をもつ大河川である．淀川流域には，大阪市や京都市など人口が100万人を超える大都市に加え，人口10万人を超える都市が数多くあり，流域全体の人口は1,200万人におよぶ．これは日本全体の人口の9%以上である．水系以外への導水があるため，その水を利用している人口はさらに多く，約1,700万人におよぶ．「近畿の水瓶」といっても過言ではない．流量も多く，大阪湾に注ぐ淡水の90%近くが淀川水系からもたらされている．このことから，淀川の水環境問題は，淀川だけの問題にとどまらず，大阪湾海域までおよぶものだといえる．

一方の大和川は，かつては淀川水系であったが，江戸期に付け替えられた（2章2節参照）．現在の大和川は大阪府・奈良県を流れる一級河川で，流域面積は1,070 km^2 と淀川と比べるとかなり小規模である．それにも関わらず，毎年必ず全国ニュースでも報道される有名な川である．しかしそれは，残念ながら水質環境の悪い川としての悪名である．国土交通省が発表する一級河川の水質状況では毎年ワーストの上位にランクしており，2005年から2007年までは全国ワースト1，2008年はワースト2，2009年はワースト3と，この30年以上ワースト5の汚名から逃れたことがない．

これら2つの河川は，自然環境の理解度で言えば大きな開きがあった．淀川は大阪府民およびその周辺地域の水源となっており，また琵琶湖・淀川固有の生物が多数生息していることから，行政や地域住民，自然保護団体などにより魚類を中心として数々の調査がなされてきた[4]．それに対し，大和川は"汚い川"というイメージも相まって，自然環境調査はわずかに行われているに過ぎず，総合的な河川環境の理解にはほど遠いものであった．また，自然環境がよく理解されている淀川ですら，流域全体を見通した自然環境理解という観点では不十分なものであった．

自然史博物館ではこれらの問題意識から，淀川・大和川の総合的な自然環境の理解を目指し，両河川の調査プロジェクトを立ち上げた．プロジェクト名は，両河川の頭文字をとり「プロジェクトY」とした．この調査プロジェクトは，自然史博物館友の会を中心とした市民に呼びかけ，市民参加型調査として実施した．結果としてのべ400人以上が参加する大規模なものとなった．2002年から2006年までの期間で大和川水系，2007年から2010年で淀川水系（ただし大阪府域および猪名川水系）で調査を行った．

調査は，鳥班，魚班，貝班，甲虫班，ホタル班，水質班など調査対象ごとに班を分けて実施した．それぞれの班は，学芸員が統括担当し，班ごとに独自の研修や調査を行った．その上で全体を統括する学芸員が班ごとの進捗状況を確認しながらプロジェクトを進行させた．また，他班と刺激しあうために，すべての班合同で，調査の途中経過を発表する成果発表会を年に2～3度開催した．また，最終的な成果発表の場として，自然史博物館において特別展を開催し，同展の解説書を発行した[5,6,7]．

　自然史博物館が両水系の自然調査を市民参加型にしたことには，以下のような目論見があった．

- 調査に市民が加わることで，参加した市民への普及教育効果が期待でき，周辺の自然環境への理解や環境保全への意識が高まる
- 期間を限定した広域の流域調査には人的パワーが必要であり，自然史博物館の学芸員や関係研究者だけではカバーできない
- 自然史博物館（＝研究機関）と市民との連携活動の一例となる
- 調査が公開されているので，調査成果が直接アウトリーチにつながる

　このような目標設定は，自然史博物館以外の研究機関や自治体が同様の市民と協力して環境調査を実施する場合でも共通であろう．

　次節以降にプロジェクトYの活動と得られた成果の一部を紹介し，この活動の意義について述べる．

(2) 市民と水質を調べる

　プロジェクトYは水系の生態系調査を主要な目的としていたが，生態系を支える河川水の水質を明らかにすることも，生物の生息環境を理解する上で重要な課題であった．河川の水質環境を学校や流域住民が測定することは，様々な場面で行われているが，その多くは簡易分析法であるパックテストが用いられている．パックテストは分析法に慣れていない調査員でも容易に結果を出すことができる．分析費用も比較的安価である．一方，現地で多項目分析を行うとなると，多額な費用が必要になる．また，分析精度も半定量的であり，精度の高い結果は期待できない．これらの欠点は，水質分析値を解釈する場合や，後述するような水質と水生生物との因果関係を検討する場合に問題となる．

水質調査記録カード ＜河川・水路＞		添付地図の番号等：	
調査者氏名： ▓▓▓		調査日：2009年 8月25日 13時	
サンプル番号： 81101			
河川名： 猪名 川 （右岸・中央・左岸）			
市町村・大字： 豊中市 利倉西			
調査地メモ（橋の名前、標高、環境省メッシュコードなど）： 新利倉歩道橋			

河底の構造	実際の底質	護岸	川幅（流れの幅）	水深
・コンクリート底 ・(自然底) ・不明(見えない等)	・コンクリート ・(泥) ・砂 ・レキ ・岩盤 ・不明(見えない等)	・(両側コンクリート) ・片側コンクリート ・両側自然状態 ・その他 （　　　）	・1m程度以下 ・1m-2m程度 ・2m-5m程度 ・(5m程度以上)	・30cm以下(長靴で入れる) ・30-90cm(胴長で入れる) ・(90cm以上入れない)

天気： 晴	気温： 29.4 ℃	水温： 28.5 ℃	pH： 6.9

透明度：幅 0.1 mmの線、 0.3 mm間隔のチェック線で 25 cmの高さ
フィルターのけんだく物の色： (A)・B の 1 番 (100ml)・50ml・20ml・その他（　　　ml）
周りの土地利用：住宅地・(工業地帯)・水田・畑・林・その他（　　　　）

環境メモ（気付いたことなど）：
- 40cm超のコイの群が泳いでいる。
- 悪臭がし、川の水はどんよりと濁っている。
- 瀬で生じた水泡はなかなか消えない（はじけない）。
- ※ フィルターは、50mlを2回連続使用。計100mlでフィルター交換。
- 水量は、少ない。
- 左岸側は、淀みとなって、袋小路の状態。

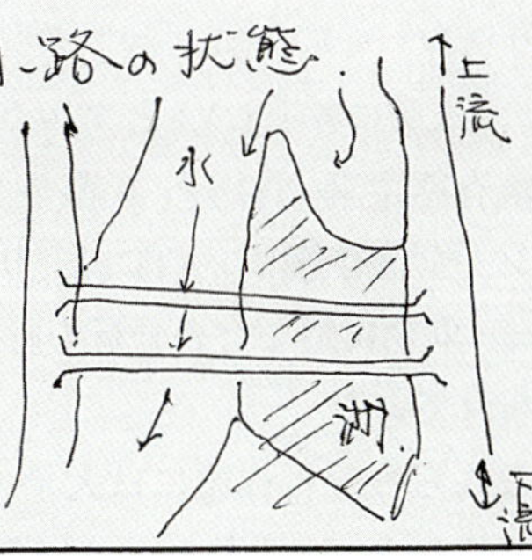

図4-1　プロジェクトY水質班の記録カード記入の一例（調査者の名前は消している）．

図4-2 プロジェクトY水質班の分析風景.中学生・高校生も分析作業の中心を担う.

　プロジェクトY水質班では,詳細で精度の高い分析のためパックテストは用いず,フィールドでは簡単な記載を行い,定量分析のためのろ過など最小限必要な作業を現地で行って,採水した試料は持ち帰って室内で測定することにした.水質班の室内での分析は,大阪市立大学と近畿大学が協力し分析方法の指導と実験施設の提供を行った.具体的な調査方法は次の通りである.班員一人一人に採水分担地点を割り振り,年に4度(2月,5月,8月,11月)決められた期間(1週間程度)に採水を行った.野外では採水作業のほか所定の記録カードに天候,気温,水温,pH,透明度,ろ過に使用したフィルターの懸濁物の色などを記入した(図4-1).持ち帰った試料は,大阪市立大学では水質の主要化学成分(ナトリウム,カリウム,カルシウム,マグネシウム,塩化物,硫酸,硝酸性チッ素,リン酸,フッ化物,臭化物の各イオン)とアルカリ度の分析を,近畿大学では富栄養化に関連する全溶存態窒素(TDN),硝酸性チッ素と亜硝酸性チッ素イオン,アンモニウムイオン,全溶存態リン(TDP),リン酸イオン,溶存ケイ酸,植物色素のクロロフィルa,重金属類などの分析を行った.この水質分析の結果は本書2章に詳しく述べられている.

　これらの分析作業には大学の研究者・学生だけでなく,採水に参加した市民(中学生〜70代)も加わっている(図4-2).参加した市民は,普段は接することのない大学の実験施設での分析作業に熱心に取り組んでいた.参加した中学生の感

想は，217ページ（コラム）に述べられているのでそちらを参照していただきたい．

滴定や分析装置を用いた水質分析を不慣れな市民が行うことで，分析精度の低下や作業時間の増大などの問題が生じる．一方で，簡易に結果が分かるパックテストではなく，分析法を理解しながら個々の成分を高い精度で分析することで，河川水中の溶存成分の水環境への影響をより深く理解することができる．このプロジェクトでは，分析値を地図にプロットして地球化学地図を作成する（コラム参照，215ページ）ことで，参加者は自分たちの分析作業が名に見える成果となり，大きな達成感が得られた．分析精度のみを重視し，結果の解釈を研究者に任せてしまっては，参加者の水環境への理解は，これほどは向上しないであろう．

(3) プラナリアは良好な水質環境を示すのか

プラナリアとは扁形動物の渦虫綱に属する中・大型種の一群を指す名称である．中・大型種とはいえ，大きくても1〜2cm程度（通常数mm）であり，見つけるのにはある程度の慣れが必要となってくる．プラナリアのうち，ナミウズムシは良好な水質環境の指標生物としてよく示される[8],注*．しかし，良好でない水質環境にもすむことができる外来種プラナリアの増加が近年指摘されており[7]，プラナリアの生息＝良好な水質環境とはいえない現状である．そのため，指標生物のリストや写真からプラナリアの生息を確認し，それに基づいて良好な水質環境であると判断するのは誤りである可能性が出てくる．在来種・外来種の同定を正確に行い，その上で河川環境を論じることが必要となってくる．

プロジェクトYではプラナリア班を作り（淀川水系のみ），プラナリアと水質環境との関係について解析した．プラナリアの採集は水質班の採水ポイントと同一の場所で行い，水質との関連性を議論できるようにした．

その結果，淀川水系にはナミウズムシ（在来種），ミヤマウズムシ（在来種），アメリカナミウズムシ（外来種），アメリカツノウズムシ（外来種）の少なくとも4種が確認された（図4-3）．ナミウズムシは丘陵や山間部の河川や水路を中心に，ミヤマウズムシは標高の高い渓流や湧水付近に分布するのに対し，外来種の2種

注* 環境省と国土交通省が策定した「水生生物による簡易水質調査法」のリストでは単に「ウズムシ」と書かれているが，普通種を対象にしていることからナミウズムシと考えられる．

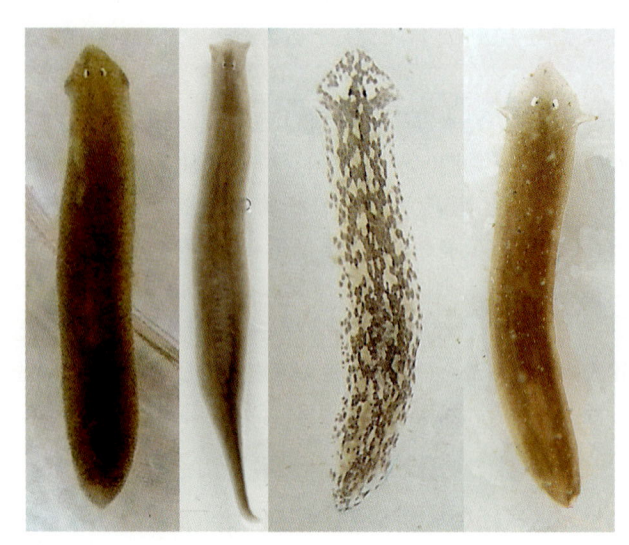

図 4-3　淀川水系にすんでいるプラナリア（撮影：石田　惣・志子田夏美）．
左からナミウズムシ（在来種），ミヤマウズムシ（在来種），アメリカナミウズムシ（外来種），アメリカツノウズムシ（外来種）．体長はそれぞれ 1～2 cm 程度．

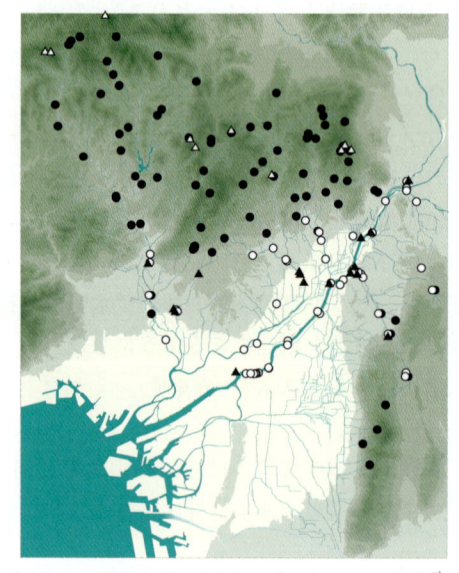

図 4-4　淀川水系におけるプラナリアの分布[7]．
●：ナミウズムシ，△：ミヤマウズムシ，○：アメリカナミウズムシ，▲：アメリカツノウズムシ．

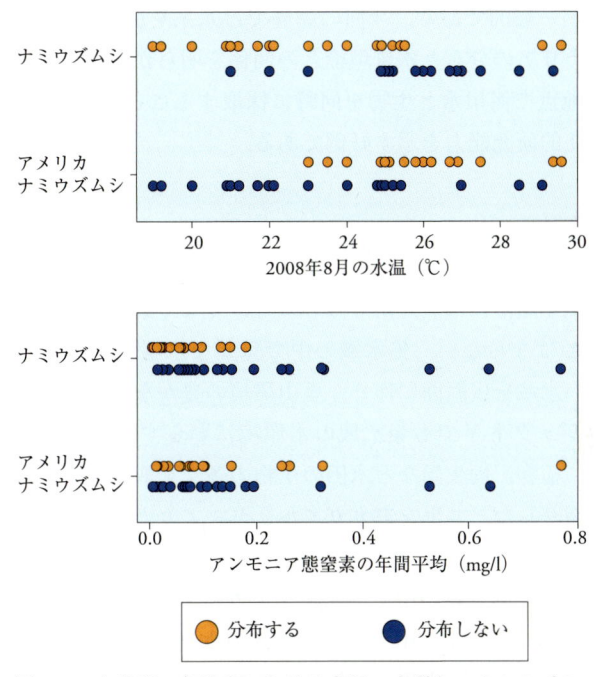

図 4-5 水質班の各地点における水温・水質と，ナミウズムシ，アメリカナミウズムシの生息の有無の関係[7,9].

は平野部や淀川本流部に分布する傾向があることがわかった（図 4-4）．水質班の結果と合わせると，ナミウズムシの生息地点は，水質汚濁の原因物質（チッ素，リン，塩化物イオンなど）の濃度と明らかな負の相関があった[7,9]．例えば，アンモニア性チッ素が通年平均で 0.2 mg/L を超える地点では，ナミウズムシは全く出現しなかった（図 4-5）．また，水温や底質の礫の有無もナミウズムシの生息率の大きな要因になっており，これらの環境要素も重要であると考えられる．それに対し，アメリカナミウズムシは水温が高い地点にも分布し，水質汚濁への耐性も強いことがわかった[7]．

　プラナリア班の調査結果からわかることは，水質環境の指標生物としてひとくくりにされがちなプラナリアであるが，種によって生息する水質環境が大きく異なることである．このことは，プラナリアに限らず指標生物による水質環境の判定には，正確な種の同定が不可欠であることを示している．都市域を流れる河川では，汚濁の進んだ地域と，その上流部の比較的良好な水質環境を持つ地域とを

併せ持つことが一般的である．今回の調査では水系を広範囲に調査することで，複数種のプラナリアの分布と水質環境との関係を明らかにすることができた．短期間に多数の地点で河川水と生物を同時に採取することで得られた成果であり，市民活動の潜在的研究能力を示す好例である．

(4) 冬のカエルと集水域の水環境

　河川の水環境を語るには，河川そのものだけでなく集水域の水に関わる自然環境も見ていかねばならない．集水域の中で重要な水環境として水田が挙げられる．水田は浅い水域を広範囲に作り，里山環境の豊かな生物多様性の一翼を担っている．プロジェクトYでも集水域の水環境に暮らす生物として，カブトエビなどの鰓脚類，植物，両生類など水田の生物の多くを取り上げたが，ここでは両生は虫類班が調査した，ニホンアカガエルとヤマアカガエルの2種について紹介する．

　多くは冬眠をする両生類の中で，ニホンアカガエルとヤマアカガエルは，2月から3月の厳寒期に丘陵から山手の水田や浅い水たまりに産卵する（図4-6）．このカエルたちは春から秋は水辺から離れて林の中で分散して暮らすため，この時期に野外で見かけることは少ない．しかし冬場には，水辺に集まり，繁殖活動を行うため，成体および卵塊を観察することが容易である．また，冬に活動するカエルはほとんどいないので，大阪周辺で冬の水たまりに産卵するカエルを見つけたらニホンアカガエルかヤマアカガエルのどちらかだと特定することができる．このプロジェクトでは参加者が調査地域を分担し，水田などの止水環境で卵塊の有無とその周辺環境などを調べた．ニホンアカガエルとヤマアカガエルの区別は，成体かオタマジャクシを観察し判別した．

　調査の結果，淀川・大和川流域のニホンアカガエルとヤマアカガエルの分布は，著しく偏った分布をしており，また両者は地理的に隔離して分布していることがわかった（図4-7）．また，これら2種のアカガエルは両流域では絶滅の危機に瀕している．特に開発が進む丘陵部では，確認された卵塊数から推定される生息数はとても少なく，危機的な状況であることもわかった．両者の産卵する環境は，林から産卵する水域までの途中に障害となる水路や垂直な段差などがないこと，産卵する水域の水深は5～20 cm，周囲の林はスギ・ヒノキ植林ではなく雑木林であることなどがその条件として上げられる（図4-8）．もっとも，猪名川上

図 4-6　冬の水田に産まれたヤマアカガエルの卵塊.

流部の能勢町，猪名川町，川西市では，水田環境が良好であるにもかかわらずヤマアカガエルがほとんど分布していなかったため，これら以外の環境要素もその生息の規制要因になっていると考えられる．

　これら 2 種のカエルが淀川・大和川流域で絶滅の危機に瀕しているのはなぜであろうか．それはとりもなおさず先に挙げた条件を満たす環境が極めて少なくなっているからである．圃場整備などによって，水路や水田は垂直のコンクリートで囲まれ，冬期には乾いた水田＝乾田化する（図 4-9）．冬期に活動するとはいえ，動きの鈍くなったアカガエルたちにとって垂直のコンクリートは越えることのできない，まさに大きな壁である．さらに乾田化により産卵する場所自体も失われている．画一化されたスギ・ヒノキ植林は成体の生息環境として劣悪なものであろう．逆にアカガエルたちが生息する環境はいわゆる里山的景観を色濃く残した，生物にとっての多様性が保たれているところであろう．それは，水域を包含する連続した環境や景観を保持する自然があって，はじめて豊かな生態系が保全されることを如実に表している．これはアカガエルのみならず，プロジェクト

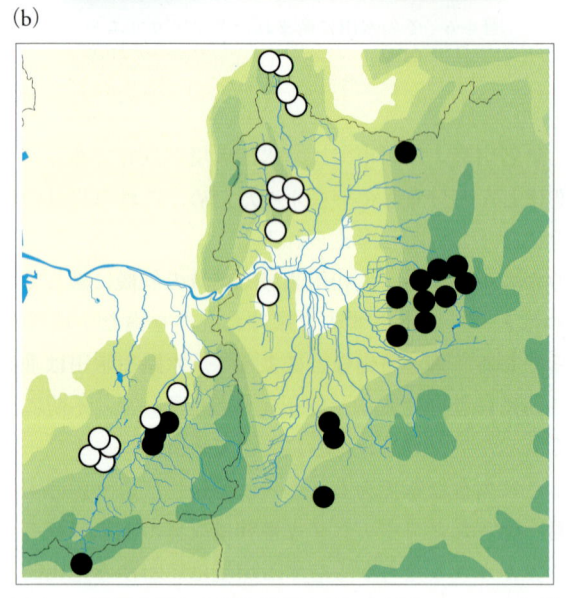

図 4-7 淀川水系および大和川水系におけるニホンアカガエル（○）とヤマアカガエル（●）の分布[5, 6, 7].
(a) が淀川水系，(b) が大和川水系．自然保護の観点から，印は大きくしている．

第 4 章　水循環を題材とした環境教育への取組み

図 4-8　アカガエルが暮らす里山環境が良く残った水田.

図 4-9　圃場整備が行われた水田.
コンクリートで護岸された水田および水路がアカガエルの移動の妨げになる.

Yで調査したタニシ類やカイエビ類でも同様のことが言える[10].

　私たちはアカガエル調査を通して,「ここならアカガエルがいそう」という直感が働くようになった. それは, 調査参加者が環境や景観の中でも生物の生息環境を, 理屈ではなく直感できる感性が育ってきたからに違いない.

(5) 市民との自然環境調査から得られるもの

　ここでは自然史博物館が実施した「プロジェクトY」でのいくつかの成果から，主に環境教育的観点からの成果を紹介した．では「プロジェクトY」の活動は，参加した人々にとって，そして自然史博物館にとってどのような意味があったのだろうか．自然史博物館にとっては学芸員だけでは不可能な広域の細かい調査データ・標本・情報を得ることができた．また，成果を特別展や解説書として公表することで市民参画活動が博物館活動に直接関わっていることを対外的にアピールすることができた（図4-10）．しかしもっとも重要なことは，参加した市民が自ら積極的に自然に親しむことができ，活動を通して深く自然を見る目を持った人たちを多く育てることができたことではないかと考える．単発的で一方的な情報開示となりがちな講演会や観察会を数多く行うよりも，一定期間連続して調査を続けることでより高い教育効果が得られたと評価している．

　一方，参加者にとっては，自然環境の"調査"という貴重な体験ができたことがもっとも重要だったと考える．加えて，その調査結果が，特別展での展示や解説書という出版物を通して形になるという達成感が得られたことが多かったに違いない．展示物の準備や解説書の作成に関わった参加者も多くあり，公表された成果は，指導者と一般参加者が対等の立場での共同発表となった．「調査のための調査」が目的ではなく，特別展の開催という目標が参加者の熱意を高めたことは間違いない．もっとも，実際に参加していた人の多くは，研究を行おうという高尚な考えを持って参加したわけでもないし，私たち博物館側もそれを求めてはいなかった．調査という，つらくも楽しい体験を共有し，ここで初めて「○○を見つけた」という喜びがあり，単純に「科学すること」を楽しんでいた．プロジェクトYに参加した子どもが，特別展で提示されている生き物の分布図を前にして「このカエルの分布図の，この印の場所は僕が見つけてん！」というちょっとした自慢が，将来さらに一歩進んだ自然を見る目になると信じている．

　調査データの精度の問題，参加者への連絡やケア，活動経費など，市民調査における問題点は多々ある．しかし，「自然が好き」「家の近くを流れている川に興味がある」という熱意のある人たちと，それをフォローアップする専門家がいれば，一般市民がより深く自然環境を理解することができることを「プロジェクトY」は示したと思う．本調査は河川で行った調査であるが，湧水・井戸水・湖沼・沿岸などの水域で応用可能な調査法である．自然史博物館では，将来は河川

第 4 章　水循環を題材とした環境教育への取組み

図 4-10　2010 年に自然史博物館において開催された「みんなでつくる淀川大図鑑　山と海をつなぐ生物多様性」の風景.

以外の都市域の自然環境や沿岸域などで同様な調査を計画している．

2 地下水を見る

　私たちが飲む水はどこからきているのだろうか，小学校の授業では必ず取り上げるテーマである．大阪府民であれば，その飲用水は琵琶湖・淀川から取っていると，ほとんどの人が知っている．一方，その川の流域がどこまで広がっているか，私たちの住む街を流れる川の源流はどこなのだろうとなると，大人でも知っている人は少なくなる．たとえば大阪府民で琵琶湖・淀川水系が三重県まで広がっている人は少ないのではないだろうか．ましてや川のはじまりはどんなところか，地下水が湧きだしている場所とはどんなところか，地下水がどのように利用されているかとなれば，湧水に恵まれそれを観光資源などにしている場所以外では，それらを実際に見ることはほとんど皆無であろう．大阪府においても，高槻市や交野市，島本町，吹田市の一部などでは地下水を水道水として利用している．また，温泉も地下水だと考えれば，地下水がさらに私たちの生活に身近に感じられるであろう．本書 1〜3 章で様々な角度から述べたように，私たちの想像

195

以上に，地下水は私たちの生活と密接に関わっている．その実感を私たちが得ることにより，地下水資源の価値や重要性を認識できるであろう．そのためには，手に触れ，目で見て感じられる地下水と表層水（河川水）との関わり，地下水の利用，水循環を体験的に学習できる機会は貴重である．

ここでは，大阪市立自然史博物館において大阪府郊外の交野市で実施した「地下水」をテーマにした観察会の様子を再現したい．

(1) 観察会「交野の湧水と淀川の支流」の企画

「地下水」をテーマにした観察会のルート設定に際し，以下のような条件を満たすフィールドが大阪近郊にないかを検討した．
- 川のはじまり（湧水点）を観察することができる
- 井戸と地下水が現在も利用されている
- 湧水を見ることができる
- 地下水利用と伝統的な産業が結びついている

これらの条件を満たす地域として，大阪府東部の交野市周辺を観察会のフィールドとして設定した．交野市は古い街並みや田園風景も残る大阪のベッドタウンのひとつである．市の東部には交野山など生駒山地の北縁部がつらなり，淀川水系の一支流である天野川の源流部でもある．山麓の扇状地周辺には湧水池や井戸の残る場所がある．個人住宅の庭や菜園などの散水用に井戸を持っている家庭も多くある（第2章参照）．水道水源の約60％に地下水を使用している[11]．また，古くからの日本酒の蔵元など水資源を生かした産業が今も残っており，今回の観察会を実施するには絶好の適地であった．

観察会「交野の湧水と淀川の支流」は，2008年の7月13日と11月23日の2回実施した．2回の観察会とも，ルートに急な山道があるため参加対象を小学生以上としたが，実際の参加者は小学生から70歳前後の方まで多様であった．以下にコースに沿って，見学地点の紹介をしていく（図4-11）．

1) 生駒断層系〜源氏の滝〜白旗池

JR学研都市線津田駅に集合後，南西に見える生駒山地に向かって歩き出す．学研都市線は生駒山地北側の平野と山地の間を回り込みながら，ちょうど生駒断層系の交野断層に沿うように走っている．津田駅から生駒山地に向かうと，平野

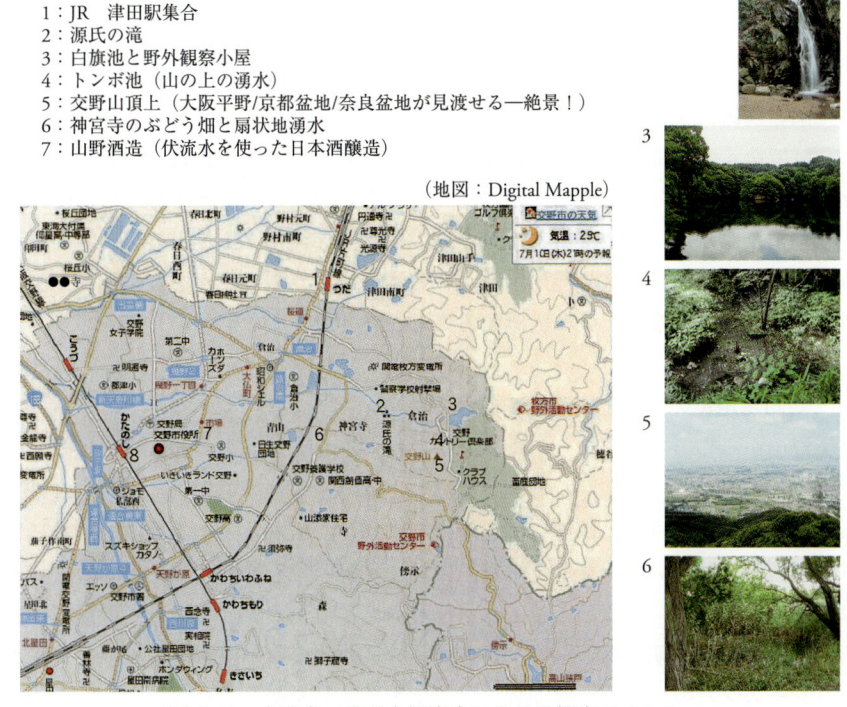

見学ルート
 1：JR　津田駅集合
 2：源氏の滝
 3：白旗池と野外観察小屋
 4：トンボ池（山の上の湧水）
 5：交野山頂上（大阪平野/京都盆地/奈良盆地が見渡せる—絶景！）
 6：神宮寺のぶどう畑と扇状地湧水
 7：山野酒造（伏流水を使った日本酒醸造）

（地図：Digital Mapple）

図 4-11　交野市の地下水観察会における観察ポイント．

から活断層によって持ち上げられた山地への地形の急変を直接足下に感じることができる．住宅地を抜け，山にはいるとすぐに「源氏の滝」に着く．

「源氏の滝」から稜線までは急勾配の道となる．道の脇には稜線部にある白旗池を源流とする沢が流れている．しかしこの沢の水は，ため池（白旗池）を水源にしているため，山間部を流れる渓流としては水質があまり良くないことが，その場での簡易水質検査により示された．

2）谷頭部湧水（トンボ池）

稜線部からやや下った場所に人工的に掘られたトンボ池を観察することができた．人工的に掘られた池に湧水しており，谷頭部の湧水としても見ることができた．この池は梅雨明けすぐの1回目の観察会（7月）には水をたたえていたが，天候が安定する秋に行われた2回目の観察会（11月）では水が涸れていた．すなわち，ごく表層部を流れる地下水による湧水であること，またこのように小規模な

湧水は降水量に大きく依存して涸れることがあることが理解できた．

3) 交野山

花崗岩の露出する交野山は三方に展望が開け，大阪平野を一望することができるだけでなく，京都盆地・奈良盆地の一部も見わたせる．山頂に立つと実際に自分たちの足で登ってきた断層活動によってできた急崖が山地と平野を分けていることがよくわかる．また，京都盆地から大阪平野に流出する淀川の流れも一望することができ，大阪府域の淀川水系がどのように流れているかを，山地と平野の連なりなどの地形変化と共に実感することができた．

4) 共同墓地での井戸と扇状地末端湧水

交野山からの下りは，登りのルートとは別の急な谷筋を下る．この谷は登りのコースとは異なり，水源がため池ではない．簡易水質検査の結果，水質も良好であった．山地を抜けると山麓には小規模な扇状地が広がる．ここでは扇状地にブドウが栽培されている．ブドウ畑が，山地や平野ではなく扇状地上に立地するのは，水はけの良さ，すなわち地下水水位との関係もあることも，今回の観察会のテーマに沿って説明する．余談であるが，7月の観察会の時期はちょうどブドウ狩りシーズンだったため，参加者全員でブドウ狩りを楽しんだ．

ブドウ畑を抜けると，扇状地末端部に古くからの共同墓地が広がる．この墓地では清掃や雑用水として，手押しならびに電動ポンプの井戸が現在も使われている．また，墓地の脇には湧水池が認められる．地元出身者で当日案内役を務めた和田卓也氏によると，かつては清涼な水がゴボゴボと自噴していたが，現在ではその面影はないとのことである．しかし，現在でも通常のため池とは違う，澄んだ水がたたえられている様子が見てとれる．この湧水池と同じ標高に沿って歩くと，さらに小規模な湧水による池がいくつも認められ，そこが平野部へ流れる川のはじまりであることがわかる．このような湧水池は，現在ではその多くが埋め立てられているが，古い地形図などを見ると扇状地末端に多くあったことがわかる．扇状地の頂部で浸透した水が，扇状地末端部で湧水するという，教科書通りの水の移動が観察できたポイントであった．

5) 水道水源井戸

交野市の水道は，地下水が約60％，府営水道（淀川）から供給される上水が約

第4章　水循環を題材とした環境教育への取組み

40％と，水道水源における地下水の依存度が高い[11]．水源地下水は200～300 mの深さからくみ上げている．水道の水源井戸は交野市内に15か所あり[11]，そのほとんどが交野市内を流れる天野川の近くの平野部にある．今回のルート沿いには15号井があり，外から眺めるだけであったが，意識しないと気がつかない地下水が水源として活用されているのを観察することができた．

6）　酒造見学

　最後は伝統的な地下水利用と，成人参加者のお楽しみをかねて，酒造見学を行った．近畿の酒蔵といえば，伏見・灘が有名であるが，大阪にも多くの酒蔵がある．交野市には2つの酒造所があり，今回はそのうちのひとつ，山野酒造を見学させていただいた．山野酒造は，年間製造石数が約400石（1石＝100升）という小規模な造り酒屋である[12]．ここでは酒造用に浅層地下水を利用しており，交野市の豊富な地下水と産業の関わりを知ることができた．蔵元である山野氏のご好意により，普段は見ることのできない日本酒の製造現場の見学をすることもでき，参加者・案内者とも大満足の観察会の締めとなった．

(2)　"地下水を見る"意義

　蛇口をひねれば水が出る現在の日本に住む多くの都市生活者が，地下水の存在を意識することはほとんどない．ましてその地下水が，川の水と同じように流れ，水循環の一翼を担っているということはさらに意識することは少ないであろう．多くの都市生活者にとってコンビニエンスストアやスーパーで手にするミネラルウォーターが最も身近に感じる地下水であるかもしれない．そのために，"地下水を見る"観察会は，私たちの生活や環境を水循環の関わりから知るという意味で重要であろう．

　単純に"地下水を見る"という言葉から発想することとして，井戸からくみ上げた水を見て「はい終わり」ということになりかねない．地下水が循環し，私たちの生活に関わっているということを認識してもらうために，今回の観察会では，井戸や水を見るだけではなく，その利用や表層水（川）との関係，産業としての地下水利用などを合わせて見ることができるように企画した．今回はコース設定の関係で取り入れることができなかったが，地下水汚染や地盤沈下など地下水利用の負の側面を環境教育の観点から取り入れることも有意義であろう．

水資源の重要性がさらに増すと考えられている21世紀の私たちにとって，"地下水を見る"ことは，限りある水資源の重要性を再認識する機会とともに，地球上での水循環を確認する容易な手だてになるであろう．

3　ビオトープ水源としての浅層地下水利用

　現在の大阪平野地下中層より浅い地下水は，水位回復傾向にある．地下水位観測井の各帯水層の地下水位は，その多くが海水面レベルまで回復している．このため，平野浅層部の帯水層では，浅い地下水位に関わって生じる地盤の液状化，地盤強度の脆弱化の問題が指摘されている．また，地下鉄道や地下施設を持つビルの建て替えに関わる地下水上昇に伴う浮力の影響，地下掘削の出水事故などの問題のほか，人為活動に伴う地下水汚染問題などが各所で認められる．このことは2章や3章で述べたとおりである．

　浅層地下水を適切に管理・利用することで，浅層地下水の高水位化に伴う地盤災害に備えることができる．利用法は，可能なかぎり，公共性が高く，市民への地下水や水環境に関する啓発効果を持つことが望ましい．ここでは，市民に対して地下水の存在と有効利用をアピールする方法の一つとしてビオトープを用いた例を紹介したい．大阪平野の浅層地下に伏存する地下水を小規模にでも汲み上げることで表層の地下水循環を促進させる効果もある．大阪市立自然史博物館と守口市立下島小学校での地下水源を利用したビオトープ活動の例を紹介し，ビオトープ活動における地下水利用の意義とその具体的な教育効果について述べる．

(1)　ビオトープと地下水

　「ビオトープ」とは，本来「特定の生物群集が存在できる条件を整えた地理的な最小単位」を意味する．しかし，学校や市民活動の中では「環境復元やミチゲーション（環境改善の緩和活動）で創造された空間や，都市域に創造された生物生息空間を指す」ことが多い[13]．これらの場所は，失われた身近な自然の復元，環境教育の場，各地域における絶滅危惧生物の系統維持など，様々な役割を担っている[14, 15]．学校現場では多様な自然環境を創出できるという点で，大阪のような平野部に発展した都市域では元々の低湿地環境を復元するという意味で，ビオ

トープには小規模な池や水田を作ることが多く見られる．これらのビオトープの生態学的な是非はここでは問わない．しかし，水と親しんで遊ぶ空間が失われた都市においては，身近な水辺の自然環境を創出するという点で，ビオトープは一定の意義のあるものと言える．

(2) 自然史博物館におけるビオトープ

　大阪市東住吉区長居公園にある大阪市立自然史博物館（以下，自然史博物館）では，敷地内にビオトープを整備し，普及教育活動を行っている．自然史博物館のビオトープ建設の経緯や方針，活動についてはすでに報告があるので[16]，それにそって紹介していく．

　自然史博物館でのビオトープ設置計画は，そもそもは老朽化したプレハブ小屋の取り壊しに際し，隣接する畑地と併せてもっと有効に利用できる方策はないかということからはじまった．自然史博物館でビオトープが作られた2001年当時，巷では地域性を無視した人工的な環境のみを配した「良くない」ビオトープが出現しつつあった．さらに「総合的な学習の時間」などに関連してビオトープの活用に関する問い合わせが自然史博物館に多く寄せられている時期でもあった．そこで，この空きスペースに自然史博物館の考えるビオトープを作り，そのノウハウを学校や地域に提供したいと考えた．学芸員全体で議論を重ね，以下のような方針を立ててビオトープ活動を行っていくこととした．

　まず，明治時代（概ね100年前）の自然史博物館周辺の環境を復元してビオトープにすることを目標とした．当時の地形図によると，自然史博物館周辺は，典型的な都市周辺の農村地帯であった．上町台地の縁に位置するため，斜面の水はけの良いところには畑地，谷部には水田が広がり，周辺にはため池や社寺林などが点在していた．自然史博物館の周辺に現在もわずかながら残っている田畑や農業用水の井戸などの一昔前の農村風景をうかがわせるものを参考にしてビオトープの基本設計が施された．ビオトープ予定地にもともと植栽されていた常緑樹林や落葉樹林は，社寺林や農村周辺での小規模な林を想定したゾーンとした．従来あった畑地やプレハブ跡は水田や畑地，耕作をしない草地のゾーンとし，定常的に草刈りを行って，人が管理する場所とした．その後，林と田畑の中間位置に池を作り，ビオトープの概要が整った（図4-12）．

　ビオトープの手入れや維持は，自然史博物館友の会を中心とした市民と共に行

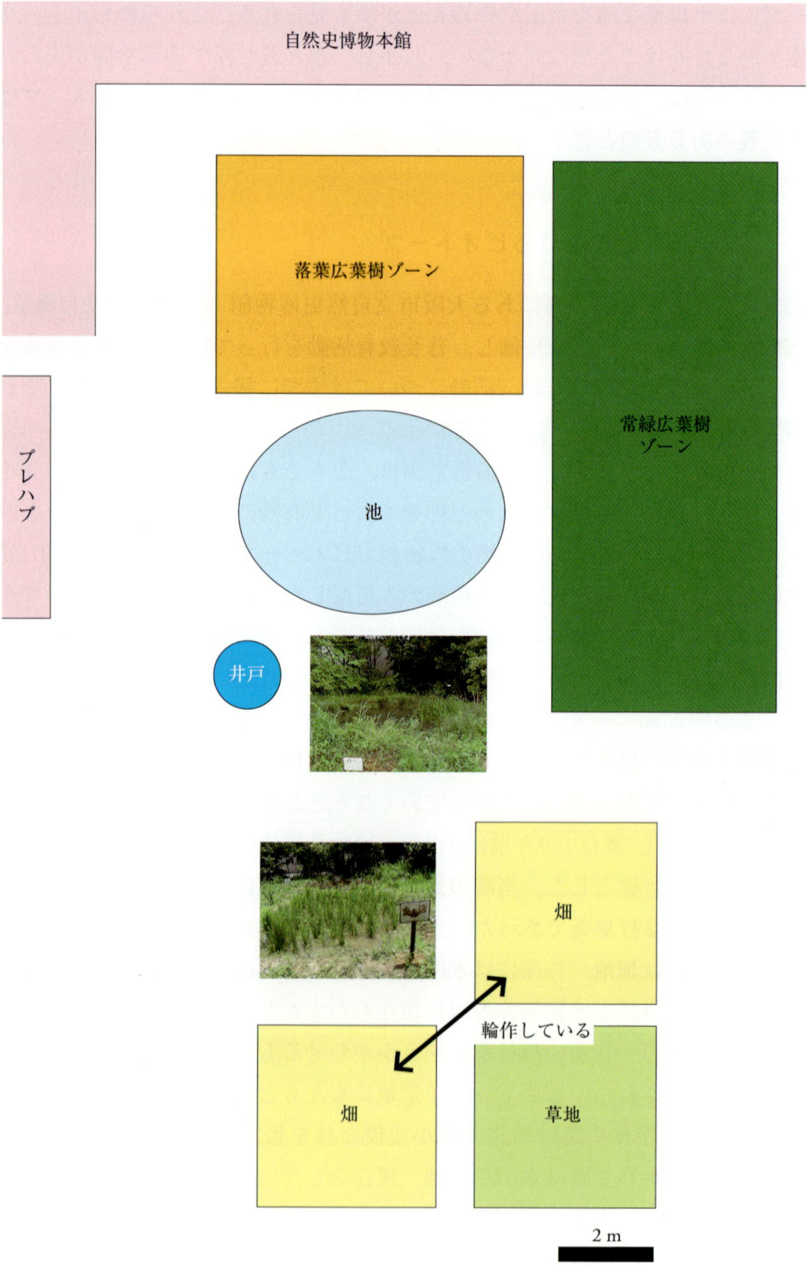

図 4-12　自然史博物館のビオトープの概要.

うこととした．ビオトープ設計には複数の学芸員らが中心となってあたった．自然史博物館友の会は，2010年度は約1,800世帯が会員となっている．友の会は自然史博物館の強力なサポーターとして様々な活動を共に行っており[17]，長時間かけて作りあげなければならないビオトープを一緒に楽しく管理するには，友の会をベースに活動するのが最適と考えた．友の会会員を中心とした市民が月に1回程度集まり，「ビオトープの日」として活動を行っている（2011年現在は毎月第3土曜日に活動）．気軽に参加してもらうため，友の会会員は事前申込なしで参加できる．「ビオトープの日」の作業は，農作業，定期的な草刈りや外来植物の除去，池や田畑の補修，樹木の枝打ちなどである．ビオトープ整備に来る友の会会員は，無償の労働力を提供しているわけではない．自然に親しみながら自然環境に対する知識や意識の向上を目標として，言わば普及教育としての意義付けを持ってこの活動に参加している．そのため，ビオトープ整備だけにとどまらず，昆虫採集や植物観察なども同時に行い，動植物の専門家である学芸員の指導のもとで，ビオトープで活動する意味をさらに高める努力をしている．

　田畑の作物についてもビオトープでの栽培という性格を配慮し，古くから大阪付近で栽培されていたものを作ることとした．イネは原始的な品種とされる黒米を奈良の農家より譲り受けて栽培している．野菜は石川早生（サトイモ），田辺ダイコン，河内一寸（ソラマメ）などの大阪の伝統野菜を栽培しており，ただの農作業や自然体験ではなく，地元の農業や食品の文化についても学ぶことができるようにした．

　ビオトープが自然史博物館の敷地内にあるという利便性や安全・安心感もあり，「ビオトープの日」には，毎回未就学児や小学生低学年とその保護者を中心に多くの市民が参加している．狭いビオトープに100人近くが集まることもある．2010年度の「ビオトープの日」は，全12回行い，のべ400人近くの市民が参加した．栽培した作物は，ビオトープ活動参加者で分けあったり，友の会秋祭りや総会などのイベントでの食材として利用された．

　一方，このビオトープは，「ビオトープの日」以外は学芸員が手入れに入る程度なので，あまり人の影響を受けない環境となっている．また，林，池と水田という水環境，日当たりの良い草地環境が隣接しており，作物は無農薬で栽培している．そのため，狭いエリアにもかかわらず多くの昆虫がビオトープを訪れている．例えば，ビオトープで確認されているトンボは11種になる（松本史樹郎学芸員の記録による）．秋から冬の「ビオトープの日」には，池の中を掃除してたくさ

んのヤゴを観察することもできた．

(3) 自然史博物館ビオトープの井戸とその活用

　自然史博物館のビオトープでは，前述のように池，水田，そして作物の栽培と，水を大量に使うエリアが存在する．池には自然史博物館本館に隣接するプレハブ小屋の屋根で集めた雨水が流れ込むようになっており，水位が低下することがあっても水が涸れることはない．しかし，水田や畑へは定常的に揚水する手段がなかった．大都市にある学校ビオトープと同様，自然史博物館の周りには河川や用水路などもない．池からの田畑へ導水するための水路の掘削はスペースの余裕がないために困難であった．また電動ポンプを使用するには毎回準備と片付けが必要であり，煩雑な作業を避けられない．それに加え，集水雨量が少なく水田へ用水すると池の水位がすぐに低下し，夏季には池が干上がってしまう可能性があった．そのため，当初は水田および畑への給水には，もっぱら水道水を利用していた．これは100年前の自然史博物館周辺を復元するというビオトープの理念からも，コスト面からも，あまり望ましいものではなかった．

　これらの問題点を改善するため，2007年12月ビオトープ内に井戸が掘削された．当地域は，上町台地東部に位置し，台地を構成する中位段丘層とその下位の段丘構成層相当の砂礫層にあたる．砂礫層と側方連続の悪い粘土層が交互に重なる構成となっている．井戸地点の地質は，深度18〜12.5 m，5〜3.5 mに粘土を挟む砂礫との互層となっている．掘削深度が20 m，深度20〜5 mにストレーナを設置した口径約100 mm（掘削径190 mm）の井戸である．井戸の自然水位は地表下3.5 m，21.7 L/分の揚水で水位降下21 cm（5時間連続揚水時，比湧出量は103 L/分・m）であり，帯水層の透水係数は，5.8×10^{-3} cm/secと評価される．ビオトープ水源として，小規模な地下水供給には充分である．水質面について言えばやや鉄分が多い傾向があり，飲用には不向きである．しかし，細菌検査では問題がなかったため，浄化は行わず，直接ビオトープに流し入れている．井戸には，家庭用の小型電動井戸ポンプと手押しポンプを設置した．小型井戸ポンプは井戸から数m離れた位置に設置し，できるだけ子供たちに意識させないようにした．手押しポンプは井戸のケーシングの直上に小型の円形井戸枠を土台にして設置した．多量に給水する時には電動井戸ポンプを用い，イベントなどで子供たちの活動に使用する際には手押しポンプを活用することにした．

図 4-13　ビオトープでの作業.

　2008 年から本格的に地下水を水源とした米作りや野菜作りがはじまった（米作り自体は 2007 年から開始）．米作りでは，田植えから稲刈りまでを多くの子どもたちに体験してもらうことができた（図 4-13）．泥に触れる機会の少ない都会の子どもたちは，全身泥まみれになって田植え（泥遊び？）を楽しんでいる．残ったイネの苗を自宅に持って帰り，プランターなどで栽培し，ビオトープのイネの育ち具合と比べている家庭もある．夏には水田の周りに生えた雑草を抜き，秋には鎌をもっての稲刈りと，日常生活では体験できない作業ができた．学芸員も含めて素人による米作りであったが，2008 年，2009 年と続けて豊作となった．
　ビオトープの水田の面積は約 3 m×3 m と非常に小さいが，成長期のイネの蒸散量は多く，降雨がなければ 2〜3 日に一回は水田に給水しなければならない状態であった．そのためビオトープの日以外にも，学芸員や友の会世話役などで水田の水管理を行った．井戸を設置前と設置後の水田への導水路の変化を図 4-14 (a) に示す．井戸の設置後の水田への用水は，すべて雨水と地下水源を利用したが，前述のようにイネの生育や収穫には十分であった．また，米作りや野菜栽培は無農薬で行っていることもあり，田んぼには多くのトンボやバッタ，それを補食するクモやカマキリ，トンボなど多くの虫が訪れる（図 4-14 (b), (c)）．栽培面積が小さく，捕食昆虫が多いこともあって，イネや野菜に対する食害などもあまり目立たない．隣接する池と共に，子どもたちが安心して遊べる都市の中の貴重な水辺環境としての役割も果たしている．
　井戸水の利用は，水田だけにとどまらない．畑で栽培するダイコンやソラマメなどの野菜への散水，農具の洗浄などにも用いている．また，自然史博物館近隣の池の工事で絶滅の可能性があった希少な水草・オオミクリがビオトープの池に

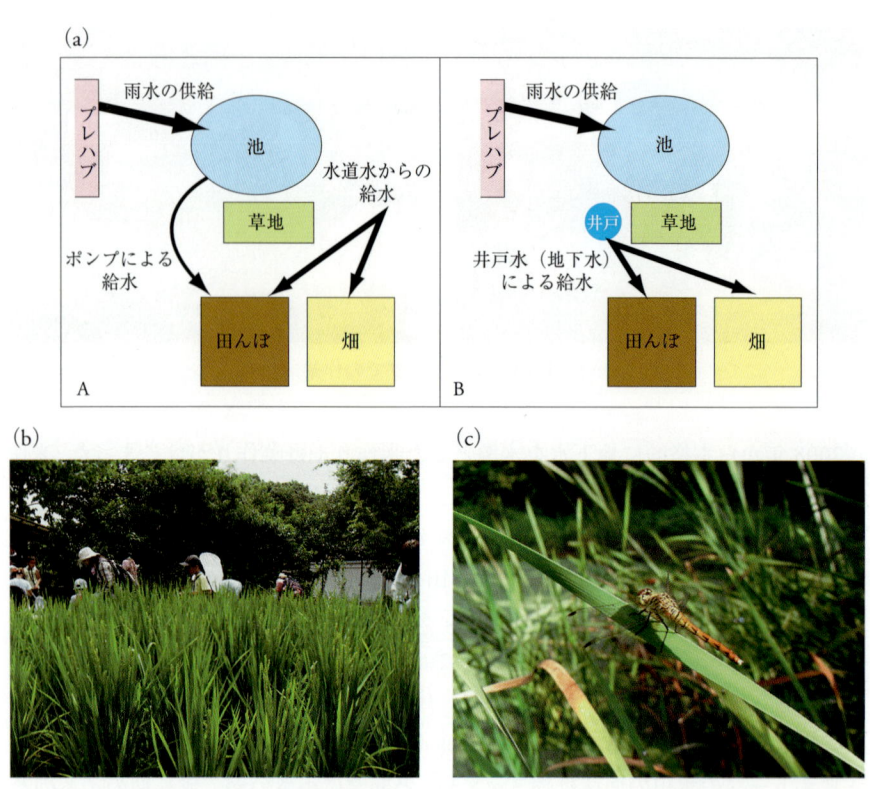

図4-14 (a) 井戸設置前 (A) と設置後 (B) のビオトープでの水供給の変化．(b), (c) ビオトープの水田とその周囲に集まるトンボ．

移植されている．オオミクリは水位が下がりすぎると枯死してしまう．夏季の渇水期には池の水位を保つため，井戸から池に涵養することもある．ビオトープ活動とは関係ないが，標本作製で大量に水を使用する際などにもこの井戸水は用いられている．

「ビオトープの日」に参加する子どもたちのほとんどは井戸を見たことがない．井戸や地下水という言葉はいろいろな場面で見聞きすることはあっても，子どもたちの親の世代であっても井戸を実際に使うことはまれであろう．「ビオトープの日」に，子どもたちは電動ポンプからの水ではなく，わざわざ手押しポンプを使い作業後に手を洗うのを楽しんでいる（図4-15）．子どもだけでなく大人たちも，自然史博物館の豊富な地下水に驚いている人が多い．地下水を通して，普段は気にすることのない自分たちの足下への興味や理解が広がるきっかけにもなっ

図 4-15 手押しポンプを使った井戸水で手を洗う子供たち.

ているようである.

(4) 守口市下島小学校での井戸構築とその活用

　大阪平野の沖積層の研究のために守口市下島地区の公園でボーリング調査を実施したことがあった．たまたま，隣接の下島小学校の先生がそれを知り，採取した試料やそのデータを一部もらい受けたいとの依頼があった．このときは，小学校での6年生を対象とした出前授業を行い，採取試料の一部を提供した．小学校での井戸によるビオトープ水源の活用を模索していたことから，地下水をビオトープ水源として供給し，その効果を多面的に検討したいとの申し出を行った．下島小学校には既にビオトープがあった（図4-16）．さらに校庭の一部を芝生化し，水供給や散水を水道水で行っていた．井戸設置と簡易浄化実験，ビオトープへの給水および芝生への散水へむけた試行が2009年から始まった．

　当地域は，淀川に隣接した地域であり，明治期の地形図では，淀川の旧河道にほぼ相当する場所である．その後の河川改修によって堤内地となり，市街地化した．図4-17に示すように地表下10 mまでは砂礫層を主体とする地層で，深度約10～7 mまでは，貝殻片を含む海浜の砂層，それより上位は，旧淀川河床の砂礫層となっている．深度10 m～17 mの層準は海成粘土層（Ma13層）に相当する．小学校校庭隅の既設ビオトープに近接した地点に井戸を掘削した（3章，図

図 4-16 下島小学校のビオトープ.

校庭の井戸　淀川が運んできたとみられる砂やれきの地層に穴をあけてパイプを入れて穴が崩れないようにして，手押しポンプをつけ地下水をくみ上げられるようにしました．

砂やレキの地層は，地下水が流れやすく，くみ上げができます．
くみ上げられる地下水の水温は一年を通じて19℃ぐらいで，夏は冷たく，冬は暖かく感じます．

お茶碗や空き缶の入った盛土の層

弥生時代より新しい時代に淀川の川が運んだ砂やれきの地層

弥生時代に海岸や三角州の場所でたまった砂の層（貝殻が混じる）

縄文時代に広がっていた昔の大仮湾の底にたまった粘土の地層
たいへん軟らかい粘土

大仮平野をつくる地層で1万年前から現在までの地層

図 4-17 下島小学校の地層と井戸設置状況.

3-20，図 4-17）．井戸は，掘削深度を 10 m とし，ストレーナを深度 8〜4 m に設置した口径約 100 mm（掘削径 190 mm）である．井戸の自然水位は，地表下 2.6 m であり，平均 21.3 L/分の揚水で水位降下 38 cm（5 時間連続揚水時，比湧出量 56 L/分・m）であり，帯水層の透水係数は，5.9×10^{-5} m/sec と評価される．

地下水水質検査の結果，一般生菌数 1.8×10^3/ml，糞便性大腸菌群（ブルーライ

ト MPN 法）検出なし，大腸菌群（デソキシコレート法）5/ml であり，水道水基準には満たないが，水浴場基準 AA に相当する水質を保持していた．地下水中の一般溶存元素としては，鉄・マンガンがやや多く含まれ，溶存酸素が少ない．掘削した井戸には，手押し井戸ポンプを設置したほか，家庭向けの浅井戸用電動ポンプを併設した．芝生散水は，電動ポンプから直接散水を行っている．井戸水には，環境基準値以下ではあるが VOC が含まれていた．また鉄分が多い．そこで，ビオトープに放流する水の浄化実験を行うために砂ろ過式の簡易浄化槽を設置した．この浄化に関しての詳細は 3 章 4 節 (4) に述べた．

下島小学校での井戸水を用いた活動は，浄化槽設置後，水質面での安全性が確認された 7 月ごろから開始された．細菌数は水浴場にしても問題ない程度ではあるが，大腸菌群がやや認められたほか一般生菌類が含まれていること，基準値以下ではあるが VOC が含まれていることから，生水を子どもたちが口にすることのないよう，普段はポンプに鍵をかけ，教員の目の届かない状態で井戸水がくみ上げられないよう処置を講じている．余談ではあるが，頻繁に井戸水を使用した結果，1 年後にはマンガンイオンが検出されなくなるなど，水質に改善が見られている．

7 月以降，理科クラブの生徒たちを中心に水温・pH を継続的に観測した．7 月の気温が高い中で，生徒たちは地下水を冷たく感じ，このまま冬季になるともっと冷たくなると予想したとのことである．しかし，観測を進めるうちに気温やビオトープの水温が変動するのに対して地下水温がほぼ一定に保たれていることを認識し，実体験に基づいた効果のある学習が進められた（コラム 4 参照，221 ページ）．

11 月には，6 年理科「大地のようす」の授業の一環としてを出前授業を行い，平野地下の地層の概説と地下水がどのように地層に含まれるかなどを紹介し，校庭の井戸を実際にみんなでくみ上げ，その水質検査を水質簡易キットなどを用いて確認した（コラム 4 参照）．くみ上げた井戸水に多量に含まれる鉄分が浄化槽を通過した後の水には含まれていないことなどをパックテストなどで確認，浄化槽の効果も知った．このような体験学習を通じて，子供たちは生活に密接にかかわる地学を学ぶだけでなく，地盤や地下水などの自分たちの生活の土台となっている足もとの環境を考える発端となったようである．

一方，子供たちは，校庭に井戸が掘削されて手押し井戸ポンプが設置されたことやその井戸水がビオトープに給水されたり，校庭の芝の水やりに使用されてい

ることを自宅で家族に話し，PTA もその井戸の存在を認知するようになった．さらに，この井戸は，PTA を通じて地域の井戸として近隣住民に認知されるようにもなった．最終的に小学校としてこの井戸を校区の災害井戸として位置付けることになった．隣接する団地の自治会からもこの井戸の情報を聞き，団地内に同様の井戸を設置することは可能かの問い合わせもあった．この井戸は 1 年の間に周辺の住民への関心を引く結果となった．

(5) 下島小学校における井戸設置に関する意識調査

　下島小学校での井戸設置と井戸水のビオトープ給水・芝生散水が行われ，それに関した出前授業を実施したのち，小学校 5 年生（52 名）・6 年生（68 名）と 6 年生の保護者（68 名）に対するアンケートで，学校に設置した井戸についての意識調査を行った（図4-18 (a)，(b)）．6 年生は理科「大地のつくりと変化」単元で，出前授業を行い井戸水を手押し井戸ポンプからくみ上げ，簡易水質分析を行っている．5 年生の一部の生徒は，理科クラブに所属し，井戸水の水温測定を進めてきた経緯がある．

　学校井戸以外で手押しポンプを見たり，使ったりした経験はほとんどない．このような井戸ポンプは，テレビ・映画を通じて知っていることが多い．アニメ映画の「となりのトトロ」（スタジオジブリ制作）での風景の中での印象が最も強く，「昔の生活」「古い」というイメージを持っている．また，井戸に女性の怨霊が眠るという内容のホラー映画「リング」（鈴木光司作・東宝）などの影響からか，「怖い」という感想がみられる．テレビ・映画以外では，一部の生徒が郊外に家族旅行をした際に井戸に接したと回答しているが，1 割程度にすぎない．主な感想のうち，好印象の回答として「きれいな水」「冷たい」といったものが多くみられる．土の下からくみ上げる地下水に対して，意外と澄んだ水が得られることへの「不思議さ」と水道水と違う水温の感触を得ているようである．その一方で，「鉄臭い」といった臭いに関わる感想を寄せる生徒もいて「水質への不安」がみられる．井戸水の活用方法としては雑用水・環境水をあげる生徒が多い．また，井戸の保全の意識としては，水質・水量に関わる内容の回答がそれぞれ半数程度寄せられた．

　一方，6 年生保護者は，学校活動・子供たちを通じて学校の井戸を認知しつつあるが，それがどのように使われているかはあまり知られていない．保護者の目

(a) 5・6年在校生

学校の校庭にある手押しポンプのついた井戸についてのアンケート調査と回答
（カッコ内人数．生徒：5年52名，6年68名，計120名）

1. あなたは学校の校庭にある手押しポンプのついた井戸の水をくみ上げたことがありますか？
   ある(49)　・　**ない(71)**　授業活用している6年生でほとんど経験あり

2. 学校にある井戸以外で，手押しポンプのついた井戸をどこかで見ましたか？
   家の近く(2)　・　旅行に行ったとき(16)　・　**テレビ(66)**　・　映画(23)
   見たことがない(31)・その他(1)（博物館）

3. 学校にある井戸以外で，井戸水を使ったり，井戸水をくみ上げたことはありますか？
   ある(16)　・　**ない(104)**

4. みなさんは井戸水にどのような感想を持っていますか？短いことばで書いてください
   好印象：50（冷たい・きれいな水・水汲みが面白い・あるといいと思う・大切なもの），
   普通：23（井戸水って必要かなあ・昔の人の生活・地下川水が汲み上がることが不思議
   ポンプに鎖が付いていて不便・どんな特に使うのか・感想は特になし
   ・自由に使いたい・飲めるのか・何に使うかわからない・深い）
   悪印象：38（鉄臭い・汚い・こわい・きれいな水にしてほしい・地盤沈下しないか
   井戸くみで疲れた）
   無記載：12

5. 学校にある井戸のことを家の人に話をしたことがありますか？
   ある(44)　・　**ない(76)**

6. 井戸水は地面の下にある砂に含まれている地下水をくみ上げたものです．
   6a. 井戸ができる前に，地面の下のことについて考えたことがありますか？
   ある(14)　・　**ない(106)**
   6b. 井戸ができてから，地面の下のことについて考えたことがありますか？
   ある(22)　・　**ない(98)**　やや関心を持つ生徒の数が増加？

7. 学校の井戸水を何のために使いたいですか？短いことばで書いてください
   雑用水：67　（水やり・掃除・手洗い），**環境水：19**（ビオトープの水），
   飲用水：17，非常用水：2，学習：8（昔のことの勉強・理科の実験）

8. 学校の井戸水を守るために，みなさんは，どのようなことに気をつけようと思いますか？
   短いことばで書いてください
   水質保全：45（地下水の近くを汚さない・井戸水を汚さない・ビオトープを汚さない・
   掃除をしてきれいにする・こまめにくみ上げる・ゴミをほかさない）
   水量保全：50（水をあまり使わない・水を無駄使いしない）
   その他：4（砂を井戸に入れない・多くの人に知ってもらう・ポンプをこわさない）

図4-18　守口市立下島小学校における井戸に関する意識調査(a)．

(b) 5・6年保護者

学校の校庭にある手押しポンプのついた井戸についてのアンケート調査（ご家族用）

（カッコ内人数．6年生父兄　68名）

下島小学校に1年前に深さ10m（直径20cm）の浅井戸を掘削し，手押しポンプと家庭用小型電動井戸ポンプを設置し，小学校のビオトープへの給水・芝生への散水に利用し，小学校の教育にも一部活用しています．

1. 下島小学校に設置された井戸のことをご存知ですか？
   ・知っている(43)　　　・知らない(25)
2. 井戸の設置を知ったきっかけは何ですか？
   ・子供さんから(18)　・父兄やPTAを通じて(14)　・小学校の新聞(15)
   ・その他(9：先生から．芝生の水やり当番で．)
3. 学校で井戸水の活用方法についてご存知ですか？
   ・知っている(20)　　・知らない(48)
4. 井戸が設置されたことを子供たちは興味を示しているとお考えですか？
   ・充分興味を持っている(4)　・興味を持っている(17)　・どちらとも言えない(35)
   ・あまり興味を持っていない(6)　・興味を持っていない(7)
5. 子供たちの教育にとって井戸は有用とお考えですか？
   ・有用(19)　・やや有用(19)　・どちらとも言えない(40)　・あまり有用でない(3)　・有用でない(0)
6. 小学校の井戸水についてどのように感じますか？
   飲用：・安心(3)・やや安心(3)・煮沸すれば安心(9)・どちらとも言えない(10)・やや不安(23)・不安(22)
   雑用：・安心(16)・やや安心(30)・どちらとも言えない(14)・やや不安(7)・不安(1)
7. 子供たちは，この井戸を通じて体験学習をしつつあります．子供たちの体験学習はどのような学習分野に役立つと考えられますか？　思い浮かぶキーワードを3つお書きください．
   水資源：23（水循環・水の大切さ・水温一定・田んぼ・水の豊かさ・水源・サバイバル・
   　　　　地下水・天然水・水不足・資源）
   地学・自然科学：14（地理・理科・実験・観察・水質調査・生物の観察・ビオトープ）
   環境：23（自然環境・エコロジー・エコ生活・生物多様性・環境保護・環境問題・浄水・微生物・
   　　　リサイクル）．
   歴史：13（水利用の歴史・昔の生活・井戸の歴史）
   社会：15（労働の厳しさ・社会・総合・当番・管理・世界の水道・道具・健康）
8. 地域の小学校にこのような井戸があることをどのように受け止められますか？
   ・有用(24)　・やや有用(22)　・どちらとも言えない(21)　・あまり有用でない(1)　・有用でない(0)
9. 地域として小学校の井戸を小学校の教育以外にどのように活用すればよいか，その用途を簡単にお書きください．
   非常用水源10件．　草木への水やり8件．　小学校に閉じずに公開4件．
   水質面での不安．井戸の仕組みや地域の歴史への導入

図4-18　守口市立下島小学校における井戸に関する意識調査(b)．

には，井戸に接することが教材としてのみであるため，子供たちがそれほど強い興味・意識を持っていないように写る．保護者の井戸水に対する意識は，飲用には不安を感じるが，雑用水・教材としての活用を望む回答が多い．井戸の体験学

習の活用分野としては，かなり広い分野への活用を示す回答が寄せられた．環境・水資源だけでなく，歴史・社会的側面の教育にも教材として活用できるのではないかと指摘されている．地域としての小学校への井戸設置については多くの保護者がその有用性を感じ，地域活用としては非常用水源としての位置づけや雑用水としての活用を期待している回答が見られる．以上のように，子どもたち・その保護者ともに，井戸水の飲用には不安があるが，雑用水・環境水としての活用は，肯定的な意見が多い．

(6) ビオトープ水源としての地下水とその意義

　ビオトープ内の池や水田などの湿地環境は，周辺環境から孤立した場所に作られることが多いため，水源の確保が問題となる．特にコンクリートやアスファルトに囲まれた都市域のビオトープでは，なおさら大きな問題である．ビオトープ本来の意義から考えると，雨水や用水路から導水するのが望ましい．しかし，現実的には雨水を効率的に集めたり，用水路網を作ることは，学校・建物の建設の当初計画（もしくは都市計画）から，ビオトープ設置を考慮して計画されなければ，ほとんど不可能に近い．その結果，ビオトープ水源には水道水を活用することが多くなる．蛇口をひねれば得られる水道水は，現在の都市生活そのものであり，子どもたちに水環境の大切さを理解してもらうことは困難であろう．これは水資源としての上水の有効利用や環境教育の側面から望ましいことではない．

　一方，地下水を利用することにより，「本来その場所にある自然」を創出するビオトープが水環境を広く含めた形で実現される．手押しの井戸ポンプを使って水をくみ上げる行為は，子供たちの新たな体験として新鮮に興味を持って受け入れられるようだ．地面の下からどうして水が取れるのかといった疑問から，生活の土台である地盤への関心が高まる．直接目に見ることのできない地面の下の資源＝地下水を利用することにより，土壌や地下水など足下の環境も含めて，その場所の自然環境を作っているのだということを理解することができるであろう．

　コスト面から考えると，地下水利用のためには，初期投資として井戸掘削に多額の費用がかかる．しかし，建物の建設計画段階でビオトープ計画がない場合なら，雨水の集積網や用水路を周辺から引き入れることよりも，井戸を掘削する方が作業を行いやすい面があるだろう．また，その後のメンテナンスや維持費用はあまりかからないため，長期的にビオトープを活用するなら，地下水を利用する

意義は大きいと思われる．

　生態学的な意義やコスト面だけでなく，ビオトープでの地下水利用には水環境を考える上でも大きく役立つ．ビオトープ活動に関わった人たちにとっては，普段は見ることのできない私たちの足下の自然についての発見・疑問や新しい環境意識の向上につながることが期待される．都市の地下に潜在する水資源の活用，生態学的な意義，そして環境教育の面からも，ビオトープでの地下水利用は大きな可能性を秘めている．

▶引用文献

1) 流域自然研究会編著・岸由二監修 (2010)『鶴見川流域生きものガイドブック』流域自然研究会．
2) 武庫川上流ルネッサンス懇談会：知ろう，活かそう，三田の川．http://www.sanda-river.jp/
3) 日本自然保護協会：自然調べ 2010　みんなで夏の川さんぽ．http://www.nacsj.or.jp/project/ss2010/index.html
4) 西野麻知子編著 (2009)『とりもどせ！　琵琶湖・淀川の原風景』サンライズ出版．
5) 大阪市立自然史博物館編著 (2006)『大和川の自然――きたない川？　にも　こんなんいるで』(第 35 回特別展解説書)
6) 大阪市立自然史博物館編著 (2007)『大和川の自然』(大阪市立自然史博物館叢書 1) 東海大学出版会．
7) 大阪市立自然史博物館編著 (2010)『みんなでつくる淀川大図鑑――山と海をつなぐ生物多様性』(第 41 回特別展解説書)
8) 環境省：全国水生生物調査のページ http://www2.env.go.jp/water/mizu-site/mizu/suisei/
9) 石田惣・岡出朋子 (2009)「プ，プ，プラナリア　こっちの水は冷たいぞ？」*Nature Study*，55：147-148.
10) 石田惣 (2010)「水生無脊椎動物と淡水環境-水質から景観へ」谷田一三編集『河川環境の指標生物学』(環境 Eco 選書 2) 北隆館．95-102.
11) 交野市水道局ホームページ http://klx002.city.katano.osaka.jp/kakka/suidouh/index.html
12) 山野酒造株式会社ホームページ http://www.katanosakura.com/
13) 巌佐庸・松本忠夫・菊沢喜八郎・日本生態学会編集 (2003)『生態学事典』共立出版．
14) 阪神・都市ビオトープフォーラム編 (2009)『検証・学校ビオトープ――阪神地域における取り組みを通じて』(OMUP ブックレット No. 24「堺・南大阪地域学」シリーズ 15) 大阪公立大学共同出版会．
15) (財)日本生態学協会編著 (2000)『学校ビオトープ――考え方　つくり方　使い方』(地球を救う，「生きる力」を育てる，環境教育入門) 講談社．
16) 内貴章世 (2006) 博物館ビオトープの実践例．『学校緑化』(大阪府立学校環境緑化研究会研究会報) 33：5-7.
17) 環瀬戸内地域 (中国・四国地方) 自然史系博物館ネットワーク推進事業編著 (2002)『「地域の自然」の情報拠点　自然史博物館』高陵社書店．

Column 2

「地球化学地図」を描く

益田晴恵

　「地球化学地図」とは，化学分析値を地図上にプロットしたもので，元素や天然と人為起源を問わず様々な化学物質の地理的分布を表すものである．その地図を見ると，化学成分は，何を起源としているか，どのように環境中を移動するのかなど，自然の中での物質移動の様子がよく理解できる．プロジェクトYでは，自分たちが分析した水質データを可視化し，水質を決定する要因を考察してみようという主旨で，地球化学地図を手作業で作ってみた（図1）．

　試料採取地点の上に，分析値を示す色違いのシールを貼付けていく．もちろん，試料採取地点の緯度経度や分析値のデジタルデータがあれば，コンピュータ上で可能な作業である．しかし，昔ながらに手を動かしながら地図を作ると，場所ごと，成分ごとの特徴に気づきやすい．

　例えば，岩石から溶け出す典型的な成分である溶存ケイ酸は，淀川本流では低いが，北摂の山間部の支流で高い傾向がある．カルシウムは，海水が逆流する河口部ではとりわけ高濃度であるが，淡水が卓越する流域では，溶存ケイ酸とよく似た傾向を示す．これらは，溶存ケイ酸とカルシウムが，ともに，地下水が岩石と反応して溶かしだし，河川に流出していることを示している．ケイ酸が淀川本流で低濃度であるのは，琵琶湖のような湖沼で，ケイ藻類などに溶存ケイ酸が消費されるためである．つまり，常に流れがあって植物プランクトンに乏しい水域で溶存ケイ酸が高くなることを示している．溶存ケイ酸は，陸域から海水に供給される代表的な化学成分の一つであるが，海域で溶存ケイ酸が少ないのも，ケイ藻や放散虫などのプランクトンが消費するためである．一方，塩化物イオンや硫酸イオンは海水が遡上する新淀川の流域で高い傾向がある．海水ほど高濃度でなくても，市街地では，家庭排水の影響を受けて高い傾向がある．河川水につ

Column 2

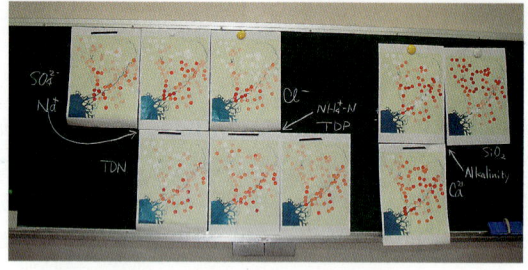

図1 地球化学地図を作成する
上：作成中の風景；下：完成した地球化学地図.

いて，このような地図を作ると，無味乾燥な数値の羅列に見える分析値の意味付けがわかる．本書では，化学分析値を用いて様々な水の流れを可視化する試みをしている．

Column 3

プロジェクトY 淀川の水質調査に参加して

松﨑 優仁

大阪市立城陽中学校3年

　祖父母と僕と妹の4人で，プロジェクトY 淀川の水質調査に参加することになりました．2007年11月，枚方の天野川で水質調査研修があり，その時に調査分担の場所が決まりました．僕たちの担当した場所は，安威川上流部で，すぐ上流に採石場があり道路建設工事もしていて，くねくねした細い道を走る上，大型ダンプが多く排気ガスのにおいとほこりで，行くたびに気分が悪くなりました．でも工事中にもかかわらず，水を採ってみると透明度もありフィルターにつく汚れも薄かったので「きれいな水なんや」と思いました．

　水質分析ではカルシウム，マグネシウムを滴定で調べました．最初は，アンモニアの臭いで鼻はツーンとくるし，手がぬるぬるになったりと難しかったけど，滴定の終点になると色が一瞬にして青に変わるのでおもし

図1　特別展「みんなでつくる淀川大図鑑」での子ども向けイベントで，調査の様子を説明する松﨑優仁君．

ろかったです．そのうちに，だんだん慣れて数をこなせるようになりました．分析会が回数を重ねると，分析に参加する人の数がだんだん減って，最後の会にはカルシウム・マグネシウムの試料のほとんどを分析しました．しんどかったけど，「自分は集中力が

ない」と思っていたので，やり切ることができて，すこし自信がつきました．最初の日に中条先生に，「ゆひと，途中でやめたらあかんで」と言われた事が良い意味でプレッシャーになり，調査・分析ともに最後まで参加できてよかったです．

図2 水質調査の研修会 枚方市の天野川にて
(a) 河川の中央付近にペットボトルで作った採水容器やバケツなどで採水する様子．
(b) 採水した河川水をフィルターでろ過してビンに詰める．

Column 4

下島小学校における「井戸」の教育利用

向井　豊

守口市立下島小学校指導教諭

　下島小学校では，主として，ビオトープの管理を通した環境教育，大阪市立大学による出前授業，芝生広場における様々な活用の三つの場面において「井戸」の教育利用が図られている．

1. ビオトープの管理を通した環境教育

　下島小学校には，平成18年3月から運用を始めたビオトープがある．このビオトープは，当時の6年生の子ども達が，総合的な学習の時間の活動の一環として手作業で作り始めたもので，その後，地域の保護者の協力もあり，卒業式前日には完成式を行うことができた．完成後は，雨水だけで運用していたこともあり，水の循環が不十分で，ミジンコやボウフラが大発生するなど，富栄養化の傾向を示していた．子ども達のビオトープに対する取り組みは，「いかにして水質をよくするのか」ということに重点が置かれ，ゴミ，落ち葉やウキクサの除去，木炭の投入，イネやクワイの植栽へと進んでいった．それらの活動は，毎年高学年の総合的な学習の時間を中心に引き継がれ，3年後には，ギンヤンマが羽化するまで水質が改善された．

　平成21年9月には子ども達による井戸の運用も始まり，新たな水源としての井戸水の注水により，より一層の水質の改善が見られるようになってきた．子ども達の視線は

Column 4

ビオトープの気温，水温，井戸水の温度変化

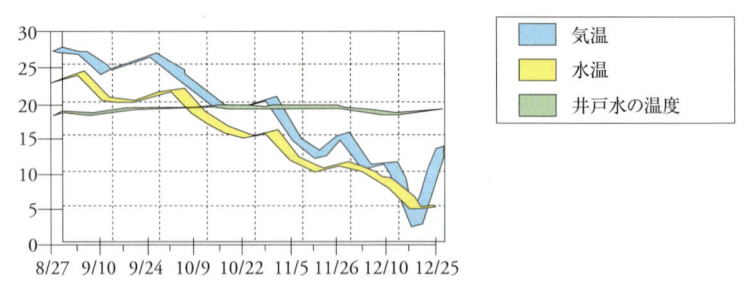

図1　下島小学校井戸の気温と地下水温の季節変化（上）と調査にとりくむ生徒たち（下）

井戸水にも向けられ，井戸水の水温などの経年変化を調査するグループも現れている．井戸の設置により子ども達の活動の中に新たな視点を生むことができたことは，今後の環境教育の広がりの中に活かせるものと期待できる．

　また下島小学校では，平成19年度から，大阪市立大学による6年生を対象とした出

下島小学校における「井戸」の教育利用　　　　　　　　　　　　　　　　　　　　　　　　　　　　　　　　　　Column 4

◀写真はいずれも守口市立下島小学校
　のビオトープなど

前授業をお願いしている．6年生理科で学習する「土地のつくり」と関連させ，大阪平野の地下の様子を中心に授業を進めていただいたが，井戸の運用を始めた平成21年度には，フィールドワークとして井戸水の水質検査も実施していただいた．

第5章
地下水資源管理の理念

　この本を通して概観してきたように，地下水は地球表層付近の水循環において重要な位置を占めるものであり，人間の生活圏に最も近い場所で得られる淡水最大の資源である．山間や丘陵地における地下水は，単に平野部の地下を涵養するだけではなく，河川水の涵養源でもある．流出水量をコントロールし，洪水の発生を防ぐ役割も持っている．地下水が地下を流れる河川や湖沼のようなものであるとすると，自分の土地の下を掘って得られる地下水が，他人の土地の下を通ってきたものであることは自明である．河川水が公水として認識されるならば，地下水も公水と認識されなければならない．かつての地盤沈下，それに伴う高潮や洪水，ビルの不同沈下などの被害は地下水の乱開発によるものであった．これらの災害の再発を防ぐためには，地下水は私有が許される資源ではないことを共有の社会規範とすべきであろう．

　近年，地下水を水道水源や生活用水として活用している自治体を中心として，地下水保全に積極的に取り組んで政策に取り入れるケースが増加しつつある．この章では，法律や条例などの政策から地下水を取り巻く社会環境の変遷を見ていこう．また，地下水の利用に当たって，その管理はどのようにあるべきなのか，大阪平野をモデルとして考えたい．

1 水資源の管理と環境政策

(1) 水関連法の歴史

　ここでは，法律の内容と制定年をもとに，政策に現れる地下水への社会的意識の変化を考察したい．我が国の地下水を管理・利用する法律の制定に関わる経緯と諸外国の事情については，山本[1]に詳しいので，これを参照されたい．

　表5-1に地下水に関連する法律とその制定年を示した．表層水の管理を行うための理念法もかねている現在の河川法は，1964年に制定され，2010年3月に最終改正がなされている．これに先立つ旧河川法は1896年に公布された．河川法制定の直接的動機は，水害を緩和するための治水事業を展開し，重要河川流域の治水安全度を高めることであった[2]．明治時代の旧法のもとでは，洪水対策のための堤防設置など，もっぱら災害対策を中心に政策が進められてきた．砂防法は堤防決壊などに対する治水目的で1897年に制定された．この二つの法律は，水に関するものではもっとも古いものであるが，地下水という言葉は条文には出ていない．旧河川法の制定時には大深度掘削による地下水取水は行われておらず，多くがつるべや手動ポンプなどを用いた小規模な利用にとどまっていたため，地下水を管理するという発想がなかったのであろう．地盤沈下は東京では明治末期頃に始まったとされているが，その当時は原因が分からなかった．第二次世界大戦後は，工業用水や都市用水としての水源開発を中心として，水管理が行われてきた．1964年に新たに制定された河川法の主たる目的は水源開発である．この辺りの歴史的経緯については今村他[3]に詳しくまとめられている．

　地下水について初めての法律が制定されるのは1948年の温泉法である．温泉は，岩盤の裂かや大深度に帯水する地下水を用いる．温泉法は地下水利用に関する初めての社会的ルールである．1905年に制定され，1950年に全面改正された現行の鉱業法では，石油や可燃性天然ガスの開発に一定の規制をしているが，これらを含む地下水の開発を認めている．温泉法は土地の所有者に，鉱業法は鉱業権者に，それぞれ地下水の採取を認めている．その後の1940年代末期から1960年代にかけて制定された法律は，いずれも斜面崩壊や洪水，地盤沈下などの水に関わる水害の予防を主な目的としている．この時代までは，治水とは，水を原因として発生する主として地盤災害の防止であったことが窺える．地下水の揚水規

表5-1 地下水に関連する法律と制定年[1]

法　律	制定年	内　容
河川法（旧）	1896	水文
砂防法	1897	水文
鉱業法（旧，天然ガス）	1905	地下水利用（特殊な地下水）
温泉法	1948	地下水利用（特殊な地下水）
土地改良法	1949	水文
採石法	1950	地下水利用
鉱業法	1905	地下水利用（特殊な地下水）
森林法	1951	水文
国土調査法	1951	水調査／開発
工業用水法	1956	地下水利用
地すべり等防止法	1958	水文
水資源開発促進法	1961	水調査／開発
建築物用地下水の採取の規制に関する法律（ビル用水法）	1962	地下水利用
河川法	1964	水文
砂利採取法	1968	地下水利用
急傾斜地の崩壊による災害の防止に関する法律	1969	水文
公害対策基本法	1967	水質保全
水質汚濁防止法	1970	水質保全
地盤沈下防止等対策要綱（濃尾平野，筑後・佐賀平野）	1985	地下水利用
地盤沈下防止等対策要綱（関東平野北部）	1991	地下水利用
環境基本法	1993	水質保全
土壌汚染対策法	2002	水質保全

制もその延長線上にあった．一方，1967年に制定された公害対策基本法と1970年制定の水質汚濁防止法の目的は，環境中の汚染物質の規制である（第1章参照）．1960年代以降，環境汚染が著しくなり，地下水に関しても量的問題だけでなく質的問題にも目が向けられるようになったと言える．その後も，環境基本法や土壌汚染防止法など環境汚染に対する法律の整備は進むが，問題点は残されている．次に，地下水質に関する例を取り上げて，課題を明らかにする．

(2) 地下水水質保全政策の問題点

地下水の水質保全政策としては，①環境基本法に基づく地下水環境基準の設定，②水質汚濁防止法に基づく地下浸透規制，③都道府県による地下水の水質常時監視，④事業場に対する浄化措置命令などが実施されてきた．本書前半で詳しく述べたように，地下水は一度汚染されると浄化が困難であるため，未然防止

が重要である．1989年の水質汚濁防止法の一部改正では，有害物質を含む水の地下浸透を禁止する条項などが盛り込まれた．1996年の同法改正では，「汚染された地下水が人の健康を害するおそれのあるときは，都道府県知事は，汚染原因者に対して，相当の期限を定めて地下水の水質浄化のため，措置をとることを命ずることができる」とされた．しかし，地下水汚染の未然防止機能を期待される水質汚濁防止法の浄化措置命令は，過去に発令された事例がなく，ほとんど機能していない．たとえば，イタイイタイ病の発生源たる三井金属・神岡鉱山の亜鉛電解工場では，環境基準を大幅に上回る土壌汚染と，北陸電力発電用水路への排水基準を大幅に上回る汚染地下水の流入があったにもかかわらず，「各種の汚染対策が鉱山保安法に基づき行われ，発電用水路から接続する公共用水域の高原川の水質が環境基準を満足した十分低い汚染濃度であったので，水質汚濁防止法（鉱山保安法）の浄化措置命令の発動には至らなかった」という[4]．

2002年に制定された「土壌汚染対策法」には地下水汚染防止の視点があまり見られない．しかし，土壌汚染と地下水汚染は同時に起こることが多く，地下水を通じて土壌汚染が拡大することもあり，その逆もある．そのため，同時に議論されることが多い（第1章5節参照）．たとえば，大阪市此花区の大規模団地では，環境基準を大幅に上回る土壌・地下水汚染が発見されたが，環境基準を超えた付近の表土について深度20 cmの部分を入れ替えただけで，それ以深の土壌汚染と地下水位1～2 mにある浅い地下水汚染は放置されている[4]．つまり，土壌汚染対策法では，直接飲用に供していない地下水は汚染されていても浄化対策やモニタリング（測定監視）は義務づけられていない．これを根拠にして，大阪市などの大都市地域の地下水は飲料水に使用されていないために，汚染されていても，積極的な浄化対策にはいたっていない．表層環境の汚染がかなりの程度解消された現在，健全な地盤環境を回復するためには，地下水を汲み上げて循環を促すことが有望な対策である．積極的に浄化対策を進める時期に来ている．このような視点に立って，地下水を含む地盤環境に関わる法律に改正することが望まれる．

1970年代に，当時の環境庁，建設省，通産省などが，地下水の水質保全や適正利用など地下水の総合的な保全や管理を目的とする「地下水保全法案」をそれぞれ提案したが，目的を地盤沈下に限定するか，地下水保全を含めるかなどについて意見がまとまらず，法制化されなかった経緯があった．現在，地方自治体では，少なからず「地下水保全条例」が制定されている．国レベルでも「地下水環境保全法」を制定する必要がある[5]．

(3) 地下水の水利権の歴史と現状

　現在の法律に照らせば，地下水は土地所有者に属する権利であり，自分の土地を掘って得られる地下水は私有が認められている．しかし，それは正しいことなのだろうか．

　河川法には，河川管理の原則を挙げた第 2 条に，「河川は，公共用物であること」，「河川の流水は，私権の目的となることができない」ことが明確に書かれている．また，河川の利用（流水と河川敷で行われる砂利などの資源採取や工事など）にあたっては，河川管理者（国土交通大臣または都道府県知事）の許可を得なければならないが，高度に私的な目的で利用することはできない．流水の使用に関する水利権は私有できない．このことが，工業用水として使用する場合に，地方自治体などの水道管理者から購入する根拠となっている．ただし，江戸時代から自主的に水利権管理を行なってきた農業従事者に関しては，水利組合を組織し，組合で管理することが可能となっている（慣行水利権）．そのため，河川を流れる水は公水であるが，用水路を流れる水は公水ではないと言う曖昧さを残している．河川法は，水災害防止と水資源開発を中心とする治水を国家主導で行うことを目的として制定・施行されてはきたが，水は生存や豊かな生活に欠かせないものであるから，水を個人の利益の追求手段としてはならないという理念が見える．

　一方，我が国の地下水にはもともと公水の概念がない．民法第 207 条に規定された「土地ノ所有権ハ法令ノ制限内ニ於イテ其土地ノ上下ニ及フ」という条文を根拠として，自分の土地の下を流れる地下水は私有してもよいことになっている．地盤沈下対策のために揚水が制限されている都市部の地下水の場合も，「吐出口面積が 6 cm^2 を超える揚水機（ポンプ）を設置する場合は届け出をしなければならない」のであって，井戸掘削や取水そのものが禁じられているわけではない．法律制定時の技術では，そのような吐出口径の小さなポンプでは大量に水をくみ上げることはできなかった．そのために，法による規制は実質的な地下水の使用を制限する機能を持つことができた．しかし，ポンプ性能の進歩により，近年では，使用制限を受けている地域内で 100～200 m の深度の地下水を用いた専用水道を設置する事業所が増加している．実体としては，吐出口面積が規定を満たす規模の井戸を複数設置して，水量を確保しているケースが多いと推定される．また，地盤沈下が発生する心配が少ない高深度地下水の井戸は，地下水保全の対象から除外されることが多い．しかし，これも地下水である．現行の温泉法では，

温泉掘削の許認可権は都道府県にあるが，掘削を申請してきた個人に対して，「許可をしなければならない」という条文があるのみである．温泉資源保護のための例外規定は，それぞれの都道府県で決めることはできるが，掘削を不許可にする権限はきわめて限定的である．

　この点に関して，現行の鉱業法は，もう少し踏み込んだ温泉資源保護に触れている．鉱業法は鉱床の試掘と採鉱に関わる法律であるが，2004年に改正され2008年に施行された現行の鉱業法に，温泉水に関する記述が見られる．「文化財，公園若しくは温泉資源の保護に支障が生じる場合」には，鉱物（石油，天然ガスを含む）の「試掘を許可してはならない」（第三十五条），または，「鉱業権を取り消さなければならない」（第五十三条）と書かれている．温泉水の帯水層は，熱水性鉱床が胚胎する岩体の裂かや，石油・天然ガスが得られる堆積盆中の大深度の地層と密接な関係を持つことがある．そのため，採掘により温泉資源に影響が出る場合がある．この条文は，温泉水の所有権に触れているわけではない．しかし，温泉が，文化財と同等に国民の享受する文化の一部であり，公園と同様に公共性の高い施設であると認め，鉱業権に優先する権利を与えている点で興味深い．

　水源保護の立場から，河川水・湧水・地下水の保全のための条例を持つ自治体は多くある（表5-2）．表に示された2003年の調査時点で，資源保護などの条例を制定しているのが180市町村等，水源保護の要項・要領等を制定しているのが14市町村等である．図5-1に，関連条例等の制定された自治体数を1950年以降について年ごとに集計した．条例改定が行われている場合には，最後の改定時が反映されているので，必ずしも正確な制定年代を示すわけではないが，制定数の変動は，環境保全に対する社会の意識変化や法律の動向と連動する傾向を示すであろう．条例制定数は1970年代に入って急に増加していることがわかる．1967年には公害対策基本法，1970年には水質汚濁防止法が制定されており，この時期の条例等の制定は，法律が整備されたことを受けてのことであると推定される．環境汚染が深刻化した時代にあって，水源保護を目的とした条例整備が進んだものであろう．1970年代後半から1980年代にかけてはさほど制定数は増えないが，1980年代末から1990年代にかけて増加している．「オゾン層を破壊する物質に関するモントリオール議定書」が1987年に採択され，1989年に発効した．国内では，「特定物質の規制等によるオゾン層の保護に関する法律」が1988年に制定され，フロン類やハロン，四塩化炭素やトリクロロエタンなどを含むオ

第 5 章　地下水資源管理の理念

表 5-2　水源保全に関する内容別の取組状況[12]

内　容	実施状況
資源保護などの条例の制定	180 市町村等（5 都道府県 44 市 104 町 26 村 1 団体）
水源保護等の要項・要領の制定	14 市町村等（11 市 3 町）
基金の制定	33 市町村等（2 道府県 14 市 13 町 2 村 2 団体）
水源涵養林への関与	85 市町村等（7 道府県 42 市 27 町 3 村 6 団体）
流域協議会の組織・参加	97 市町村等（6 道府県 45 市 25 町 11 村 10 団体）
上流排水施設への援助	24 市町村（2 都道府県 13 市 6 町 2 村 1 団体）
その他	65 市町村等（5 都道府県 32 市 21 町 6 村 1 団体）

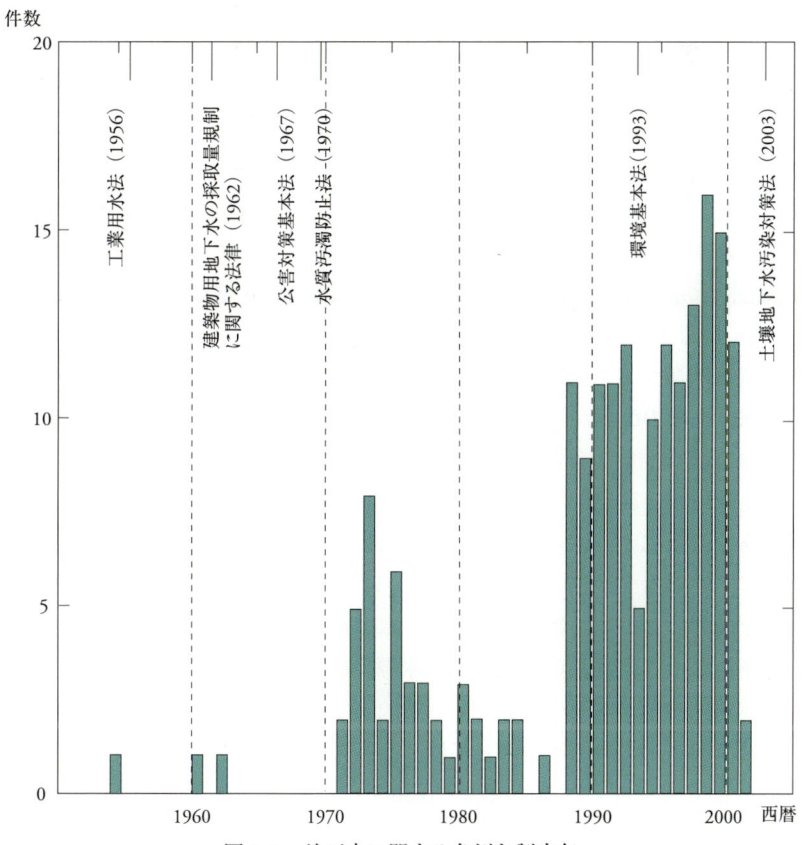

図 5-1　地下水に関する条例と制定年
（厚生労働省[12] を参照に作成.）

ゾン層破壊物質の排出が禁止された．水質汚濁防止法は何度も改定を加えられているが，1989年に，オゾン層破壊物質を含む揮発性有機化合物 (VOC) の地表水と土壌・地下水を含む環境中への排出禁止が明記された．また，1993年には環境基本法が制定されている．前述のように，法律面からの地下水環境保護政策には，依然として問題は残されている．しかし，このような環境中の汚染物質に対する社会的な理解が深まったことが，それぞれの地域の実情に応じた条例の制定数の増加に結びついたのであろう．この時期に制定された条例の多くは，水源として地下水保全を扱っている．一方で，この時期には，公共財としての地下水という概念は，まだ表立っては見られない．

　国内で初めて地下水を公水とする理念のもとに条例を策定した先進的な例は，神奈川県秦野市の「秦野市地下水保全条例」に見られる．これは2000年に施行されており，(目的) として第1条にこう書かれてある．『この条例は，秦野市市民憲章 (1964年秦野市告示第49号) において「きれいな水，清々しい空気，それは私たちのいのちです」と定めた理念に基づき，及び地下水が市民共有の貴重な資源であり，かつ，公水であるとの認識に立ち，化学物質による地下水の汚染を防止し，及び浄化することにより地下水の水質を保全すること，並びに地下水をかん養し，水量を保全することにより，市民の健康と生活環境を守ることを目的とする．』秦野市では，地下水の利用は原則許可制となっており，地下水の利用をある程度制限することを可能にしている．また，その後，2008年に熊本市で地下水保全条例の改正がなされた際に，秦野市の条例を参考に，公水としての地下水保全の理念が第2条に明文化された．以下がその部分の抜粋である．「地下水は，生活用水，農業用水，工業用水等として社会経済活動を支えている貴重な資源であることにかんがみ，公水 (市民共通の財産としての地下水をいう．) との認識の下に，その保全が図られなければならない．」秦野市は丹沢山系で涵養された湧水をはじめとして，豊富な地下水が水道水源や生活用水などに用いられている．熊本市とその周辺都市では，水道水源や農業用水などの水源にほぼ100%阿蘇山の伏流水を用いている (図5-2)．また，2004年に制定された「小金井市の地下水及び湧水を保全する条例」には，前文に「健全な水循環を取り戻し，市民共有の財産である地下水及び湧水を保全するため，この条例を制定する」とある．2008年には，秋田県美郷町の美郷町水環境保全条例において，第1条の目的に「……清浄な水環境について，今後とも大切にする意識を喚起するとともに町民共有の貴重な財産として保全し，次代に引き継いでいく……」という条文が

図 5-2　熊本県白川水源の清流
（杉原良撮影）

ある．これらの条例では，地下水の私有を許さないわけではないが，公水の概念に近い表現で地下水を取り扱っている．このように，もともと地下水への依存度が高く，住民が地下水の存在を身近に感じることができる環境が整っていた地域では，早い時期に理念形成が後押しされたと考えられる．秦野市の条例が2000年に施行され，その他の自治体でもそれ以降に条例制定や改正のタイミングで公水としての位置づけがなされたこと，鉱業法の最新の改正が2004年であったことなどを考慮すれば，地下水が水循環の一部であり，表層水と同様に共有財産なのだという意識が，行政担当者や市民の中に浸透し始めたのがこの時期であると考えても良さそうである．

一方で，地下水保全条例あるいは地下水保全に関する規約を盛り込んだ環境保全条例などを持つ多くの自治体では，今も枯渇と地盤沈下を防止することが地下水保全の目的である．特に水を用いた産業が盛んな地域では，そのことが条例の特徴とも言える．ミネラルウォーターや酒造など，地下水産業の盛んな地域では，地下水取水が許可制になっている自治体がある．山梨県白山市（2005年制定）や静岡県富士吉田市（2010年制定）などがその例である．これらの自治体では，産業資源として地下水を保全する立場から条例を制定しているが，地下水利用者に涵養源保護などの協力義務を課しており，行政と産業で協力して地下水保全を行うことを条例に盛り込んでいる．涵養源保全を，行政だけではなく，地下水利

用者の義務でもあるとして，保全の施策に対して協力を求める自治体はさらに多くある．例えば，前述した先進的条例を持つ自治体以外に，岐阜県岐阜市，新潟県長岡市などに，地下水取水を行っている業者や個人に対して，地下水保全の施策に対する協力を義務と位置づけている条文が見られる．このような例は，地下水を公水とまでは位置づけていないにしても，水循環系の一部である地下水の利用者に対して自分の利用する水量は自分で原状回復する努力を求めることで，天然資源を保全し，他の人の権利を奪わないという思想が垣間見える．

　地下水取水を届出制にしている自治体は多くあるが，許可にまで踏み込んでいる自治体は，上述のように多くはない．まして，大きな地下水盆を抱える大都市では，法律の枠組みを超えて既得権を奪う可能性がある大胆な施策を行うにはいたっていない．専用水道などで地下水利用が増加しつつある現状に対して，将来の地盤沈下再燃を防止するために，あるいは下水道料金負担の義務を課すために，地下水取水量の監視を強めるのがせいぜいである．たとえば，東京都では「都民の健康と安全を確保する環境に関する条例」により，島嶼部を除く都内全域で2002年度から揚水量の届け出を義務づけている．大阪府でも，「大阪府生活環境の保全等に関する条例」により，2008年度から，事業所敷地内での吐出口総面積が$6\,cm^2$を超える井戸を使用している場合について，府全域で揚水量の届け出を義務づけた．しかし，いずれも揚水そのものを規制する効力はなく，使用水量を把握することしかできない．これらの使用水量監視は，もちろん将来の揚水規制の伏線ではあるが，実効的な意味で，従来の地下水利用の原則を変えるものではない．

　ところで，本章の原稿を整理しているさなかに興味深いニュースが飛び込んできた．神戸市が，大口の水道利用者が地下水を用いた専用水道を使用する場合，上水利用量の3倍を超える地下水利用に対して課金をすることを市議会で検討中であるという．成立すれば，2011年10月から実施される予定である．また，従わない場合には過料請求という罰則規定がついている．この条例では，大口需要者のために必要な水道設備の維持のために支払いを求めている．しかし，地下水の利用量に応じた金額を求めているため，実質的には地下水に対して課金していると読めないこともない．どのような形であれ，地下水利用に対する課金としては全国で初めての制度であり，今後の成り行きが注目される．

(4) 地下水保全政策の将来

　地下水を公共財として保全を図っている自治体が例外的であることの最大の理由は，上位規定である我が国の地下水保全と利用に関する法律が時代の流れに対応していないためであることは明白である．個別の自治体にとって，法律の枠組みを超えた条例を制定することは易しくはない．先進的な条例を持つ自治体には，市民が地下水を身近に感じる環境があり，市民の賛同が得やすい条件が整っている．

　水循環に関する理解が進む一方で，法整備は遅れている．しかし，法律のレベルで地下水に関する認識と利用方法を見直そうという流れはある．全日本自治団体労働組合（自治労），公営企業評議会，水基本法構想プロジェクトチームが合同で提案した「水基本法構想」は，その先駆けとなる提案であろう[6]．この構想は2003年に京都で世界水サミットが行われた際に資料として提出されたものであり，5章17条からなる．この法律案の基本的視点は5点ある．1)「水は公共のもの」という概念を確立する．2) 統合的な水管理を行う．3) 流域を基本単位とした自己管理を確立する．4) 統合的水管理への住民参加と水行政の公正・透明性を確立する．5) 水基本法の必要性と関係法規の関係を整理する．全日本水道労働組合も，水道事業者の立場から水基本法の素案を提案している[7]．この中でも，「水は公共のものである」という視点に立って，水循環系を保全した資源管理と利用が指摘されている．新しい水資源管理のあり方として，公共財として水資源を取り扱うこと，水循環系を自然の中でも政治的にも切り離さないで統一した理念のもとで一括管理することの重要性が示されていると言える．

　また，超党派の国会議員を中心とした水制度改革国民会議（理事長・松井三郎京都大学名誉教授）が2008年に設立され，2009年10月に水循環基本法の制定と水行政の一元化に関して「水循環政策大綱案」と「水循環基本法要綱案」をまとめた[8]．大綱案によると，水は地表水も地下水も水循環系によって結ばれた一体の存在であり，現在と将来の人々の生存に不可欠な共同資源だと強調する．水循環政策の基本理念として，「①地表水と地下水は公共水であること．②国民は水環境保全義務と水環境享受権を持つこと．③河川流域を原則的単位として統合的かつ地域主義的な水管理を行うこと．④自然調和河川と生態系の復元．⑤持続可能な水循環社会の再生と将来世代への継承．⑥過剰な河川人工構造物の撤去．⑦持続可能な水循環系保存のための公平な役割分担．⑧拡大生産者責任の原則．⑨未

然防止と予防原則」の9項目を掲げる．要綱案の主な柱は，①内閣府の外局として「水循環庁」(仮称)の創設等による中央政府の縦割行政の打破，②流域圏の統合的管理主体となる「流域連合」の設置，③流域住民との協働体制の創出などである．2011年に国会に議案として提出される予定であるが，複数の水資源管理を行っている省庁の再編を伴うことから，反発も予想される．今後の動向に興味が持たれる．

　統合的水管理のあり方については，国土交通省水資源課が毎年発行している白書『日本の水資源』の中で，検討結果がまとめられている[9]．ここには地下水を公水とする明確な視点は示されてはいないが，表層と地下を含めた水環境を統合的に管理することで，水資源の有効利用と保全ならびに水災害の防止を行うための提案が示されている．特に渇水年や災害時などの緊急用代替水源として位置づけ，常時は使用量を抑制することで地盤沈下などの災害防止を同時に行おうとしていることは評価できる．地下水をすでに利用している事業者などに対して，既得権を奪う可能性のある法整備は困難である．しかし，より多くの人々が，安全な水を得ることができ，水にまつわる文化を享受でき，災害を避けることができる政策の整備を進める必要がある．世界的に見れば，無制限な水使用により資源が枯渇するケースや，水管理会社などによる水資源の収奪などにより，住民が安く安全な水を得ることができないケースが後を絶たない．我が国においても，涵養源となる森林の外資による買い占めなどで危機感を募らせている自治体がある．このような水循環系を経済的に分断するできごとは，利潤追求する企業にとっては当たり前のことであっても，個人の安全な生活を脅かす重大な事件である．水は生きるために欠かせない物質であり，公共財という認識なくしては，安全で安心できる社会を持続させることは難しい．上述のような，「水は公共財」という理念のもとで，水資源の統合管理が急がれる理由である．

2 大阪平野の地下水資源と地下水汚染

　水資源は流域を一つの単位として管理することが望ましい．なぜならば，流域は水循環系の中で流入量と流出量の把握が可能な最小単位だからである．このような観点に立つと，隣接する府県境界の大部分が山地で囲まれており，大阪平野の主要部分をほぼ単独で占めている大阪府は，水資源統合管理計画が立てやすい

地域であると言えよう．府域を超えて流入する河川は，淀川，大和川，猪名川の3河川であるが，3河川からの流入と降水を考慮して，大阪堆積盆としての水管理が可能であろう．ここでは，流域で水管理することの意味と，大阪平野における統合管理のあり方を考察したい．

(1) 堆積盆地の地下水と管理の規模

　地下水管理をする上で，水収支計算の基本単位となる水循環規模に基づくと考えやすい．特に堆積盆地では，水循環の規模が帯水層深度によって異なるため，深度の異なる地下水ごとに水収支を考慮する必要がある．図5-3に地下水盆と水収支区（水収支あるいは水循環の規模を示す単位）の概念を示した．大阪平野を例にとれば，局所的規模の循環とは不圧地下水と最上位の被圧帯水層の流動に対応する．この深度の地下水は，現在では過剰水圧の発生により，地震時の液状化や地下構築物の浮き上がりの原因となっている．小規模循環はおよそ100 mまでの深度の帯水層が対応するであろう．この深度までは，VOCの汚染が見られるし，大阪市西部の低地では，海水侵入が顕著である．中規模循環は，おおむね第四紀層の上半部が対応する．この深度では，海成粘土層が固結しておらず，過剰揚水は地盤沈下の原因となる．第四紀層の300 mより深い部分の地下水は堆積盆地全体に及ぶ大規模循環に対応する．また，基盤岩中の裂かと直上の第四紀層の最下部の塩化物イオンを高濃度に含む非循環地下水は，温泉水として取水される地下水におおむね対応する．第四紀層下半部では，わずかであるが山地との境界にある断層に沿った天水の供給があると推定されるが，数千年単位の滞留時間を持つ地下水が卓越している．一方，最下部の塩化物を高濃度に含む地下水は，短時間で枯渇あるいは塩濃度の低下が起ることがしばしば観測されている．このことから，最下部の地下水は化石水的な性質を持っているものが多いと考えられる．

　水収支を考慮して，地下水管理を行う場合には，水循環系の規模が重要になる．1960年代に地下水取水を制限した平野中央部では，すでに過剰水圧が見られることから，最上位の循環系は40年で完全に回復したと考えてよい．一方，100～300 m程度の深度の井戸では，地下水の水質は粘土層から絞り出された性質を持ち，地表から浸透してきたものと置き換わっているとは言えない．地下水位の上昇も，地盤沈下開始以前にまでは追いついていない．このことは，中規模

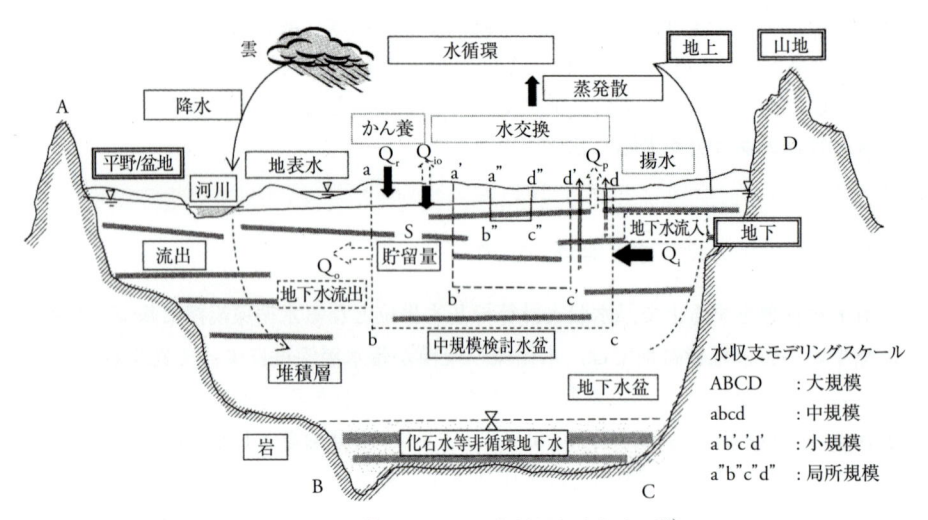

図 5-3 堆積盆における水循環と水収支区[13]

循環系においては，地下水の揚水規制によっても，まだ完全に循環系が回復するに至っていないことを示唆している．平野部の地下水は利用することによって循環を促進できるため，適度に利用しながら回復を図る方法を見い出すことが重要であろう．

(2) 大阪府下の地下水利用に関する問題

本書では，大阪平野の地下水の科学的側面を中心に見てきたが，ここでは，地下水保全の観点から，大阪平野での地下水に関する問題と法整備に関して整理したい．

大阪平野は，優良な地下水賦存地帯である．しかし，大阪市内では被圧地下水の汲み上げにより 1935 年から 1942 年頃，臨海部の工業地帯で年間地盤沈下量は，最大 18 cm まで及んだ．敗戦直後の 1945 年頃に地盤沈下は一時停止したが，朝鮮戦争が始まった 1950 年頃から再び地盤沈下が進み，1960 年頃には 20 cm 以上の年間沈下量を記録した．地下水位も最大 OP—25〜30 m まで低下した．1956 年の「工業用水法」の制定，1959 年の「大阪市地盤沈下防止条例」の制定，1962 年の工業用水法の改正，「建築物用地下水の採取の規制に関する法律」（通称「ビル用水法」）の制定などによる 500 m 以浅の被圧地下水の汲み上げ規制等の強

化により，1963年以降，地盤沈下の進行は鈍化し，近年では沈静化している．

一方，1980年代から不圧地下水の水位が10〜30 mも上昇し，地下水圧が高まり，建物や地下構造物などが浮き上がったり，阪神淡路大震災時に見られたように地震発生時に水を含んだ地盤が液状化する危険が高くなっている．日本土木学会関西支部は，「地下水を汲み上げ雑排水として再利用するなどして，大阪市域の地下水位を3 m下げることにより，巨大地震時の液状化被害を小さくする方策」を提言した[10]．

しかし，汲み上げた汚染地下水の処理や，地下水汲み上げによる土壌汚染の拡散防止などが未解決である．大阪府域平野部の市街地の地下水は，工場事業場の土壌汚染の影響などもあって，重金属類やVOCの汚染が広範囲に残存している．とくに，トリクロロエチレンやテトラクロロエチレン，それらの分解生成物であるシス-1, 2-ジクロロエチレンなどのVOCによる地下水汚染は，大阪府域の100 m以深の被圧地下水にも及んでいる．地下水は利用することにより入れ替えが可能であり，地表であれば，ばっ気処理法によりVOCの浄化は比較的簡単に行える．また，土壌が汚染されれば，汚染土壌に接触した地下水も汚染される．土壌は人為的に動かさなければ移動しないが，汚染地下水は容易に移動し，それに接触した清浄な土壌も汚染するので，汚染地下水処理が必要となる．

最近，高い水道料金を節減するために，敷地内に井戸を掘って地下水を汲み上げて，冷房用の冷却水やトイレの洗浄水などに使うビルや事業所が増加している．工業用水法と「大阪府生活環境の保全等に関する条例」では，工場用水としての動力取水や，吐出口の断面積が6 cm^{2}以上の動力取水を除き，井戸の掘削に制限はない．現実には，井戸取水量は増加している．多くの小規模な専用水道が，100〜200 mの深度から採取されており，無制限な利用は地盤沈下の再燃につながる恐れがある．また，水道料金収入の減少は，一般利用者の水道料金の値上げにつながり，水道事業そのものの安定運営を脅かすことになりかねない．その結果，一般市民が安全な水道水にアクセスできなくなる可能性がある．大阪府では，1971年度から工業用水法などの規制地域において，敷地内での井戸ポンプの吐出口の合計面積が6 cm^{2}を超える場合に，取水量の報告を「大阪府生活環境の保全等に関する条例」により，義務づけた．さらに前述したように，2008年からは府域全域で報告を義務づけた．これは，使用量を把握し，将来の政策立案に利するものではあるが，現状の取水規制にはつながらない．

一方で，地下水は緊急時の貴重な水源である．大規模な地震や事故で水道が使

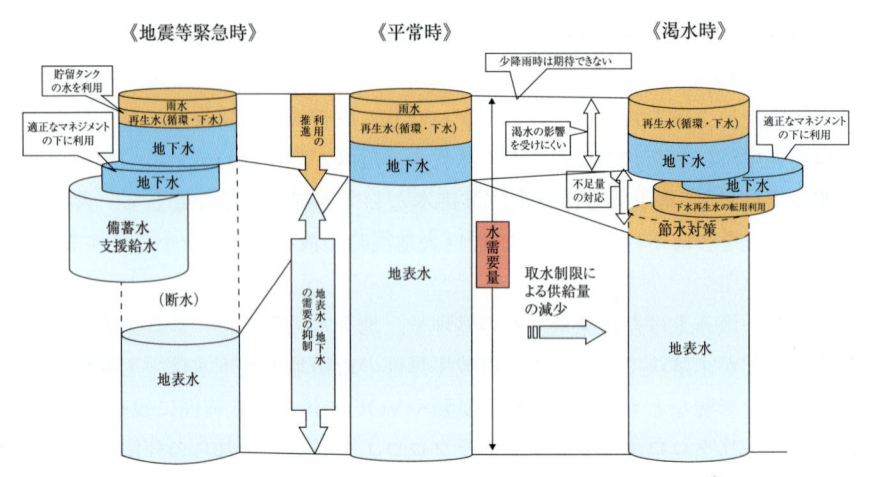

図 5-4　地表水と地下水及び再生水の一体的管理のイメージ[9]

えなくなった場合，井戸水は貴重な水源となる．大阪府では，災害時協力井戸を市民などの協力を得て登録している．これらの井戸の多くは，市民が家庭菜園や庭木への散水などに用いているものであり，小規模な循環をしている地下水である．適正な使用は浅層地下水の高水位化問題の抑制にもつながるであろう．しかし，府の管轄外である大阪市内に同様の制度はない．緊急時のインフラ整備に関しては，協調して制度の整備を行うことが好ましい．府域の水道水は，一部の自治体を除き，おおむね淀川水系から得られている．もっと大規模には，渇水年のために地下水を補助水源として確保しておくことが望ましい．このような地下水の利用にあたっては，適切に地下水管理を行うことが望ましい．この地下水は，小規模から中規模循環しているもので，適正な管理を怠れば，広域に地下水障害が発生する可能性がある．一方で，適切な地下水利用は，地下環境の汚染浄化に役立つ．図 5-4 には国土交通省が作成した水資源の一体的管理のイメージを示した．環境負荷を最小限にして地下水を最大限に利用するためには，地下水涵養可能量の正確な見積もりが必要である．

(3)　大阪平野の水資源の総合的管理

　水資源として地下水を有効に利用し続けるためには，表層水を含む流域内での水循環システム全体を理解した上で総合的に管理する必要がある．しかし，地下

水は個々の土地に付属するものとされており，地下水は公水であるとの概念がまだ一般化していない現状では，地下水の総合的な管理を具体的に実施するにはまだ課題が多い．そのため，総合的管理を行うにあたって課題の抽出や課題解決のためのシナリオの作成が重要である．地下水の総合的管理の目的は，地盤沈下など地下水の過剰な採取による障害の発生を予防しながら，地下水を最大限有効利用することにつきる．また，産業目的だけではなく，地中熱利用やビオトープ・校庭の芝生などへの地下水利用など，環境上の課題解消のためや環境教育への活用などに有効に用いられることが望ましい．地下水を利用した環境教育は，水循環を総合的に理解する機会となり，将来の地下水保全対策などへの布石ともなりえる．

　ここで，もっとも利用が進められるべき浅層地下水の例を挙げて，管理方法の課題を検討してみよう．建物への浮力発生防止や，液状化対策のために浅層地下水を利用する場合，揚水方法と揚水した地下水の有効利用法の2つについて具体的な管理を行わなければならない．

　揚水については，①どこでどの程度の量の地下水をどの地層から揚水するのか，②その結果想定される地盤沈下，建物浮揚，液状化などの影響の発生や変動量を見積もる，③適切な揚水管理に必要となるモニタリングの場所や項目の選定，④地下水利用に関わる管理に必要となるコストの負担はどう手当てするのか，⑤誰が管理するのか，⑥この管理体制の中に既存の地下水採取者をどう組み込むのかなどの課題がある．一方，地下水の有効利用については，⑦地下水は貴重な水資源であると実感（場合によっては，環境教育や環境対策に活用）でき，同時に公共の利益になる利用方法とは具体的にどのような方法か，⑧地下水の有効利用の支障となる汚染について，どのような浄化を求めるのか．今は自己責任であるその経費の負担をどうするのか，さらに，⑨地下水を公水として捉えるならば，既存の地下水採取者の既得権とどう調整するのかといった課題がある．

　将来新たな課題が生じることはあろうが，ここでは上述の課題について二つの観点から解決の方向性について意見を述べたい．

　一つは，社会・経済学的アプローチの重要性である．本書には，主として理工学的観点から，地下水の賦存状況や問題などが挙げられているが，社会的，経済的な課題についても計画的に研究を重ね，国民のコンセンサスを得るために方向性を示して行く必要がある．地盤沈下対策として地下水管理に成功した例をタイに見ることができる[11]．バンコクの地盤沈下対策のために，地下水取水規制と同

時に地下水よりも安価な工業用水の配水を行うことで,地下水依存から脱却した.この際に,全ての地下水が公水であると位置づけることで,強力な政策実行が可能となった.我が国では,工業用水法やビル用水法の制定時に,地下水を公水として位置づけることがなかった.技術的に深い地層から取水が困難であった時代には,法律が一定の取水制限に効果をもたらしたが,技術の進歩により,これまで取水が制限されていた深さより深い地層から地下水の採取が可能になった.現状では,地下水は安価に得られる水資源として認識され,それを前提として事業活動が成り立っている実態がある.地下水を全て公水と定義すると,個々の事業活動を根本的に見直さねばならない事業者が多く出てくるであろう.このような経済的な課題に対応するためには,公水の定義について,地層・地下水の構造に関する研究成果と経済的な影響の程度・見積もりなどを前提として検討していく必要がある.

　次に,総合的管理の枠組みの検討である.地下水を公水として,総合的管理を行政が行うと仮定した場合,どの行政(国,都道府県,市町村など)がどのような費用負担の基に行うのかという枠組みを検討する必要がある.水資源の統合的管理のためには,流域を一つの単位として管理することが望ましい.大阪府域の地下水流域はほぼ府域と一致しているために一体のものとして総合的管理になじむであろう.しかし,他の都道府県においては都道府県単位での管理が必ずしも合理的であるとは言い切れないことから,管理のための組織の構築が必要になってくると考えられる.昨今,地方分権,地域主権,広域連合といった地方行政機構の見直しに関する議論が活発になってきているところである.このような議論に地下水の総合的管理と言う具体的な行政上のニーズをどのように上手く当てはめるのかということについても検討していく必要がある.また,費用とその負担方法についても,そのあり方を検討する必要がある.少なくとも一定レベル以上の地下水質の確保と採取量や地下水位,地盤高の監視を広域的に行うためには,その具体的な実施方法を検討した上で,経費の見積もりと負担方法についての検討が必要となる.

　総合的管理制度の骨格が地下水の流動・地下地質の構造,地下水位上昇に伴う影響の低減などに関する知見を前提として構築され,管理の実施が多くの関係者に関わるものであるとことを考慮すると,これらの知見については科学的な裏打ちが十分になされたものである必要がある.研究者に対しては,総合的管理制度の設計に必要となる科学的知見の充実に向け,理工学的なアプローチを今後も継

第5章　地下水資源管理の理念

続するよう期待したい．

　地下水の公水としての総合的な管理について，社会経済的及び理工学的なアプローチを概観し，本稿を整理していた時期に，東北地方太平洋沖地震が発生した（2011年3月11日）．この地震では，電気，ガス，水道，道路，通信といったライフラインなどにも甚大な被害が生じ，その回復にはかなりの期間を要するものと想像される．このような場合に地下水を生活用水として有効利用することも，将来的には地下水の公水としての総合的な管理の一つの役割になると考えられることから，その参考として現在運用されている大阪府の災害時協力井戸の制度を紹介する．

　阪神・淡路大震災等の大規模な災害の発生時には，水道が断水し，被災者は長期間にわたり飲用水や飲用以外の生活用水が確保できない等，不便な生活が余儀なくされた．このような状況を教訓に各市町村の水道局等では，水道管の耐震化等の施設整備，すみやかな応急給水，復旧を行うための協力体制の整備など，震災対策が進められている[12]．しかし，大規模な災害が発生した直後には，このような公的な施設や体制だけでは，対応が追いつかないことも考えられる．そのため，大阪府では，平成17年（2005年）3月から，大規模な地震等の災害が発生し，水道の給水が停止した場合に，提供者の善意により自主的に井戸水を近隣の被災者へ飲用水以外の生活用水（洗濯やトイレ等の水）として提供してもらう井戸として，「災害時協力井戸」の登録を行っている．この制度の趣旨に賛同した人々により，平成22年（2010年）12月末現在，1561本の井戸が登録されている．

　登録は井戸の設置者の住所，氏名，連絡先（電話番号等）及び普段の井戸の利用状況などを記載した申出書を所管の保健所に提出して行うこととし，登録の要件は，①大阪府保健所の所管区域に設置されていること（大阪市・堺市・東大阪市・高槻市を除く．），②災害時に無償で井戸水を提供できること，③井戸水を汲み揚げるためのポンプ（電動又は手押し）又はつるべなどがあること，④井戸枠などがあり安全であること，⑤井戸水の色，濁り，臭い等に明らかに異常があるなど，生活用水としての使用に不適当な水質でないこと，⑥災害時に保健所窓口などで，災害時協力井戸の所在地及び提供者氏名の閲覧や地図情報の掲示による府民への井戸情報の提供について同意できること，としている．

　登録された井戸の位置は，府のホームページにおいて公開されている．また，災害時協力井戸のある場所には，登録標識が掲げられているので，日ごろから，近くに自分が利用できる災害時協力井戸があるかどうかを確認するとともに，提供

を受ける井戸水を持ち帰れるかをイメージしておくことができる．また，災害時には，保健所窓口等での登録名簿の閲覧や地図情報の掲示により，府民のへ井戸情報の提供を行うこととしている．トイレ洗浄水などの生活用水は，飲用に比べて遥かに多く，災害時には，登録井戸の所在を知っているだけでなく，適当な運搬手段を確保しておくことが重要であることを理解してもらうため，府では防災イベントにおいて，水の運搬とトイレ洗浄水の補給体験コーナーを設けるなど，災害時協力井戸制度の更なる普及に取組んでいる．

以上の事例のように，地下水の公的な利用を進めることにより，多くの市民が地下水の総合的な管理について身近な問題として考えることに繋がると期待される．

▶引用文献

1) 山本恵一（2005）「地下水に関する現行法制度」佐藤邦明編著『地下水環境・資源マネージメント』同時代社，215-232頁．
2) 高橋裕・河田恵昭編（1998）『水環境と流域環境』（岩波講座　地球環境学7）岩波書店．
3) 今村奈良臣・八木宏典・水谷正一・坪井伸広（1996）『水資源の枯渇と配分』（全集　世界の食料　世界の農村10）農村漁村文化協会．
4) 畑明郎（2004）『拡大する土壌・地下水汚染——土壌汚染対策法と汚染の現実』世界思想社．
5) 畑明郎（2001）『土壌・地下水汚染——広がる重金属汚染』有斐閣．
6) http://www.jichiro.gr.jp/topics/kouki/mizu_kihonhou.htm
7) http://www.zensuido.or.jp/front/bin/ptdetail.phtml?Part=mizukihonhou&Category=4650
8) 水制度改革国民会議（2009）「水循環政策大綱案（修正案）」http://mizuseidokaikaku.com/report/report21_tenpul.pdf
9) 国土交通省水資源課「日本の水資源」2009年版．
10) 日本土木学会関西支部（2002）『地下水制御が地盤環境に及ぼす影響評価に関する調査研究委員会報告書』
11) 谷口真人編（2010）『アジアの地下環境——残された地球環境問題』学報社．
12) 厚生労働省（2001）水道水源の保全に関する取組み状況調査について http://www.mhlw.go.jp/topics/bukyoku/kenkou/suido/jouhou/suisitu/o5.html
13) 伊藤一正（2005）「地下水資源マネージメントの必要性」，佐藤邦明編著『地下水環境・資源マネージメント』第3章1　同時代社，pp. 127-136.

# 索引（事項・人名 / 地名・河川・湖沼名索引）

■事項・人名索引

【数字・アルファベット】
1, 1-ジクロロエチレン　117　→地下水汚染
1, 2-ジクロロエチレン　170　→地下水汚染
1, 4-ジオキサン　65　→地下水汚染
1995年兵庫県南部地震　80　→地震
A型肝炎ウイルス　70　→水系感染症
E型肝炎ウイルス　70　→水系感染症
BOD　93, 134
IPCC（気候変動に関する政府間パネル）　133
ODボーリング（掘削調査）　79
PTA　209
SEM-EDS　172
VOC（揮発性有機炭素）　116, 158, 209, 237
　　→地下水汚染

【ア行】
アカガエル　190
アジアモンスーン　19
亜硝酸イオン　171　→地下水汚染
亜硝酸性チッ素　168　→地下水汚染
阿蘇カルデラ　47
熱田層　43
圧密　138, 140-141
　　圧密特性　79
　　圧密沈下　48　→地盤沈下
　　過圧密　138, 141
アデノウイルス　70　→水系感染症
有明粘土層　46
アルカリ化　12
アルカリ炭酸塩型　97
　　アルカリ非炭酸塩型　97
アルカリ土類炭酸塩型　97
　　アルカリ土類非炭酸塩型　97
アンケート　210
安定同位体比　5
アンモニア性チッ素　12
イオウ　12, 58
　　イオウ同位体比　14
イオン交換　12
　　イオン交換法　168　→汚染物質の除去
生駒断層　84, 110
イソスポラ　69　→水系感染症

一般細菌　208
井戸　196, 219
　　井戸間距離　157
　　井戸掘削　213
　　井戸台帳　34
　　井戸ポンプ　45
　　災害時協力井戸　241
　　深井戸　34
遺留水　6
上町断層　79, 84
ヴルム氷期　33
エアスパージング法　161
液状化　48, 91, 137, 146
　　液状化のメカニズム　146
　　液状化危険度　149, 152
　　液状化対策　152
塩化ビニルモノマー　65　→地下水汚染
塩水化　29, 44-48, 91, 115, 137
塩水くさび　113
エンテロウイルス　70　→水系感染症
大阪市立自然史博物館　182
大阪層群　44, 77
　　大阪層群下部層　129
　　大阪層群下半部　125
　　大阪層群上部層　110-111
　　大阪層群上半部　126
オーシスト　70　→水系感染症
オガララ帯水層　20　→帯水層
汚染井戸周辺地区調査　62
汚染物質の除去　137　→地下水汚染
　　吸着法　159, 166-167
　　凝集沈殿法　164, 167
　　紺青法　166
　　地下環境の浄化　137
　　透過反応壁（PRB）法　163, 167
　　イオン交換法　168
オゾン処理　96　→下水処理
温泉　35, 68, 120, 154
　　温泉井　86, 154-155
　　温泉法　120, 224
　　温泉水　40, 86
　　火山性温泉　47　→温泉

高温泉　36
　　　非火山性温泉　47
温暖化　33

【カ行】
過圧密　138, 141　→圧密
海岸平野　31
概況調査　62
海溝型地震　151-153　→地震
海水　97, 113
海水準変動　40
崖錐　45
海成粘土層　31, 77, 80, 126
化学的風化作用　9
鹿児島地溝　47
火山　34
　　　火山山麓　46
　　　火山性温泉　47　→温泉
　　　火山灰層　77
　　　火山噴出物　45
河床　99, 103
上総層群　42
化石海水　112
化石水　4, 48
河川　→固有の河川・水系名は，地名・河川名
　　索引参照
　　　河川勾配　33
　　　河川法　224
　　　河川流出量　28
　　　河川流域の土地利用　96
仮想水（バーチャルウォーター）　26
渇水　23, 137
活性汚泥処理　133　→下水処理
活断層　111
家庭排水　215
カドミウム　103, 105　→地下水汚染
簡易ろ過　169
灌漑　40
環境基本法　225
環境教育　194, 219
環境調査　181
環境保全　228
環境水　210
間隙水　50, 138
　　　間隙水圧　138
慣行水利権　227
干拓事業　46
カンピロバクター　69　→水系感染症
間氷期　80

涵養　2, 108
気候サイクル　80
気候変動に関する政府間パネル（IPCC）　133
揮散法　158
基底流量　28
揮発性有機化合物（VOC）　157
基盤岩　78
旧河道堆積物　44
給水　207
吸着等温線　159
吸着法　159, 166-167　→汚染物質の除去
丘陵　32
教育効果　200
教材　212
凝集沈殿法　164, 167　→汚染物質の除去
許容沈下量　144
キレート樹脂　165
掘削調査　→ODボーリング
クリプトスポリジウム　69　→水系感染症
クロム　103, 105　→地下水汚染
クロロフルオカーボン　8　→地下水汚染
ケイ酸　101
下水
　　　下水処理　96, 102
　　　　　オゾン処理　96
　　　　　活性汚泥処理　133
　　　　　嫌気・無酸素・好気法　96
　　　　　砂濾過　96
　　　　　標準活性汚泥法　96
　　　下水処理場　133
　　　下水処理水　103
　　　下水道　67, 95
下痢原性大腸菌　69　→水系感染症
限外ろ過　129
嫌気・無酸素・好気法　96　→下水処理
原虫　69　→水系感染症
高温泉　36　→温泉
公害対策基本法　225
鉱害問題　60
工業排水　93
鉱業法　224
工業用水　29, 42, 86
鉱山保安法　226
降水　107
洪積砂礫層　138
高度経済成長期　93
枯渇　47, 49
古生代　105
コッホ R.　67

索　引

古琵琶湖層群　44
ゴルフ場　105
コレラ　67, 92, 95　→水系感染症
紺青法　166　→汚染物質の除去

【サ行】
災害時緊急水源　144
災害時協力井戸　241
サイクロスポーラ　69　→水系感染症
砂丘　42
砂州　45
殺菌剤　105
殺虫剤　105
雑用水　210
砂防法　224
サルモネラ　69　→水系感染症
酸化還元電位　170
酸化剤注入法　162
三次元地質構造　82, 84
散水　207
　　散水によるヒートアイランド対策　144
酸性雨　9
酸素　5
　　酸素同位体比　19
酸水酸化鉄　168
ジアルジア　69　→水系感染症
地震
　　海溝型地震　151-153
　　直下型地震　151-153
　　1995年兵庫県南部地震　8
　　東南海・南海地震　151
　　東北地方太平洋沖地震（東日本大震災）　146
シス-1, 2-ジクロロエチレン　63, 117　→地下水汚染
自然起源成分　99, 101　→人為起源成分
自然史博物館友の会　183
地盤災害　50, 137, 224
地盤沈下　26, 29, 44, 46, 48, 137-138, 154, 224
　　→圧密沈下
指標生物　187
　　ナミウズムシ　187
　　プラナリア　187
自噴　44
　　自噴井　39
　　自噴帯　41, 43-44
島尻層群　47
島原海湾層　46
市民参加　183, 184

下総層群　42
斜面崩壊　4
重金属　103, 158, 164
自由面地下水　15　→地下水
浄化槽　209
硝酸性（亜硝酸性）チッ素　12, 108, 158, 168
　　→地下水汚染
上水道　68, 92
蒸発散量　28
植物プランクトン　101
除草剤　105
人為起源成分　99, 101
深層地下水　7, 16, 137, 154　→地下水
深部帯水層　86, 154, 156　→帯水層
水位低下　49
水温上昇　133
水銀　110　→地下水汚染
水系感染症（水系伝染病）　66, 92, 95
　　A型肝炎ウイルス　70
　　E型肝炎ウイルス　70
　　アデノウイルス　70
　　イソスポーラ　69
　　エンテロウイルス　69
　　カンピロバクター　69
　　クリプトスポリジウム　69
　　下痢原性大腸菌　69
　　原虫　69
　　コレラ　67, 92, 95
　　サイクロスポーラ　69
　　サルモネラ　69
　　ジアルジア　69
　　耐塩素性病原微生物　69
　　ノロウイルス　70
　　糞便性大腸菌　208
　　ヘリコバクター　69
　　ランブル鞭毛虫　69
　　レジオネラ　69
　　ロタウイルス　70
水源開発　224
水源保護　228
水質
　　水質汚濁防止法　93, 103, 225
　　水質形成　11
　　水質浄化　168
　　水質組成　97
　　水質調査　103
　　水質低下　48
　　水質分析　184
　　水質保全政策　225

水棲微生物　101
水素　5
　　水素同位体比　19, 20
水田　190
水道水　68, 213
　　水道水基準　209
水理地質　38
スーパーファンド法　57
　　スーパーファンド修正および再授権法
　　　（SARA）　57
ステッフィダイヤグラム　9
ストレーナ　157
砂濾過　96　→下水処理
生活排水　93, 96, 98-99, 101-103
生活用水　29
生物学的脱チッ素法　168
全国地下水資料台帳　84
扇状地　43, 45, 47, 196
浅層地下水　15, 97, 155, 200
全チッ素　93
浅部帯水層　91, 141, 156　→帯水層，不圧帯
　　水層
専用水道　26, 45, 68, 232
全リン　93
総合的な学習の時間　201, 219
促進酸化処理法　159

【タ行】
第一洪積砂礫層　141, 144
第一被圧帯水層　86, 91, 141　→帯水層
耐塩素性病原微生物　69　→水系感染症
太閤下水　95
帯水層　11, 15, 75, 138
　　帯水層定数　157
　　オガララ帯水層　20
　　深部帯水層　86, 156
　　浅部帯水層　91, 141, 156
　　第一被圧帯水層　91, 141
　　中部帯水層　89
　　ハイランド帯水層　20
　　被圧帯水層　138
　　不圧帯水層　91, 138, 143
堆積空間　32
堆積盆地　30, 34
大地のようす　209
大腸菌　209
第四紀　34
　　第四紀火山　35
　　第四紀層　29, 155

　　第四紀堆積盆地　34
ダイレイタンシー　146
田中累層　82, 126
段丘　32
淡水　2, 18
　　淡水化　20
炭素　12
地温勾配　37, 126
地下環境の浄化　137　→汚染物質の除去
地殻変動　32
地下浸透　3
地下水
　　地下水災害　137　→地盤災害
　　地下水頭　15
　　地下水位　15, 146, 152
　　地下水汚染　57, 59, 134, 137
　　地下水の涵養　28, 156
　　地下水区　39
　　地下水障害　29, 47　→地下水災害
　　地下水調査　89
　　地下水保全条例　226, 230
　　地下水盆　34
　　地下水賦存地域　34
　　地下水揚水規制　44
　　地下水揚水量　26, 157
　　地下水流動　137
　　地下水利用　23, 137
　　自由面地下水　15
　　深層地下水　7, 16, 137, 154
　　停滞的地下水　97
　　被圧地下水　16
　　不圧地下水　15, 86
地下ダム　47
地下地質構造　157
地下鉄　91
地球温暖化　133
地球化学地図　215
地質構造　84
地層水　6
地中連続壁　91
チッ素　12, 58, 101
　　チッ素同位体比　14
地熱水　7
地盤災害　137
中央構造線　45
沖積砂層　138, 141, 144, 149
沖積層　32, 82, 91
沖積粘土層　138
沖積平野　146

索　引

中部帯水層　89　→帯水層
宙水　42
直下型地震　151-153　→地震
貯留量　1
定期モニタリング　62, 110
泥質岩　105
停滞的地下水　97　→地下水
　　停滞的地下水盆　137
泥炭地　39
手押しポンプ　206
鉄　168, 174
鉄粉法　163
テトラクロロエチレン　62, 116　→地下水汚染
出前授業　207, 219
電気透析法　168
電動ポンプ　206
天満層　86, 91
天満礫層　126
天然ガス　77
同位体効果　5
　　同位体分別作用　130
透過反応壁（PRB）法　163, 167　→汚染物質の除去
撓曲　110
統合的水管理　234
透水係数　86
透水性　50
東南海・南海地震　151
東北地方太平洋沖地震（東日本大震災）　146　→地震
豊島　66
土壌
　　土壌汚染対策法　61, 226
　　土壌汚染防止法　225
　　土壌ガス　110
　　土壌ガス吸引法　160
　　土壌形成　9
トリクロロエチレン　62, 116, 170　→地下水汚染
トリチウム　7, 115　→地下水汚染
トリリニアダイアグラム　96
トレーサー　12

【ナ行】
内陸盆地　40
鉛　103, 105
ナミウズムシ　187　→指標生物
成田層　42

難透水層　15
難波累層　82
二酸化炭素　124
年代測定　8
粘土鉱物　129
粘土層　138
年平均降水量　28
農業用水　29, 42
農用地の土壌の汚染防止等に関する法律　61
ノロウイルス　70　→水系感染症

【ハ行】
バーチャルウォーター　→仮想水
バイオオーギュメンティション　163
バイオスティミュレーション　163
ハイランド帯水層　20　→帯水層
バクテリア　172
パスツール, L.　67
反射法地震探査　31, 80
氾濫流　4
被圧帯水層　138　→帯水層
被圧地下水　16　→地下水
ヒートポンプによる熱利用　144
ビオトープ　181, 200-201, 239
非火山性温泉　47　→温泉
非常用水源　213
微生物生態系　172
ヒ素　11, 58-59, 61, 103, 105　→地下水汚染
比湧出量　34, 41, 89
氷河性海水準変動　33
氷期　80
標準活性汚泥法　96　→下水処理
表層水　19
表流水　92
肥料　103
ビル用水　86
不圧帯水層　42, 45, 56, 91, 115　→浅部帯水層帯水層
不圧地下水　15, 86　→地下水
プール　68
富栄養化　101, 107
フェントン法　162
深井戸　34　→井戸
普及教育活動　201
不均質地盤　141
伏流水　39, 45
フッ化カルシウム法　166
フッ素　58-60　→地下水汚染
不透水層　15

247

不法投棄　66
不飽和帯　15
フラックス　2
プラナリア　187　→指標生物
浮力増加　137　→液状化
古地磁気層序　80
プロジェクトY　183, 215
糞便性大腸菌　208　→水系感染症
平均滞留時間　3
別府―島原地溝　47
ヘリコバクター　69　→水系感染症
変動帯　31
包括的環境対策賠償責任法（CERCLA）　57
ホウ酸　125
防潮堤　91
飽和帯　15
ボーリング調査　31, 78

【マ行】
マグマ　124
マンガン　168, 174
マントル　124
水
　　水―岩石相互作用　11, 36
　　水環境　213
　　水基本調査　89
　　水資源　17, 181
　　水資源賦存量　28
　　水収支　28, 235
　　水需要　19
　　水循環　2, 17, 196, 233
　　水の年齢　7
三豊層　45
都島累層　82, 90, 129, 155
ミランコビッチサイクル　80

モントリオール議定書　228

【ヤ行】
弥富―海部層　43
大和川の付け替え　92　→地名・河川・湖沼名索引参照
有機性汚濁　134　→地下水汚染
有機ヒ素　61　→ヒ素
湧水　11
　　湧水帯　41
陽イオン交換反応　11
揚水　154, 156
　　揚水可能量　142-144
　　揚水規制　154
　　揚水処理法　158, 164
　　揚水評価　154
　　揚水量　157
　　揚水量の過剰　155

【ラ行】
ランブル鞭毛虫　69　→水系感染症
理科クラブ　209
リザーバ　1, 2
琉球石灰岩　47
硫酸性イオウ　12
硫酸マグネシウム　108
流量　1
リン　101
臨海の埋立地　151
レジオネラ　69　→水系感染症
裂か水　16
漏水　110, 155
　　漏水補給　155
六価クロム鉱滓　60
ロタウイルス　70　→水系感染症

■地名・河川・湖沼名索引

安威川　93-94
天野川　93-94
有馬温泉　124
生駒山地　152
石川　92
伊丹台地　151
上町台地　79, 92, 97, 201
大阪平野　75, 151
桂川　92
神崎川　94, 97
木津川　92

黄河　21
佐保川　92
シリコンバレー　58
瀬田川　92
泉北丘陵　155
千里丘陵　151, 155
曽我川　92
竜田川　92
西大阪地域　84
西除川　92, 94
寝屋川　93-94

初瀬川　92
東大阪地域　84
琵琶湖　92, 183, 215
琵琶湖・淀川水系　96
琵琶湖流入河川　97

大和川　92, 94, 182
大和川水系　96
淀川　92, 97, 182, 215
ラブキャナル　57　→事項・人名索引「地下水汚染」参照

編・著者 [（　）内は執筆担当箇所]

磯山　陽子　1986 年 / 大阪市立大学大学院理学研究科前期博士課程在籍 / 生物地球化学（3 章 4 節 (5)）

大島　昭彦　1957 年 / 大阪市立大学大学院工学研究科・教授 / 地盤工学 /oshima@civil.eng.osaka-cu.ac.jp（1 章 4 節 (3)，1 章 4 節 (4)，3 章 1 節，3 章 2 節，3 章 3 節）

貫上　佳則　1960 年 / 大阪市立大学大学院工学研究科・教授 / 水環境工学 /kanjo@urban.eng.osaka-cu.ac.jp（1 章 5 節，3 章 4 節 (1)，3 章 4 節 (2)，3 章 4 節 (3)）

谷口　靖彦　1955 年 / 大阪府環境農林水産部環境管理室環境保全課長 / 環境政策（5 章 2 節 (3)）

中条　武司　1969 年 / 大阪市立自然史博物館学芸員 / 堆積学・環境地質学 /nakajo@mus-nh.city.osaka.jp（4 章 1 節，4 章 2 節，4 章 3 節 (1)，4 章 3 節 (2)，4 章 3 節 (3)，4 章 3 節 (6)）

中口　　譲　1960 年 / 近畿大学理工学部・教授 / 地球化学 /nakaguch@chem.kindai.ac.jp（2 章 2 節）

西川　禎一　1954 年 / 大阪市立大学大学院生活科学研究科・教授 / 食品微生物学 /nisikawa@life.osaka-cu.ac.jp（1 章 6 節，3 章 5 節）

畑　　明郎　1946 年 / 大阪市立大学大学院経営学研究科・元教授 / 環境政策論　hata.akio@gaia.eonet.ne.jp（5 章 1 節 (2)）

前田　俊介　1986 年 / 大阪市立大学大学院理学研究科前期博士課程在籍 / 地球化学（3 章 4 節 (4)）

益田　晴恵　1956 年 / 大阪市立大学大学院理学研究科・教授 / 地球化学 /harue@sci.osaka-cu.ac.jp（編集，1 章 1 節，1 章 2 節，1 章 4 節 (1)，1 章 4 節 (2)，2 章 3 節，5 章 1 節 (1)，5 章 1 節 (3)，5 章 1 節 (4)，5 章 2 節 (1)，5 章 2 節 (2)）

三田村宗樹　1958 年 / 大阪市立大学大学院理学研究科・教授 / 第四紀地質学・都市地質学 /mitamura@sci.osaka-cu.ac.jp（1 章 3 節，2 章 1 節，4 章 3 節 (1)，4 章 3 節 (3)，4 章 3 節 (4)，4 章 3 節 (5)，4 章 3 節 (6)）

都市の水資源と地下水の未来　　　©Harue MASUDA 2011

平成 23 (2011) 年 8 月 25 日　初版第一刷発行

編　者	益　田　晴　恵
発行人	檜　山　爲次郎
発行所	京都大学学術出版会

　　　　　　　　　　京都市左京区吉田近衛町 69 番地
　　　　　　　　　　京都大学吉田南構内(〒606-8315)
　　　　　　　　　　電　話 (075) 761-6182
　　　　　　　　　　FAX (075) 761-6190
　　　　　　　　　　URL http://www.kyoto-up.or.jp
　　　　　　　　　　振　替 01000-8-64677

ISBN978-4-87698-994-2　　　　　印刷・製本　㈱クイックス
Printed in Japan　　　　　　　　定価はカバーに表示してあります

本書のコピー，スキャン，デジタル化等の無断複製は著作権法上での例外を除き禁じられています。本書を代行業者等の第三者に依頼してスキャンやデジタル化することは，たとえ個人や家庭内での利用でも著作権法違反です。